中等职业技术教育规划教材
中等职业学校电工电子类专业教学用书

电子技术基础

第 2 版

中国机械工业教育协会
全国职业培训教学工作指导委员会　组编
机电专业委员会
主编　周瑞华

机 械 工 业 出 版 社

本书是为适应中等职业教育教学改革需要而编写的。本书主要内容包括：二极管和晶体管、晶体管放大电路、晶体管正弦波振荡电路、直流放大电路、集成运算放大器、整流与稳压电路、数字电路基础、逻辑代数、基本数字部件和晶闸管及其应用。

本书可供技工学校、中等职业技术学校电工电子类专业使用。

图书在版编目（CIP）数据

电子技术基础/周瑞华主编．—2版．—北京：机械工业出版社，2014.6（2023.1重印）
中等职业技术教育规划教材 中等职业学校电工电子类专业教学用书
ISBN 978-7-111-46360-3

Ⅰ．①电… Ⅱ．①周… Ⅲ．①电子技术－中等专业学校－教材 Ⅳ．①TN

中国版本图书馆CIP数据核字（2014）第066669号

机械工业出版社（北京市百万庄大街22号 邮政编码100037）
策划编辑：陈玉芝 责任编辑：王振国
版式设计：霍永明 责任校对：纪 敬
封面设计：陈 沛 责任印制：李 昂
北京中科印刷有限公司印刷
2023年1月第2版第5次印刷
184mm×260mm · 12印张 · 290千字
标准书号：ISBN 978-7-111-46360-3
定价：26.80元

凡购本书，如有缺页、倒页、脱页，由本社发行部调换

电话服务	网络服务
社服务中心：(010)88361066	教材网：http://www.cmpedu.com
销售一部：(010)68326294	机工官网：http://www.cmpbook.com
销售二部：(010)88379649	机工官博：http://weibo.com/cmp1952
读者购书热线：(010)88379203	**封面无防伪标均为盗版**

教育部职业教育与成人教育司推荐教材
中等职业学校电工电子类专业教学用书

编审委员会名单

本书主编　周瑞华

参　　编　于　平　魏冬梅

前 言

由中国机械工业教育协会、全国职业培训教学工作指导委员会机电专业委员会组编的“中等职业学校机械专业和电工电子类专业教学用书”(共22种)自2003年出版以来，已多次重印，受到了教师和学生的广泛好评，并且有17种被教育部评为“教育部职业教育与成人教育司推荐教材”。

随着技术的进步和职业教育的发展，本套教材中涉及的一些技术规范、标准已经过时，同时，近年来各学校普遍进行了教学和课程的改革，使教学内容也有了一定的更新和调整。为了更好地服务教学，我们对本套教材进行了修订。

本次修订，充分继承了第1版教材的精华，在内容、编写模式上做了较多的更新和调整，配套资源更加丰富。第2版教材具有以下特点：

(1) 内容新而全　本套教材在修订过程中，主要是更新陈旧的技术规范、标准、工艺等，做到知识新、工艺新、技术新、设备新、标准新，并根据教学需要，删除过时和不符合目前授课要求的内容，精简繁杂的理论，适当增加、更新相关图表和习题，重在使学生掌握必需的专业知识和技能。

(2) 编写模式灵活　为了适应教学改革的需要，部分专业课教材采用任务驱动模式编写。

(3) 配套资源丰富　本套教材全部配有电子课件，部分教材配有习题集或课后习题。

本套教材的编写工作得到了各相关学校领导的重视和支持，参加教材编审的人员均为各校的教学骨干，使本套教材的修订工作能够按计划有序地进行，并为编好教材提供了良好的保证，在此对各个学校的支持表示感谢。

本书由周瑞华主编，于平、魏冬梅参加编写。

尽管我们不遗余力，但书中仍难免存在不足之处，敬请读者批评指正。我们真诚地希望与您携手，共同打造职业教育教材的精品。

中国机械工业教育协会

全国职业培训教学工作指导委员会机电专业委员会

目　录

前言

第一章　二极管和晶体管 …… 1

第一节　半导体的基本知识 …… 1
第二节　二极管 …… 4
第三节　晶体管 …… 8
第四节　场效应晶体管 …… 13

第二章　晶体管放大电路 …… 18

第一节　放大器的基本概念 …… 18
第二节　放大器参数的分析方法 …… 21
第三节　稳定静态工作点的偏置电路 …… 26
第四节　放大器中的负反馈 …… 27
第五节　多级放大器 …… 33
第六节　放大器的三种基本电路 …… 37
第七节　功率放大器 …… 38

第三章　晶体管正弦波振荡电路 …… 47

第一节　正弦波振荡电路的基本原理 …… 47
第二节　LC 振荡器 …… 49

第四章　直流放大电路 …… 54

第一节　直流放大器 …… 54
第二节　零点漂移 …… 56
第三节　差动直流放大器 …… 57

第五章　集成运算放大器 …… 64

第一节　线性集成电路简介 …… 64
第二节　运算放大器的基本分析方法 …… 66
第三节　集成运算放大器应用简介 …… 69
第四节　运算放大器应用举例 …… 72

第六章　整流与稳压电路 …… 77

第一节　单相整流电路 …… 77
第二节　滤波电路 …… 82
第三节　硅稳压管及其稳压电路 …… 85
第四节　晶体管串联型稳压电路 …… 87
第五节　集成稳压电路 …… 90

第七章　数字电路基础 …… 93

第一节　数制与数制转换 …… 93
第二节　二极管与晶体管的开关特性 …… 95
第三节　基本逻辑门电路 …… 97
第四节　数字集成电路简介 …… 103

第八章　逻辑代数 …… 111

第一节　逻辑运算 …… 111
第二节　逻辑函数 …… 113
第三节　逻辑表达式的化简 …… 116

第九章　基本数字部件 …… 123

第一节　触发器 …… 123
第二节　计数器 …… 126
第三节　寄存器 …… 129
第四节　数字显示电路 …… 132

第十章　晶闸管及其应用 …… 141

第一节　晶闸管简介 …… 141
第二节　晶闸管触发电路 …… 146
第三节　晶闸管整流电路 …… 152
第四节　快速晶闸管和双向晶

闸管……………………………… 158
实验一　低频小信号电压放大器…… 164
实验二　直流放大器……………………… 165
实验三　串联型稳压电路………………… 166
实验四　门电路逻辑功能的测试…… 168
实验五　集成运算放大器的主要应用……………………………… 169
实验六　晶闸管特性测试………………… 170
实验七　集成触发器逻辑功能的测试……………………………… 171
实验八　异步二进制计数器……………… 172
附录……………………………………………… 175
附录A　半导体分立器件型号命名方法……………………………… 175
附录B　常用二极管参数………………… 175
附录C　常用晶体管参数………………… 178
参考文献………………………………………… 185

第一章

二极管和晶体管

学习要点

1. 理解杂质半导体和PN结的形成过程。
2. 明确半导体的导电特点，掌握PN结的单向导电性。
3. 熟悉二极管、晶体管的结构和工作条件及简易测试方法。
4. 了解二极管、晶体管的伏安特性及主要参数。
5. 依据电路参数要求，明确正确选择二极管、晶体管型号的步骤。

自从第一只晶体管于1948年试制成功以来，半导体技术发展极为迅速。由于晶体管、集成电路等半导体器件具有体积小、重量轻、耗电少、寿命长及工作可靠等一系列优点，在现代生产与科学技术的各个领域中都得到了广泛应用。为了正确和有效地运用半导体器件，必须对它们的工作原理和性能有一个基本的认识。

本章主要介绍半导体的基本知识，研究和探讨二极管、晶体管的结构、特征、工作原理、主要参数及检测方法。为学习以后章节提供必要的基础知识。

◇◇◇ 第一节 半导体的基本知识

一、半导体及其特征

自然界中的物质，其导电能力有很大不同。导电能力特别强的物质叫做导体，如金、银、铜、铝等金属材料都是很好的导体。导电能力非常差，几乎可以看成不导电的物质叫做绝缘体，如橡胶、陶瓷等。而导电能力介于导体与绝缘体之间的物质叫做半导体，常用的半导体材料有锗、硅、硒及许多金属氧化物和硫化物等。

物质导电能力的大小与物质内部的原子结构和能够运载电荷的粒子（称为载流子）的多少有关。物质内部载流子越多，导电能力越强。大家知道，物质都是由原子构成的，而原子又是由一个带正电的原子核与若干个带负电的电子所组成。电子分几层围绕原子核不停地旋转，其内层电子受原子核的束缚力较大，而外层电子受原子核的束缚力较小。

对于半导体材料来说，原子结构比较特殊，其原子结构外层电子既不像导体的外层电子那样容易脱离原子核的束缚，也不像绝缘体的外层电子那样被原子核束缚得很紧，这就决定了它的导电能力介于导体和绝缘体之间。

半导体之所以得到广泛应用，并不是因为它的导电能力介于导体与绝缘体之间，而是由于它具有一些独特的导电性能。温度升降、有无光照及是否掺加杂质等外界条件，都能引起半导体材料导电性能的显著变化，即半导体具有热敏、光敏、杂敏等特性。其中最引人注目的是杂敏特性：在纯净的半导体中适当掺进某些微量杂质就构成了杂质半导体，其导电能力会大大增强。利用这一特性，可以制造出各种半导体器件。

制作半导体器件所用的硅和锗都是单晶体，其原子结构平面示意图如图1-1所示，它们的特点是最外层的电子都是四个，原子最外层的电子称为价电子。所以硅和锗都是四价元素。

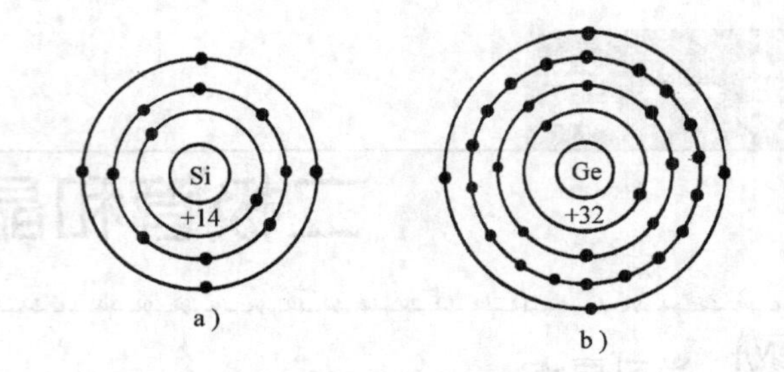

图1-1　硅和锗的原子结构平面示意图
a）硅（Si）　b）锗（Ge）

硅和锗都呈晶体结构，如图1-2所示。每个原子都要争夺四周相邻原子的四个价电子，原子和原子间通过价电子相连组成共价键。

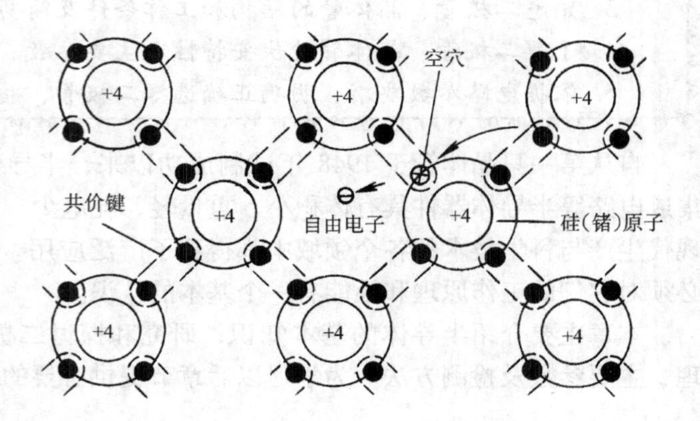

图1-2　晶体中原子的排列

在常温下，它们中的绝大多数价电子受共价键的束缚，处于相对稳定状态。由于热运动或受光照射，其中少量电子获得足够能量，能挣脱束缚成为自由电子，就会留下一个空位，称为空穴。空穴的出现，是半导体区别于导体的一个重要特征。脱离共价键的自由电子带负电，形成带负电的载流子；空穴由于失去电子而带正电，形成带正电的载流子。此时在外电场作用下，电子逆着电场方向移动形成电子流，而空穴将沿着电场方向移动形成空穴流。由图1-3看出，半导体中形成的电流由两部分组成，即自由电子流和空穴流。前者称为电子导电方式，后者叫做空穴导电方式。

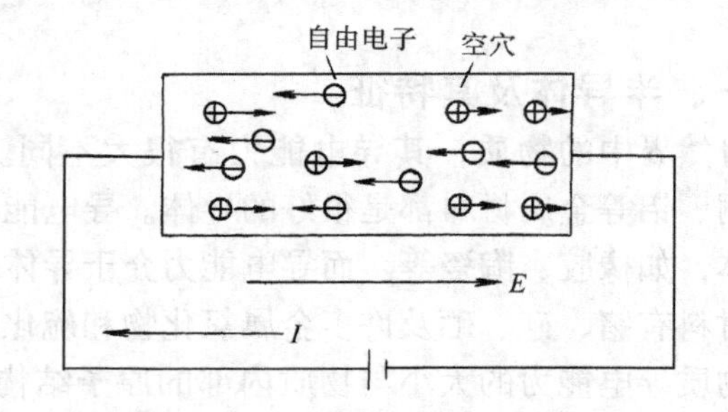

图1-3　半导体的导电方式

纯净半导体中，自由电子和空穴总是成对出现的，称为电子-空穴对。电子和空穴也会重新结合，称为复合。在一定温度下，纯净半导体中产生的电子-空穴对很少，所以导电能力很差。当环境温度升高时，其电子-空穴对的数目显著增加，导电能力明显提高，这就是半导体的导电性随温度而变化的原因。

二、N型半导体和P型半导体

利用半导体掺杂特性，可以有控制、有选择地掺入微量有用的杂质，制成具有特定导电性能的半导体。按掺入杂质的性质不同，可分为电子型半导体和空穴型半导体。

1. N型半导体

现代电子技术用得最多的半导体材料是硅和锗。在不含杂质的半导体硅或锗中，掺入少量五价元素磷后，则一个磷原子的五个价电子同相邻四个硅或锗原子结成共价键，还多余一个电子，这个电子受原子核束缚较小，很容易成为自由电子。于是半导体中的自由电子增多，显著提高了它的导电能力。因为这种半导体的主要导电方式是电子导电，故称之为电子型半导体或N型半导体。在N型半导体中，自由电子是多数载流子，故称为多子；空穴是少数载流子，故称为少子，如图1-4a所示。

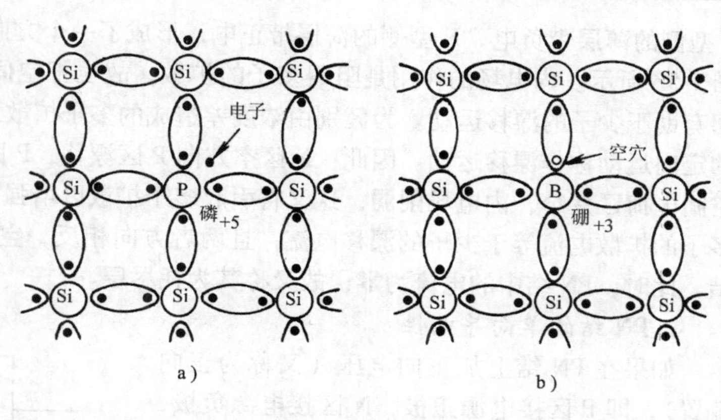

图1-4 掺杂质后的半导体

a）锗中掺磷形成自由电子 b）硅中掺硼形成空穴

2. P型半导体

若在不含杂质的半导体硅或锗中，掺入少量三价元素硼后（见图1-4b），则一个硼原子的三个价电子同相邻四个硅或锗原子结成共价键，其中一个键上缺少一个电子，于是形成一个空穴，使得周围共价键上的电子很容易移到这里来。这样，在掺入硼的硅或锗晶体中产生大量的空穴，即半导体中空穴多，自由电子少，其主要导电方式是空穴导电，因此称之为空穴型半导体或P型半导体，它与N型半导体相反，空穴是多数载流子，电子是少数载流子。

应当注意的是，不论是N型还是P型半导体，尽管它们中出现了大量可运动的电子或空穴，但总的正负电荷量相等，故整个晶体仍然呈中性。

三、PN结的形成及其单向导电性

一块P型半导体或N型半导体虽然已有较强的导电能力，但若将它接入电路中，则只能起电阻作用，无多大实用价值。如果把一块P型半导体和一块N型半导体结合在一起，在它们的结合处就会形成一个特殊的接触面，称为PN结。PN结是构成各种半导体器件的基础，PN结的作用使半导体获得了广泛的应用。

1. PN结的形成

在一整块单晶体中，采取一定的工艺措施，使其两边掺入不同的杂质，一边形成P型区，另一边形成N型区。由于两侧载流子在浓度上存在差异，电子和空穴都要从浓度高的地方向浓度低的地方扩散，如图1-5a所示。扩散的结果是在分界处附近的P区薄层内留下一些负离子，N区薄层内留下一些正离子。于是，分界处两侧就出现了一个空间电荷区：

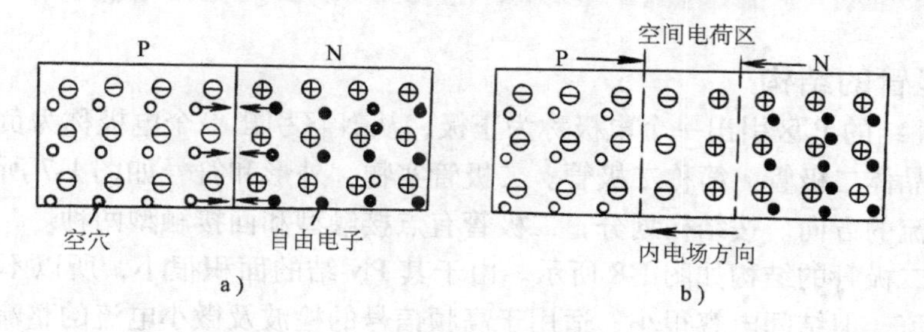

图1-5 PN结的形成

a）载流子的扩散 b）空间电荷区的形成

P型侧的薄层带负电，N型侧的薄层带正电，形成了一个方向由N区指向P区的内电场，如图1-5b所示。内电场的作用是阻碍多子的扩散，故也把空间电荷区称为阻挡层。但内电场却有助于少子的漂移运动。为区别由浓度差造成的多子扩散运动，把在内电场作用下的少子的定向运动称作漂移运动。因此，N区空穴向P区漂移，P区的电子向N区漂移，其结果使空间电荷区变窄，内电场削弱，这又将引起多子扩散以增强内电场。当达到动态平衡时，即多子的扩散电流等于少子的漂移电流，且两者方向相反，空间电荷区就相对稳定，形成PN结。此时，PN结中的电流为零，故又称其为耗尽层。

2. PN结的单向导电性

如果在PN结上加正向电压（又称为正向偏置），即P区接电源正极，N区接电源负极，如图1-6a所示，则这时电源E产生的外电场与PN结的内电场方向相反，内电场被削弱，使阻挡层变薄。于是多子的扩散运动增强，漂移运动减弱，多子在外电场的作用下顺利通过阻挡层，形成较大的扩散电流——正向电流。此时PN结的正向电阻很小，处于正向导通状态。正向导通时，外部电源不断向半导体供给电荷，使电流得以维持。

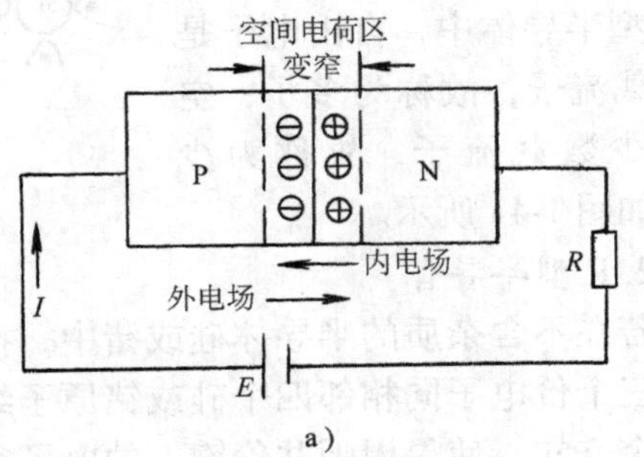

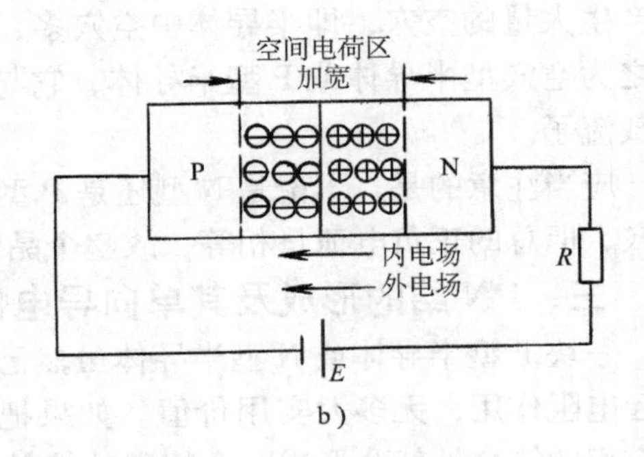

图1-6　PN结的单向导电性
a）加正向电压　b）加反向电压

如果给PN结加反向电压（又称为反向偏置），即N区接电源正极，P区接电源负极，如图1-6b所示，则这时外电场与PN结内电场方向一致，增强了内电场，使阻挡层变厚，削弱了多子的扩散运动，增强了少子的漂移运动，从而形成微小的漂移电流——反向电流。此时，PN结呈现很大的电阻，处于反向截止状态。

综上所述，PN结正向偏置时，处于导通状态；反向偏置时，处于截止状态。这就是PN结的单向导电性。

◇◇◇ 第二节　二　极　管

一、二极管的结构

从一个PN结的P区引出一个电极称为正极，从N区引出一个电极称为负极。用管壳封装后就构成了晶体二极管，简称二极管。二极管实物、外形和符号如图1-7所示。符号中箭头表示正向电流的方向。按结构划分，二极管有点接触型和面接触型两种。

点接触型二极管的结构如图1-8所示。由于其PN结的面积很小，所以不能承受高的反向电压和大电流，但结间电容很小，适用于高频信号的检波及微小电流的整流等。

面接触型二极管的结构如图1-9所示。由于其PN结的面积大，所以能承受较大的电流，故适用于整流，但结间电容较大，不适用于高频电路。

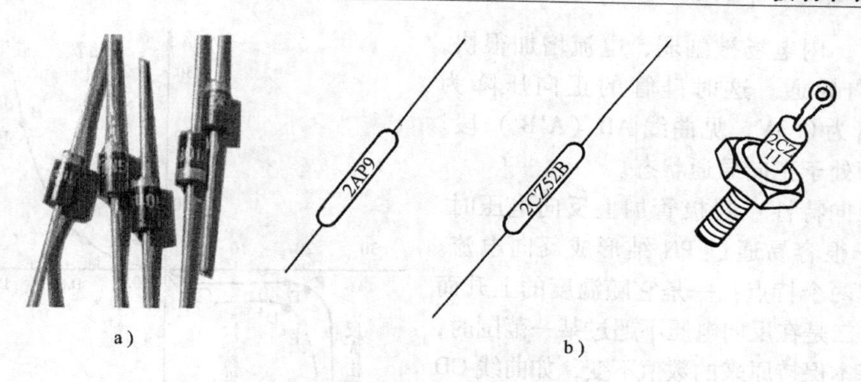

图 1-7 二极管实物、外形和符号

a）实物 b）外形和符号

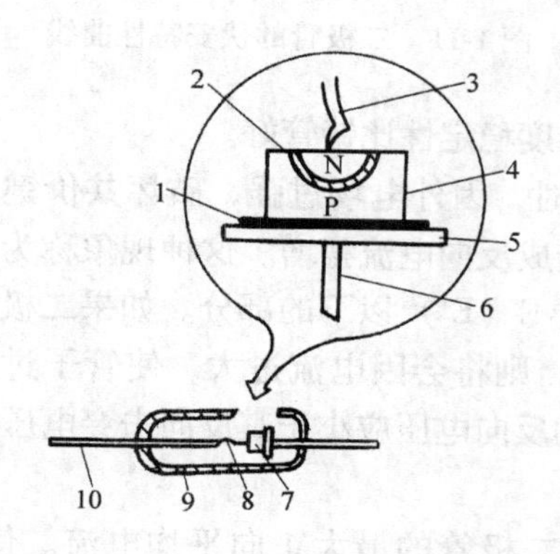

图 1-8 点接触型二极管的结构

1—接触电极 2—PN 结 3、8—触须 4—P 型晶片 5—底座 6、10—引线 7—晶片 9—管壳

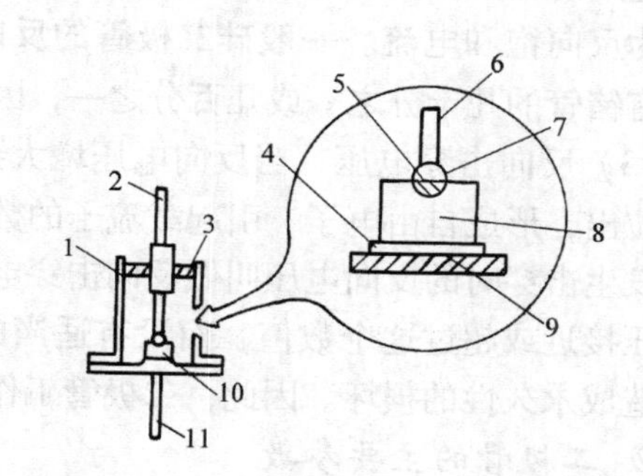

图 1-9 面接触型二极管的结构

1—金属管壳 2、11—引线 3—玻璃 4—接触层 5—铝合金小球 6—铝丝 7—PN 结 8—N 型硅片 9—底座 10—管心

二、二极管的伏安特性和主要参数

1. 伏安特性

所谓二极管的伏安特性，就是加到二极管两端的电压和流过二极管的电流之间的关系曲线。图 1-10 所示为二极管伏安特性测试电路。通过测试电路测出的二极管的伏安特性曲线如图 1-11 所示。

从伏安特性曲线可以看出，当二极管两端电压 U 为零时，电流 I 也为零，PN 结处于动态平衡状态，所以特性曲线从坐标原点开始。

（1）正向特性　当二极管接上正向电压，并且电压值很小时，外加电场力也很小，不足以克服 PN 结内电场对扩散电流的阻挡作用，所以这时的正向电流很小，二极管呈现很大的电阻。这个范围称为“死区”，相应的电压称为死区电压。硅管的死区电压为 0～0.5V（图中 0A 段），锗管为 0～0.2V（图中 0A′段）。当正向电压大于

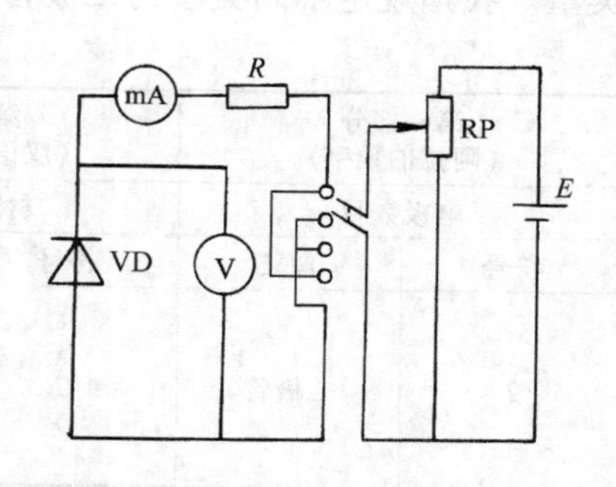

图 1-10 二极管伏安特性测试电路

死区电压后，内电场被削弱，电流增加很快，二极管正向导通。这时硅管的正向压降为0.7V，锗管为0.3V，见曲线AB（A′B′）段。此时二极管处于正向导通状态。

（2）反向特性　二极管加上反向电压时，少数载流子很容易通过PN结形成反向电流。反向电流有两个特点：一是它随温度的上升而增长很快；二是在反向电压不超过某一范围时，它的大小基本保持原来的数值不变，如曲线CD（C′D′）段。这是因为在环境温度一定的条件下，少子的数目几乎一定，反向电流几乎不随反向电压的增大而变化。所以通常把反向电流又称为反向饱和电流。一般硅二极管的反向电流只有锗管的几十分之一或几百分之一，因此硅管的温度稳定性比锗管好。

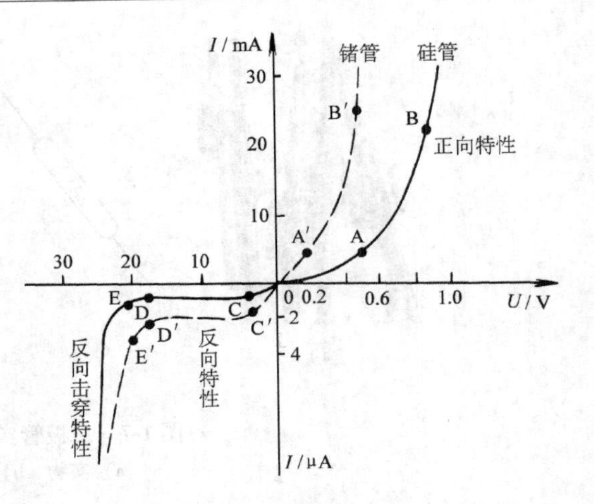

图1-11　二极管的伏安特性曲线

（3）反向击穿电压　当反向电压增大到一定数值时，因外电场过强，破坏共价键而把价电子拉出，形成自由电子，引起载流子的数目剧增，造成反向电流猛增。这种现象称为反向击穿，发生击穿时的反向电压叫做反向击穿电压。如曲线E（E′）以下的部分。如果二极管的反向电压接近或超过这个数值，而没有适当的限流措施，则将会因电流过大，使管子过热而烧毁，造成永久性的损坏。因此，二极管工作时，承受的反向电压应小于其反向击穿电压的1/2。

2. *二极管的主要参数*

（1）最大整流电流　是指长期使用时，允许流过二极管的最大正向平均电流。使用中，电流超过这个允许值时，管子将因过热而损坏。

（2）最高反向工作电压　是指允许加在二极管上的反向电压的最大值。使用时，若超过此值，管子易被击穿。通常规定最高反向工作电压是反向击穿电压的1/2。

此外，还有其他一些参数，如最大反向电流、最高工作频率、结电容等。这些参数在半导体器件手册中均可查得。

三、二极管的型号及极性识别

1. *型号*

由于二极管品种繁多，特性不同，因此根据其外形、结构、材料、功率和用途分成各种类型。我国规定不同类型的二极管型号由五部分组成，其命名方法见表1-1。

表1-1　二极管型号名称

第一部分（阿拉伯数字）		第二部分（汉语拼音字母）		第三部分（汉语拼音字母）		第四部分（数字）
电极数目		材料和特性		二极管类别		同类型管子的序号
符号	含义	符号	含义	符号	含义	
2	二极管	A B C D	N型锗材料 P型锗材料 N型硅材料 P型硅材料	P Z K W	小信号管 整流管 开关管 电压调整管和电压基准管	表示同类型管中某些性能参数上有差别

注：第五部分用汉语拼音字母表示规格号。

【例 1-1】

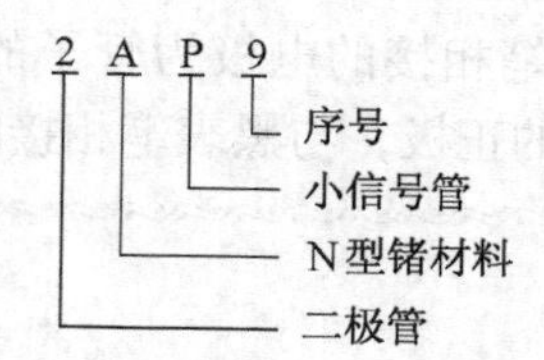

有时在序号后面还有字母加以区分，见例 1-2。

【例 1-2】

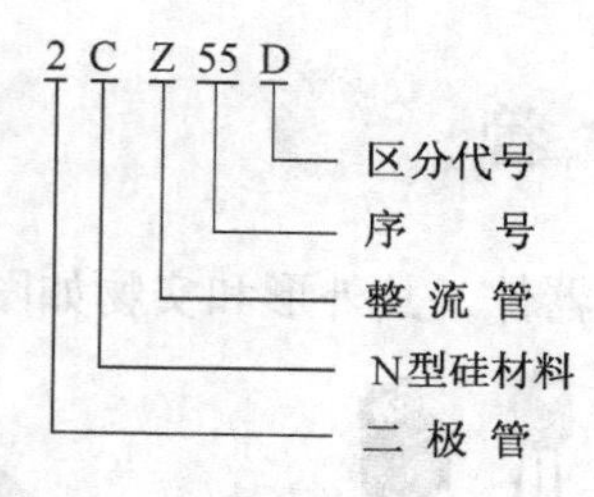

2. 极性识别

二极管有正、负两个电极，可根据正向电阻小、反向电阻很大的特点，利用万用表的欧姆挡测出二极管的极性和大致判别其质量的好坏。

（1）质量的判别　用万用表测量小功率二极管时，把万用表的欧姆挡拨到 $R\times100$ 或 $R\times1\text{k}$ 挡。然后，用两只表笔测量二极管的正、反向阻值，如图 1-12 所示。注意一般不要拨到 $R\times1$ 挡，此时电流太大；也不要拨到 $R\times10\text{k}$ 挡，该挡电压太高，都易将二极管损坏。

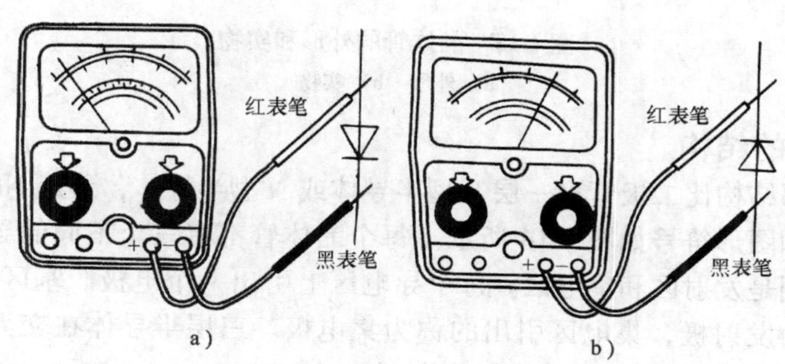

图 1-12　二极管的简单判别
a）反向阻值　b）正向阻值

在图 1-12a 中，因红表笔和万用表内电池负极相连，黑表笔和万用表内电池的正极相连，故此时加在二极管上的是反向电压，由此测量出的是反向电阻，阻值较大，一般在几百千欧。在图 1-12b 中，加在二极管上的是正向电压，测量出的是正向电阻，阻值较小，一般为几百欧。此时说明二极管是好的。

若测量出的正、反向电阻均为无穷大，即指针不动，则说明二极管已经断路；若测量出的正、反向电阻都很小或为零，则说明二极管短路；当测量出的正、反向电阻的阻值很接近，则说明管子单向导电性不好。此三种情况下的管子都不能使用。

（2）极性的判别　在测量二极管正、反向电阻时，若测量出的阻值较小时，则与红表笔相接的电极为管子的负极，与黑表笔相接的电极为管子的正极；反之，当测得的阻值较大时，则与红表笔相接的电极为管子的正极，与黑表笔相接的电极为管子的负极。

【想一想】

用万用表 $R\times100$、$R\times1\text{k}$ 两个挡位测量同一只二极管的正向电阻，阻值为什么会不相同呢？

◇◇◇ 第三节　晶　体　管

晶体管是组成放大电路的核心器件，其外形和实物如图1-13所示。

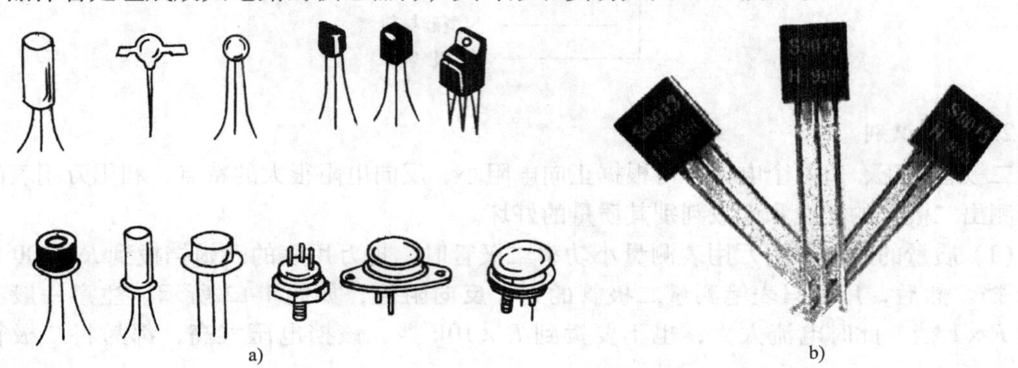

图1-13　晶体管的外形和实物
a）外形　b）实物

一、晶体管的结构

晶体管的内部结构比二极管多一层P型半导体或N型半导体，形成NPN型或PNP型两种结构，其结构和图形符号如图1-14所示。每个晶体管都有三个不同的导电区域，中间的是基区，两侧分别是发射区和集电区。每个导电区上引出一个电极。基区引出的称为基极，发射区引出的称为发射极，集电区引出的称为集电极。三层半导体在交界面处形成了两个PN结。基区与发射区之间的PN结称为发射结，基区与集电区之间的PN结称为集电结。

PNP型和NPN型两种晶体管图形符号的区别在于发射极箭头的方向。箭头方向代表PN结正向接法时电流的真实方向。它们的工作原理是相似的，只是使用时电源连接的极性不同。但发射极和集电极不能颠倒使用。

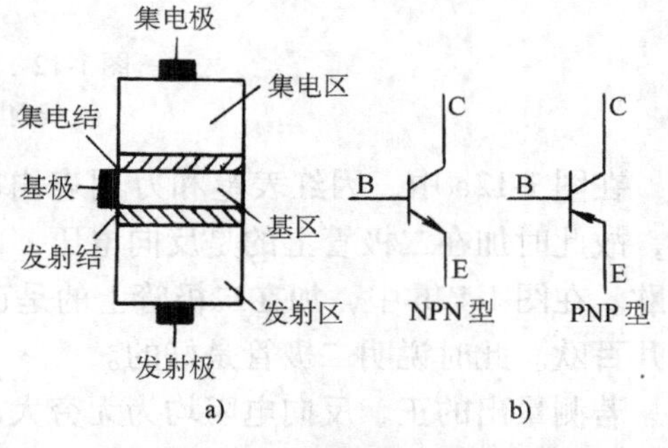

图1-14　晶体管的结构和图形符号
a）结构　b）图形符号

二、晶体管的电流放大作用

晶体管的基区很薄，三个区的杂质浓度也有所不同，发射区浓度最高，基区浓度最低。这使

它具备了放大作用的内部条件。让我们从内部载流子的运动规律来说明晶体管的电流放大作用。在图 1-15 所示的电路中，晶体管接成两个电路，即基极回路和集电极回路。发射极是两个回路的公共端，这种接法称为共发射极接法。电源 E_B 接基区（P 区）和发射区（N 区），使发射结加上正向电压（又称为正偏）。电源 E_C 接在集电极与发射极之间，$E_C > E_B$，它使集电结得到反向电压（又称为反偏）。晶体管内部多数载流子运动的过程如图 1-16 所示。

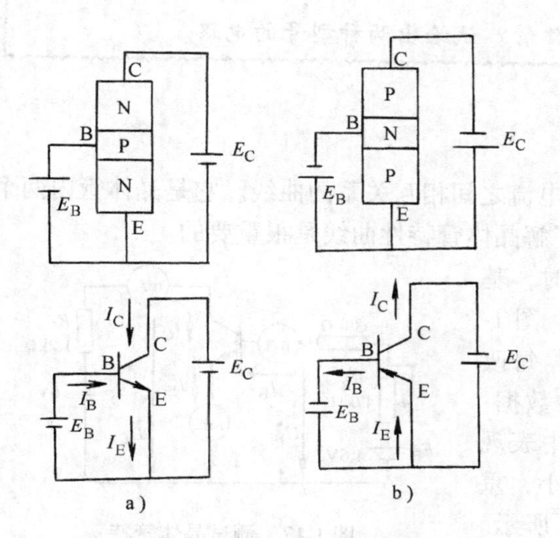

图 1-15　晶体管放大电路的电源接法

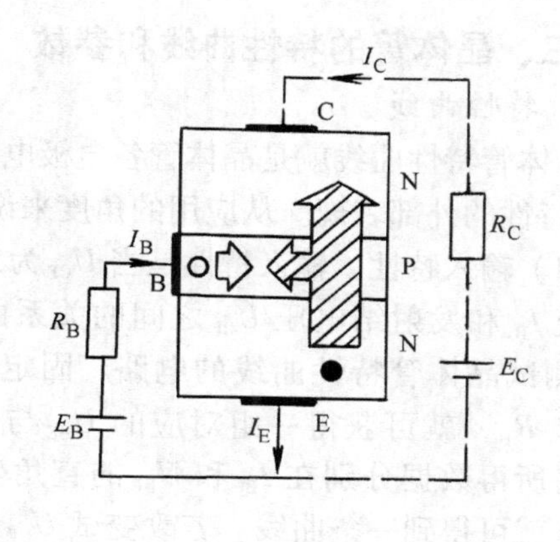

图 1-16　晶体管内部载流子运动示意图

1. 发射区向基区发射电子形成发射极电流 I_E

由于发射结加的是正向电压，在外电场作用下削弱了内电场，也就相当于 PN 结变窄，发射区的多数载流子——电子，因浓度高而源源不断地越过 PN 结进入基区，形成发射极电流 I_E。此时基区的多数载流子——空穴，在发射结正向电压作用下也会扩散到发射区，但由于基区的杂质浓度低，故这部分所形成的电流可以忽略不计。因此发射极电流主要是电子流。

2. 电子在基区扩散与复合形成基极电流 I_B

电子到达基区后，使基区中靠近发射结的电子增多，而靠近集电结的电子较少，形成浓度上的差异，因此继续向集电结扩散。在扩散过程中有少量电子与基区的空穴复合，同时基极电源 E_B 给基区补充空穴，形成基极电流 I_B。由于基区很薄，且空穴浓度很低，所以 I_B 很小。

3. 电子被集电极收集形成集电极电流 I_C

绝大部分电子扩散到集电结的边缘，由于集电结加的是反向电压，外加电压大大加强了内电场，相当于 PN 结加宽，这就使集电区的多数载流子——电子不能向基区扩散，而从基区扩散到集电结边缘的电子在外电场的作用下很容易被集电极收集，形成集电极电流 I_C。

从以上分析看出：晶体管三个电极间的电流关系符合节点电流定律，即 $I_E = I_C + I_B$，且基极电流很小，即 $I_B \ll I_C$，这就是晶体管的电流放大作用。

设 $I_C/I_B = 50$，则当 I_B 变化 10μA 时，I_C 相应变化了 $50 \times 10\mu A = 500\mu A$，即基极电流较小的变化，就能引起集电极电流较大的变化。因此通过改变 I_B 就可以控制 I_C。

综上所述可知：晶体管之所以能有电流放大作用，其内部条件是基区必须做得很薄，掺杂浓度又较低，集电结面积大；外部条件是集电结反偏，发射结正编。晶体管是一个电流控制器件，电流放大作用的实质是用一个微小电流控制较大电流，放大所需的能量来自外加直流电源。

【试一试】

如何将两只二极管做适当连接以似为晶体管？试绘出两种型号的电路。

三、晶体管的特性曲线和参数

1. 特性曲线

晶体管特性曲线就是晶体管各电极电压和电流之间相互关系的曲线。它是晶体管内两个PN结特性的外部表现。从应用的角度来说，了解晶体管特性曲线是很重要的。

（1）输入特性　输入特性是当 U_{CE} 为定值时，基极电流 I_B 和发射结电压 U_{BE} 之间的关系曲线。图1-17是测试晶体管特性曲线的电路。固定 U_{CE}，每改变一次 R_B，就可获得一组对应的 U_{BE} 与 I_B 的数据；然后将所得数据分别在 I_B 和 U_{BE} 的直角坐标中表现出来，就可得到一条曲线。若改变试 U_{CE} 的大小，重复上述步骤，就可得到一组曲线，如图1-18所示。左侧三条曲线为锗管（右侧为硅管）的输入特性曲线，我们分两种情况来讨论。

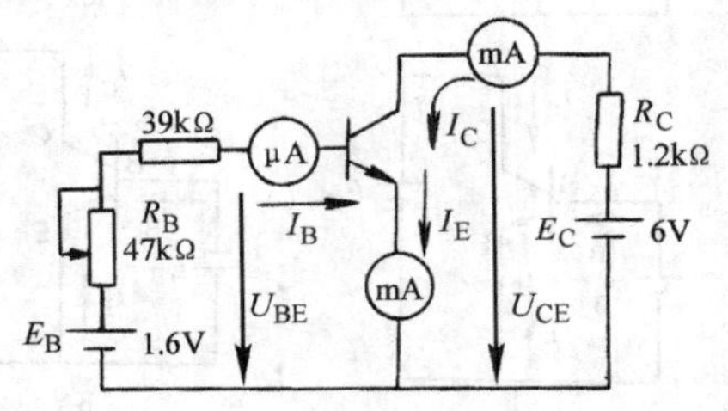

图1-17　测试晶体管特性曲线的电路

1）当 $U_{CE}=0$ 时，输入特性曲线的形状与二极管的正向伏安特性曲线相似，相当于集电极与发射极之间短路，如图1-19所示。I_B 与 U_{BE} 之间的关系，就是发射结和集电结两个正向偏置二极管并联的伏安特性。

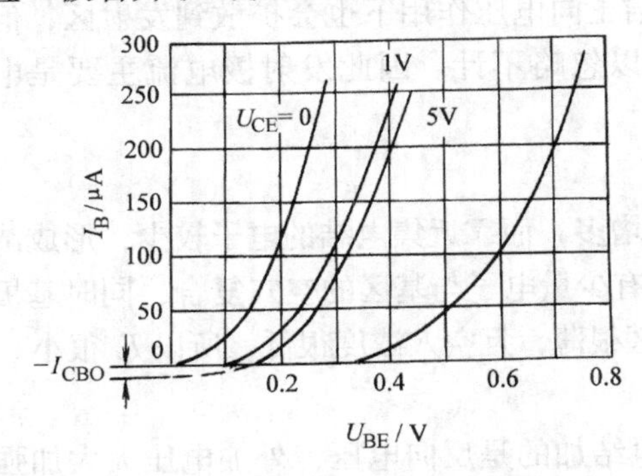

图1-18　晶体管的输入特性曲线

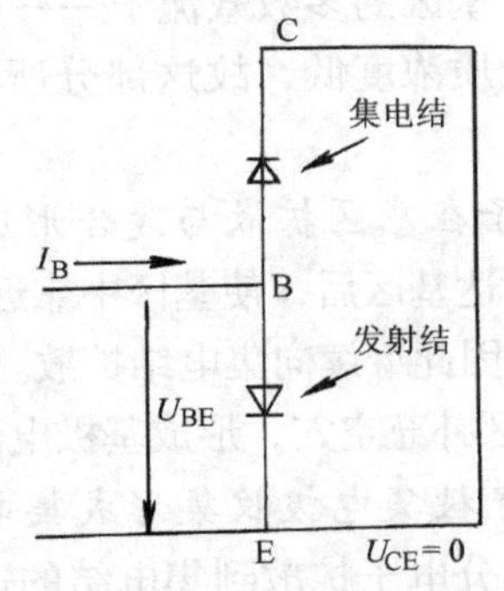

图1-19　$U_{CE}=0$ 时的晶体管示意图

2）当 $U_{CE}\geqslant 1V$ 时，集电结已反向偏置，且内电场已足够大，可以把从发射区进入基区的电子绝大部分拉入集电区形成 I_C。与 $U_{CE}=0$ 时相比，即使在相同的 U_{BE} 下，流向基极的电流 I_B 也会减小，即特性曲线右移。严格地讲，U_{CE} 不同，所得的输入特性曲线也略有不同。实际上，当 U_{CE} 超过一定数值（1V以后），只要 U_{BE} 不变，则注入基区的电子数是一定的，而集电结所加的反向电压已能把注入基区的电子中绝大部分拉到集电极，以至于 U_{CE} 再增加时，I_B 也不会明显地减小，在图 1-18 中 $U_{CE}=5V$ 的特性曲线和 $U_{CE}=1V$ 的特性曲线很接近，就可以代表 $U_{CE}>1V$ 的输入特性。

（2）输出特性　输出特性是指当基极电流 I_B 为一定值时，集电极电流 I_C 与集电极-发射极电压 U_{CE}之间的相互关系曲线。利用图 1-17 所示的电路可测得在不同的 I_B 下，I_C 与 U_{CE}的一系列关系曲线，如图 1-20 所示。

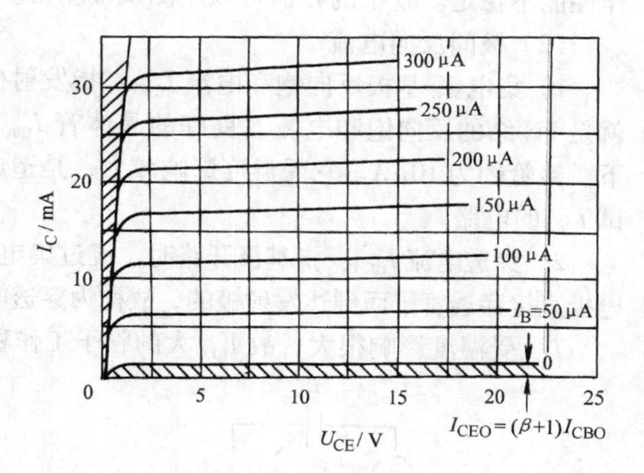

图 1-20　晶体管输出特性曲线

晶体管的输出特性曲线可以分成三个区域，它们分别与晶体管的三种工作状态，即截止、饱和和放大工作状态相对应。

1）截止区。图 1-20 中 $I_B=0$ 的那条特性曲线以下的区域，称为截止区。截止区的特点是晶体管的两个 PN 结都处于反向偏置，这时集电极与发射极之间相当于断路，无电流放大作用，晶体管处于截止状态。

2）饱和区。放大电路中常在集电极接有一定的电阻 R_C（见图 1-16），此时集电极电路中的电压与电流间存在下述关系，即 $E_C=U_{CE}+I_CR_C$。如果 E_C 和 R_C 一定，那么当 I_C 增大时，U_{CE}将减小，小到一定程度后，必然会削弱集电极收集电子的能力，这时如果 I_B 再增大，I_C 也不能相应增大了，晶体管失去放大作用，这种情况称为饱和。我们把 $U_{CE}=U_{BE}$时，称为临界饱和状态，而把 $U_{CE}<U_{BE}$时，称为饱和状态。临界饱和状态下的 I_C 和 I_B，分别叫做临界饱和集电极电流和临界饱和基极电流，并分别用 I_{CES}和 I_{BS}表示。晶体管饱和时的特点是发射结和集电结都处于正偏；集电极与发射极之间的电压很小，硅管一般在 0.3V 左右，锗管一般在 0.1V 左右，该电压叫做饱和压降，以 U_{CES}表示。

3）放大区。当发射结正向偏置，集电结反向偏置时，输出特性曲线近似水平，该部分是放大区。从曲线上可看出，I_B 变化时 I_C 也变化，而且比 I_B 的变化大得多，I_C 受 I_B 的控制，而基本上与 U_{CE}的大小无关。这正是晶体管的电流放大作用。从输出特性曲线上还可看出，$I_B=0$ 时，I_C 并不为零，而为某一数值。通常把它叫做穿透电流，以 I_{CEO}表示。穿透电流 I_{CEO}的大小受温度影响很大；温度升高，它将急剧增大，造成晶体管工作稳定性变差。

2. 参数

（1）电流放大系数

1）无交流信号输入时，U_{CE}为规定值，集电极电流 I_C 与基极电流 I_B 的比值称为直流电流放大系数 $\bar{\beta}$，即

$$\bar{\beta}=\frac{I_C}{I_B} \tag{1-1}$$

2）有交流信号输入时，U_{CE}为规定值，集电极电流的变化量 ΔI_C 与基极电流的变化量 ΔI_B 的比值称为交流电流放大系数 β，即

$$\beta=\frac{\Delta I_C}{\Delta I_B} \tag{1-2}$$

通常情况下，晶体管的 β 值为 20～200，同一个管子 β 比 $\bar{\beta}$ 略小，但良好的管子，其 β

与$\overline{\beta}$很接近，故常以$\overline{\beta}$来代替β。β值太小，电流放大作用也小；但β太大，将使晶体管工作性能不稳定。管子的β值可以用测试仪测出。

（2）极间反向电流

1）集电极-基极反向饱和电流I_{CBO}：指发射极开路时，集电结反偏时的电流，它实质上就是PN结的反向饱和电流。良好的晶体管I_{CBO}应该是很小的，一般小功率硅管在1μA以下，锗管约为10μA。它受温度影响较大，是造成管子工作不稳定的主要因素。图1-21是测试I_{CBO}的电路。

2）穿透电流I_{CEO}：指基极开路时，流过集电极与发射极之间的电流。由于它好像是从集电极直接穿透管子而到达发射极的，故称为穿透电流。可以证明其值为$I_{CEO}=(1+\beta)\ I_{CBO}$。

I_{CEO}受温度影响很大，故I_{CEO}大的管子工作稳定性差。测试I_{CEO}的电路如图1-22所示。

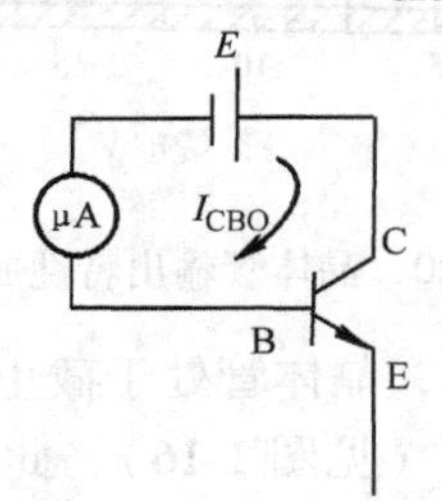

图1-21　测试I_{CBO}的电路

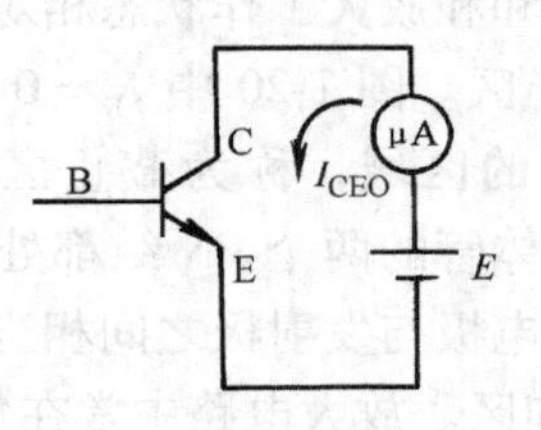

图1-22　测试I_{CEO}的电路

（3）极限参数

1）集电极最大允许电流I_{CM}：一般把β值下降到规定允许值（例如额定值的1/2～2/3）时集电极的最大电流，叫做集电极最大允许电流。使用中若$I_C>I_{CM}$，不但β会显著下降，还会因过热而损坏晶体管。

2）反向击穿电压BU_{CEO}：指基极开路时，集电极和发射极之间的反向击穿电压。当温度升高时，击穿电压要下降，所以工作电压要选得比击穿电压小许多，以保证有一定的安全系数。

3）集电极最大允许耗散功率P_{CM}：根据管子工作时允许的集电结最高温度（锗管约为70°C，硅管可达150°C）确定集电极的最大耗散功率P_{CM}，使用时应满足$I_CU_{CE}<P_{CM}$。

四、晶体管的极性识别

1. 基极的识别

如图1-23所示，在测量PNP或NPN型晶体管的极间电阻时，都可看成是反向串联的两个PN结，它们的反向电阻都很大，正向电阻都很小。用万用表的欧姆挡测试时，可以任意假设一个极是基极，将一只表笔接在基极，另一只表笔分别接到其余两个管脚上。若阻值都很大或都很小，然后将表笔对调，把另外一只表笔接到假设基极上，再用原先接在假设基极上的那只表笔分别去接触其余两个管

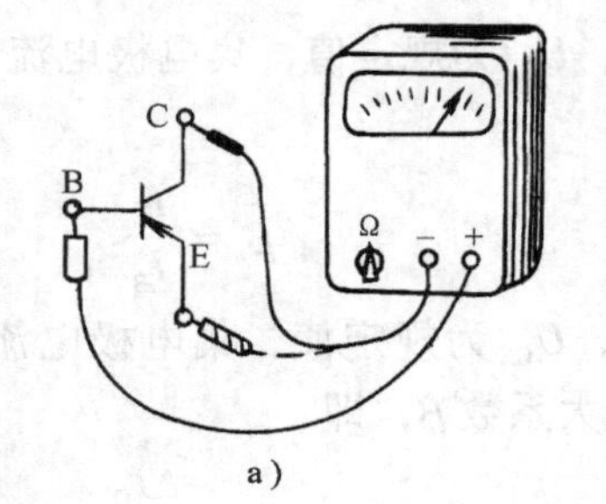

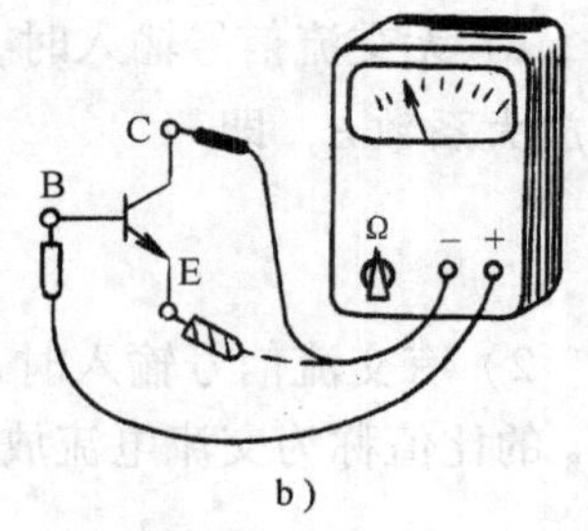

图1-23　基极的识别

a）PNP型　b）NPN型

脚。若测量阻值都很小或都很大，则假设的基极是正确的。如果测得的阻值是一大一小，则需要换一个管脚作“基极”去测试，直到符合上面的结果为止。

2. 集电极的识别

用图 1-24 所示的方法来测量一个 NPN 型晶体管。如果用万用表的黑表笔接到某一管脚（C 或 E），而红表笔接到另一个管脚，当 S 合上后，万用表指针摆动较大时，则黑表笔接的那个极就是集电极。这样，集电极和发射极就分出来了。用同样方法可测量 PNP 型晶体管，所不同的是，当万用表的指针偏转角度最大时，黑表笔接的那个极是发射极，另一个极为集电极。

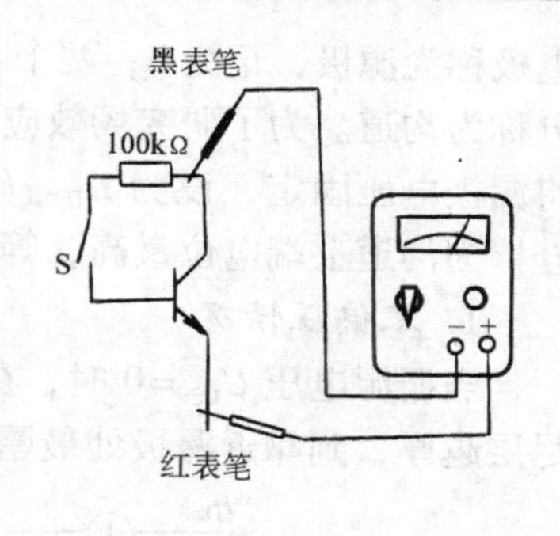

图 1-24 集电极的识别

◇◇◇ 第四节 场效应晶体管

场效应晶体管（简称场效应管）是一种新型半导体器件。与晶体管相比，场效应晶体管有它自己的特点。晶体管是靠基极电流控制集电极电流的，所以它的输入电阻很低。场效应晶体管则是利用栅极电压（没有栅极电流）控制漏极电流的，所以它的输入电阻很高（可达 10^8 ~ $10^9\Omega$）。随着工艺技术的进步，各种新型场效应晶体管的出现，把场效应晶体管的工作频率推进到厘米级波段，并具有很低的内部噪声，使它成为微波接收方面的重要器件。

一、场效应晶体管的工作原理

以结型场效应晶体管为例，说明它的工作原理。

设有一个 N 型硅棒，两端加上电压，则 N 型硅棒中的电子载流子便形成电流。和一个通常的电阻相似，其电流的大小取决于其阻值的大小。我们设想，如果能够改变硅棒的粗细，则电流将会受到硅棒粗细的控制。

如何改变硅棒的粗细呢？我们可用扩散的方法（即掺入三价元素）使硅棒两侧的一个薄层转变为 P 型，这样，两边的 P 型层和 N 型硅棒就形成了 PN 结，如前所述，P 和 N 的交界面就产生了一个没有载流子的特殊薄层——耗尽层。由于没有载流子存在，耗尽层可看成是绝缘区。如果在 PN 结上加反向偏压，并且改变其大小，则耗尽层的宽度就发生改变，也就是相当于硅棒的粗细发生改变，从而控制了硅棒中的电流大小。这就是场效应晶体管的工作原理。

二、场效应晶体管的转移特性

实际上，在上述模型的基础上，再引出三个电极就构成了场效应晶体管，如图 1-25 所示。硅棒的上端电极称为漏极，记为 D；下端

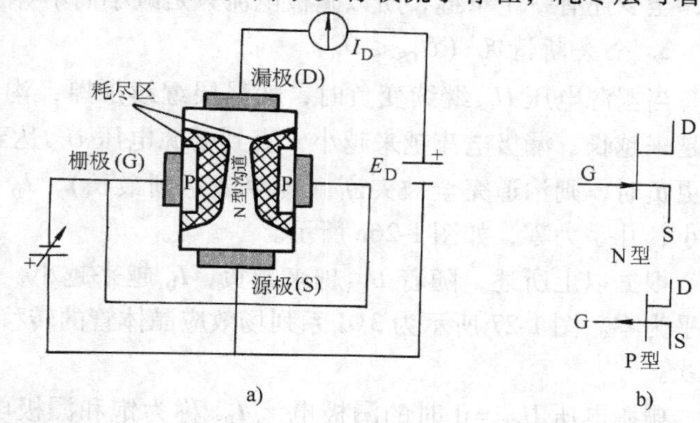

图 1-25 结型场效应晶体管简单模型
a）结构示意图 b）符号

电极称为源极，记为S；两个P端电极相连，称为栅极，记为G。两个耗尽层中间的N型部分称为沟道。为了研究场效应晶体管的转移特性，即栅源电压U_{GS}和漏极电流I_D的关系，先将漏极电压固定，设为E_D。E_D的负极和源极相连，设为零电位。这样，由于E_D的作用，硅棒为沟道上端电位最高，等于E_D，逐渐向下递减，最下端为零。

1. 零偏压情况

当栅源电压$U_{GS}=0$时，在沟道的下部，G和S同电位，耗尽层较薄，但越是往上，耗尽层越厚，到靠近漏极处最厚，如图1-26a所示，这时沟道较宽，因此漏极电流较大。

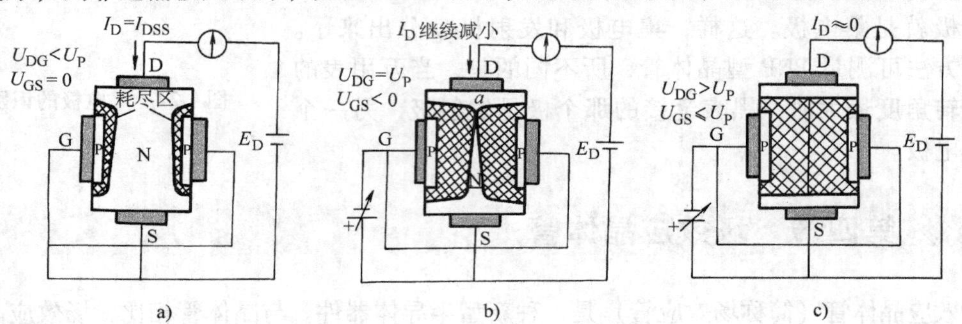

图1-26　结型场效应晶体管的工作原理

a）零偏压情况 $U_{GS}=0$　b）预夹断情况 $U_{DG}=|U_P|$　c）全夹断情况 $U_{GS}\leqslant U_P$

2. 预夹断情况（$U_{DG}=|U_P|$）

当栅源电压U_{GS}的绝对值增加时，PN结的反向偏压增加，耗尽层增厚，越靠近沟道上部，耗尽层越厚。沟道变窄使漏极电流减小，当负栅源电压的绝对值达到某个值时，两边的耗尽层在沟道上都已经相接，这种状态称为预夹断，这时G到D之间的电压称为夹断电压U_P，即

$$U_{GS}-U_{DS}=U_P \tag{1-3}$$

注意，U_{GS}为负，U_{DS}为正（在这里等于E_D），故U_P为一负值。

在预夹断情况下，似乎沟道已经被夹断，漏极电流为零。但实际上，如果沟道完全被夹断，则在夹断处已不存在N区，也就无法构成PN结了。理论研究表明，沟道不能完全被夹断，至少还有一个窄缝，所以漏极电流只是减小而不等于零，如图1-26b所示。

3. 全夹断情况（$U_{GS}\leqslant U_P$）

当栅源电压U_{GS}继续变负时，耗尽层继续加厚，沟道窄缝越来越长，漏极电流越来越小，直到栅源电压U_{GS}达到U_P或更负时，则沟道完全被夹断（即窄缝达到最长），I_D变得很小，几乎为零，如图1-26c所示。

根据以上所述，随着U_{GS}越来越负，I_D越来越小，最后几乎为零。图1-27所示为3DJ系列场效应晶体管的转移特性曲线。

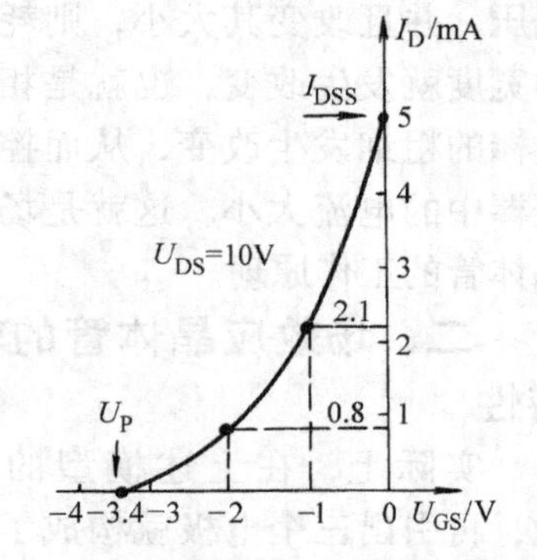

图1-27　3DJ系列场效应晶体管的转移特性

栅源电压$U_{GS}=0$时的漏极电流I_{DSS}称为饱和漏极电流。在本例中，$U_{DS}=10V$，即使U_{GS}为零，$U_{GD}=(0-10)\ V=-10V$，也比$U_P=-3.4V$更负，所以，这时场效应晶体管

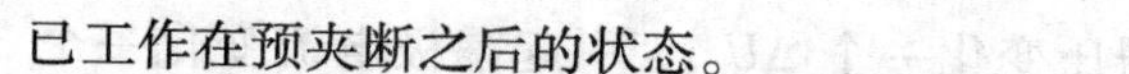

已工作在预夹断之后的状态。

转移特性曲线可用一个近似方程表示为

$$I_D = I_{DSS}\left(1 - \frac{U_{GS}}{U_P}\right)^2 \quad 当 0 \leqslant |U_{GS}| \leqslant |U_P| \tag{1-4}$$

这样，如果已知 I_{DSS} 和 U_P，则可以将曲线上的其他点估计出来。例如：图 1-27 中 $U_{GS} = -2V$ 时，有

$$I_D = 5 \times \left(1 - \frac{-2}{-3.4}\right)^2 mA = 0.85mA$$

4. 漏极特性

漏极特性指的是漏极电压 U_{DS} 和漏极电流 I_D 的关系。当 U_{GS} 取不同值时，构成一族曲线，与晶体管的输出特性曲线相似。图 1-28 所示为 3DJ 系列场效应晶体管的漏极特性。这一族特性曲线可以分成三个不同的区域加以讨论。

（1）Ⅰ区　它的特点是 U_{DS} 很低，$|U_{GS} - U_{DS}| \leqslant |U_P|$，这时不能达到预夹断状态，有较宽的沟道，$I_D$ 主要取决于 U_{DS}。曲线经过原点而较快上升，达到最高点时，$|U_{GS} - U_{DS}| = |U_P|$，开始了预夹断。$U_{GS}$ 取值越负，则预夹断越提前，曲线的拐点越向左移。此时的漏极电压较低，故预夹断时的电流也越小，故曲线下移，直至 $U_{GS} = U_P$ 时，$I_D \approx 0$。Ⅰ区中随着 U_{GS} 的改变，曲线的斜率也在改变，这是因为 U_{DS} 很低，沟道的电阻（即宽窄）主要由 U_{GS} 决定，所以Ⅰ区又称为变阻区。

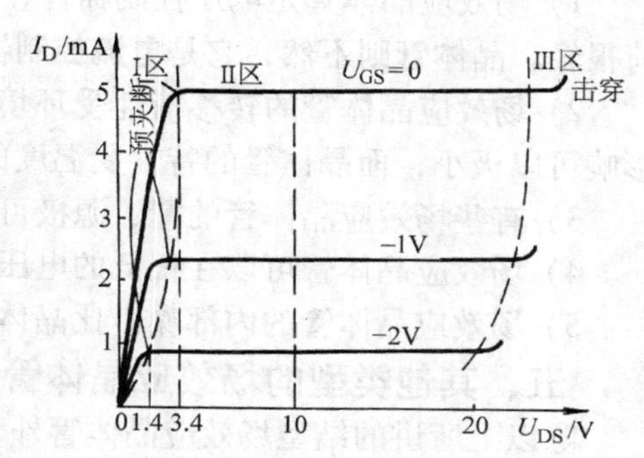

图 1-28　3DJ 系列场效应晶体管的漏极特性

（2）Ⅱ区　预夹断之后，I_D 几乎保持不变，这是因为随着 U_{DS} 的增加，沟道窄缝也跟着变长，即沟道电阻也跟着变大，这样，I_D 几乎不变，达到了饱和，所以Ⅱ区又称为饱和区。这里应注意和晶体管特性相区别。晶体管的饱和区相似于这里的变阻区，而它的放大区相当于这里的饱和区；场效应晶体管在作为放大器应用时应工作在饱和区，只有这个区才能有效放大信号。

（3）Ⅲ区　如果再继续增加 U_{DS}，则和晶体管相似，反偏的 PN 结将被击穿，这时 I_D 迅速增加，如无限流措施，管子就会被损坏。

还需指出，转移特性和漏极特性是可以互相推出的，前者可以由后者得出，读者可以试一试。

三、场效应晶体管的主要参数

（1）夹断电压 U_P　当 U_{DS} 大于零的时候，使 I_D 减小到几乎为零时的栅极负压就是夹断电压 U_P。

（2）饱和漏极电流 I_{DSS}　令漏极电压 $U_{DS} > |U_P|$，并将栅源短路（即 $U_{GS} = 0$），这时的漏极电流称为饱和漏极电流 I_{DSS}。

（3）击穿电压 BU_{DS}　$U_{GS} = 0$ 时的漏-源之间的击穿电压。

（4）直流输入电阻 R_{GS}　在一定栅压 U_{GS} 下，栅-源之间的直流电阻。由于场效应晶体管几乎不存在栅流。所以这个电阻很大，甚至超过 $10^{10}\Omega$。

(5) 低频跨导 g_m　令 $U_{DS} > |U_P|$，设栅压变化一个 ΔU_{GS}，引起漏极电流变化一个 ΔI_D，则跨导 g_m 定义为

$$g_m = \frac{\Delta I_D}{\Delta U_{GS}} \text{或} g_m = \frac{dI_D}{dU_{GS}} \tag{1-5}$$

其单位为mA/V。g_m 也就是转移特性曲线的斜率，它是表征场效应晶体管放大能力的一个重要参数。例如在图1-27中，当 $U_{GS} = -2V$ 时，$I_D = 0.8mA$；$U_{GS} = -1V$ 时，$I_D = 2.1mA$，由此可知其跨导为

$$g_m = \frac{\Delta I_D}{\Delta U_{GS}} = \frac{2.1 - 0.8}{-1-(-2)} mA/V = 1.3mA/V$$

四、场效应晶体管的特点

将场效应晶体管和晶体管作一比较，可发现以下特点：

1）场效应晶体管是电压控制器件，对前级信号源没有多大分流作用，故对信号源的负荷很轻。晶体管则不然，它是电流控制器件，用于信号源有足够电流输出的场合。

2）场效应晶体管的转移特性受环境温度的影响较小，要是 U_{GS} 选得合适，I_D 受温度的影响可以极小，而晶体管的特性受温度的影响则较大。

3）有些场效应晶体管的漏、源极可以互换使用，灵活性比晶体管强。

4）场效应晶体管可以在很低的电压和电流条件下工作，比较经济。

5）场效应晶体管的内部噪声比晶体管小，可用于高灵敏的接收装置中。

五、其他类型的场效应晶体管

除以上所讲的结型场效应晶体管外，还有所谓的MOS场效应管和肖特基场效应晶体管等，这里不能一一介绍。但是，作为使用者，可不必追究它们的内部机理，而着重掌握它们的外部特性。所以，只要在手册中查出它们的转移特性和漏极特性，弄清各极电压的极性，再查出其主要参数，就能正确使用它们。

MOS场效应晶体管输入阻抗很高，如果在栅极上感应了电荷，很不容易泄放，电荷的积累造成电压升高，容易将PN结击穿而造成损坏。为避免发生这种现象，存放时应将管子的三条引线短路；不要放在静电场很强的地方，必要时加上屏蔽盒；焊接时注意电烙铁不能带电，最好暂时把电烙铁拔下；焊进电路后，不要让栅极悬空。

小　结

1）运载电荷的粒子称为载流子。半导体中有两种载流子：电子和空穴。电子带负电，空穴带正电。

2）在半导体中，用掺杂的方法可以得到两种导电类型的半导体：P型和N型半导体。P型半导体中，多数载流子是空穴，主要靠空穴导电；在N型半导体中，多数载流子是电子，主要靠电子导电。

3）P型半导体和N型半导体相结合形成PN结，它是载流子扩散运动和漂移运动相平衡的结果。PN结具有单向导电性，外加正向电压时，呈现很小的正向电阻，有较大的正向电流，相当于导通状态；外加反向电压时，呈现很大的反向电阻，只有很小的反向电流，相当于截止状态，反向电流与反向电压几乎无关，但受温度影响很大。

4）二极管由一个 PN 结构成，它具有单向导电性，并用伏安特性来描述。硅管的死区电压和导通压降比锗管大，而反向饱和电流比锗管小得多，故热稳定性好。二极管有两个主要参数：最大整流电流和最高反向工作电压。

5）晶体管是由两个 PN 结构成的电流控制器件。要使晶体管具有电流放大作用，即 $I_C=\beta I_B$，且 $I_E=I_C+I_B$，应该外加电源，并使发射结处于正向偏置，集电结处于反向偏置。晶体管的特性曲线和参数反映了管子的工作性能。晶体管三个电极的区分可用万用表识别。

6）场效应晶体管是一种电压控制器件，其特点是输入电阻很高，温度稳定性好，工作电压低，电流小，工作频率高，噪声低。转移特性表明漏极电流与栅极电压之间的关系，其中最重要的参数是跨导，它是 I_D 的增量与 U_{GS} 的增量之比。表示场效应晶体管的放大能力。漏极特性曲线与晶体管输出特性曲线相似，它表示 I_D、U_{DS}、U_{GS} 的关系，分成可变电阻区、饱和区和击穿区。作为放大器应用时工作在饱和区，即工作在预夹断和全夹断之间。

习　题

1. 半导体有哪些主要特征？

2. 什么是 P 型半导体？什么是 N 型半导体？

3. 试述 PN 结的特性。

4. 二极管的主要参数有哪些？

5. 试述下列二极管型号的含义：

2AP9；2CZ12；2CW15B；2AK9

6. 有人在测量一个二极管的反向电阻时，为了使测试笔和管子接触良好，用两只手捏紧去测量，但发现管子的反向电阻值较小，认为不合格，然而用在设备上却工作正常。这是为什么？

7. 二极管的伏安特性曲线上能反映出二极管的哪些参数？在曲线上标出这些参数。

8. 叙述晶体管各区、结、极的名称，分别画出 PNP 型和 NPN 型晶体管的图形符号。

9. 晶体管电流的放大条件是什么？放大的实质是什么？

10. 画出 PNP 和 NPN 型两种晶体管电源连接图，并说明晶体管三个电极的电流哪个最大？哪个最小？哪两个差不多？

11. 晶体管有哪几种工作状态？处于每一种状态的条件是什么？特征是什么？

12. 已知某晶体管的发射极电流 $I_E=3.24\text{mA}$，基极电流 $I_B=40\mu\text{A}$。求集电极电流 I_C 的数值。

13. 已知某晶体管的 $I_B=20\mu\text{A}$ 时，$I_C=1.4\text{mA}$；而 $I_B=40\mu\text{A}$ 时，$I_C=3.2\text{mA}$。求其 β 值。

14. 解释下列晶体管型号的含义：

3AX3Lb；3DG6B；3CK9A；3DD62D

15. 有一只锗晶体管，$\beta=50$，$I_B=10\mu\text{A}$，试求 I_C 值。

16. 已知场效应晶体管的跨导为 1.5mA/V，如果栅极电压从 -2V 变到 -0.8V，则漏极电流的增量应该是多少？

第二章

晶体管放大电路

学习要点

1. 熟练掌握共发射极基本放大电路及其分析、计算方法。
2. 明确设置静态工作点的意义及典型实用电路。
3. 熟悉负反馈的四种类型及其带给放大电路的好处。
4. 掌握射极输出器的特点，熟知射极输出器的应用。
5. 了解多级放大器的级间耦合方式及各自特点与应用。
6. 明确功率放大电路的任务和要求。
7. 理解交越失真的概念及OTL电路的工作原理。

◇◇◇ 第一节　放大器的基本概念

所谓放大器（也称为放大电路），就是把微弱电信号（电流、电压或功率）转化成所需值的电子电路。以晶体管为核心构成的放大器称为晶体管放大器，其用途非常广泛，如收音机、电视机以及自动控制设备的检测与控制等都应用到它。

放大器的种类很多。按工作频率可分为低频放大器、高频放大器和直流放大器。本章主要讨论放大低频信号的放大器，即低频放大器。

一、基本放大电路

晶体管基本放大电路是由一个晶体管作为放大器件而组成的放大电路。

应当指出：我们所说的放大，是以一个电量的小变化去实现另一个电量的大变化。

根据放大电路输入、输出回路变化信号公共端的晶体管电极，我们把晶体管基本放大电路分为共发射极、共基极、共集电极三类。图2-1就是一个双电源共发射极基本放大电路，现在对每个元器件的作用加以说明。

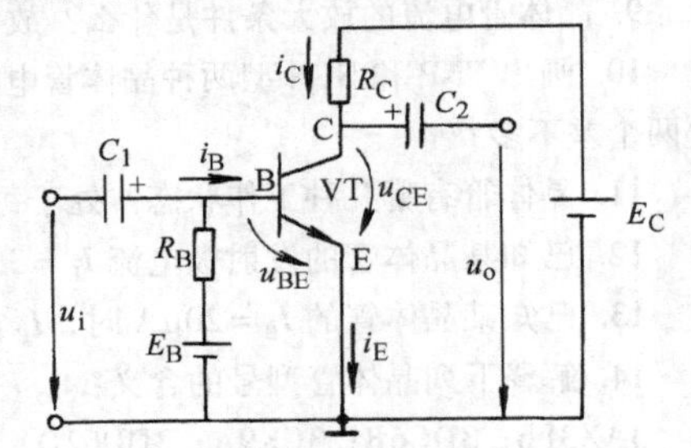

图2-1　基本放大电路

（1）晶体管VT　具有电流放大的能力，是放大电路中的核心器件。

（2）基极电源E_B　为了保证晶体管工作在放大状态，必须使发射结处于正向偏置，E_B提供了这个条件。

（3）基极偏流电阻R_B　在E_B确定的情况下，R_B的改变将直接对直流偏置电流I_B产生影响，因此通过R_B把晶体管基极直流偏置电流I_B限制在所需要的值，以使放大电路获得合适的静态工作点，从而避免信号失真。

（4）集电极电源 E_C　晶体管工作在放大状态，除发射结处于正向偏置外，必须同时使集电结处于反向偏置，E_C 提供了这个条件。

（5）集电极电阻 R_C　它的作用是把电流转换成电压，从而把晶体管的电流放大特性转换成电压放大的形式表现出来。作为负载不一定是电阻，可以是耳机、扬声器或其他执行机构，也可以是后级放大器的输入电阻。

（6）耦合电容 C_1、C_2　由于电容对直流电呈现很大的阻抗，而对交流电呈现较小的阻抗。因此这两个电容的作用是：一方面隔断晶体管输入端与信号源之间、管子输出端与负载之间的直流通路，即隔直；另一方面确保交流信号顺利通过放大器并得以放大，成为沟通信号源与放大器和负载之间的交流通路，即耦合。通常要求耦合电容的电容量足够大，对交流信号可视为短路。C_1、C_2 一般采用几微法到几十微法的电解电容器。

双电源电路在使用上很不方便，因此我们对图 2-1 的电路适当改变 R_B 的大小，接成图 2-2 所示电路，把两个电源简化成一个电源，并按一般习惯，只标出对“地”的电压值和极性。

由此可见，构成任何一个放大电路，必须满足以下几点：

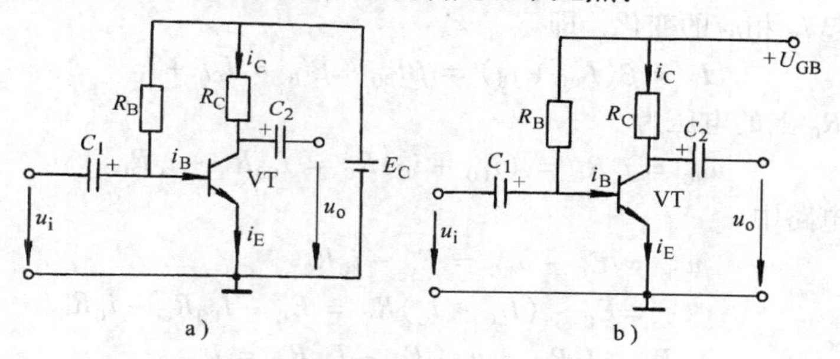

图 2-2　单电源供电放大电路

a）基本放大电路　b）习惯画法

1）为使晶体管处于放大工作状态，必须提供正确的偏置电压，即保证发射结加正偏电压，集电结加反偏电压。

2）放大电路与信号源及负载之间应正确连接，以保证信号能在放大器中畅通地传输。

3）各元器件参数的选择应能保证电路有合适的静态工作点。

二、基本放大电路的工作原理

当放大器无输入信号时，电路中的电压、电流（直流）都不变，称为静态。当有输入信号时，电路中的电压和电流随输入信号相应变化，称为动态。

静态工作时，没有交流信号电压输入，由于 E_C 和基极偏置电阻 R_B 的作用，电路中的电压、电流有直流成分存在。它们是：基极电流 I_{BQ}、其极电压 U_{BEQ}、集电极电流 I_{CQ} 和集电极电压 U_{CEQ}。其波形如图 2-3 所示。

动态工作情况下的各极电压、电流是在直流电量的基础上脉动。它们的形式都是一个直流电量和一个交流电量的合成，即交流量叠加在直流量上。信号放大过程如下：

当交流小信号 u_i 输入时，经过耦合电容 C_1 送到晶体管的基极和发射极之间，与基极电压 U_{BEQ} 叠加（见图 2-3a）。而且要求 U_{BEQ} 数值大于 u_i 的峰值，从而得以保证叠加后的总电压为正值，并大于发射结死区电压，使晶体管发射结正偏导通，即 $u_{BE} = U_{BEQ} + u_i$。

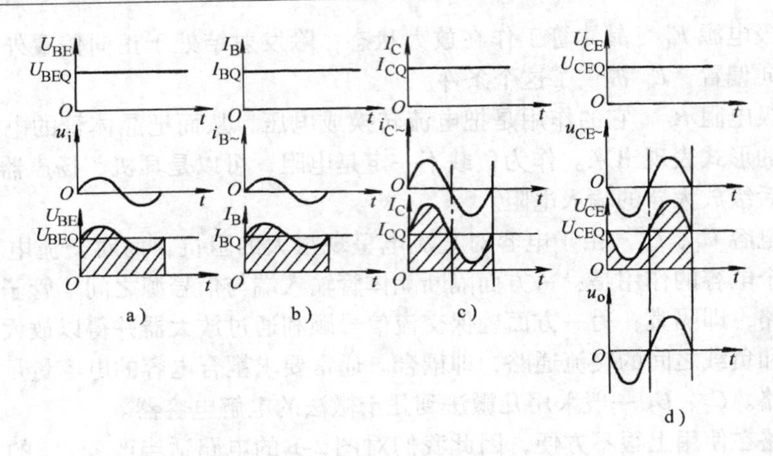

图 2-3 各部分电流、电压波形

此时，u_i 电压的变化，引起基极电流在直流 I_{BQ} 的基础上发生变化，成为

$$I_B = I_{BQ} + i_B \tag{2-1}$$

同时也将引起 i_C 相应的变化，即

$$I_C = \beta(I_{BQ} + i_B) = \beta I_{BQ} + \beta i_B = I_{CQ} + i_C \tag{2-2}$$

集电极电阻 R_C 上的电压为

$$u_{RC} = i_C R_C = (I_{CQ} + i_C)R_C = I_{CQ}R_C + i_C R_C$$

因为在输出电路中

$$u_{CE} = E_C - u_{RC} = E_C - i_C R_C$$
$$= E_C - (I_{CQ} + i_C)R_C = E_C - I_{CQ}R_C - i_C R_C$$

又
$$E_C - I_C R_C = u_{CE}, E_C - I_{CQ}R_C = U_{CEQ}$$

所以
$$u_{CE} = U_{CEQ} - i_C R_C \tag{2-3}$$

可见，管压降 u_{CE} 也由直流分量 U_{CEQ} 和交流分量 $-i_C R_C$ 组成。由于 C_2 的隔直和耦合作用，输出电压只有交流成分，所以负载两端的电压即输出电压为

$$u_o = u_{CE} - U_{CEQ} = U_{CEQ} - i_C R_C - U_{CEQ} = -i_C R_C \tag{2-4}$$

式（2-4）中负号表示 u_o 的相位与 i_C 相反。

由式（2-4）可以看出，只要 R_C 取值适当，就可使输出信号电压 u_o 比输入信号电压 u_i 大很多倍，从而实现电压放大。因为输出交流电压 u_o 与输入电压 u_i 反相，所以这种现象也称为倒相或反相作用。

三、静态工作点的设置

放大器在静态时，晶体管的电压和电流称为静态工作点。即此时的集电极电流 I_C 和集电极与发射极之间的电压 U_{CE} 可在晶体管的输入、输出特性曲线上用 Q 点表示，故可写成 I_{BQ}、I_{CQ} 和 U_{CEQ}，以区别于其他状态下的直流分量。放大器在工作时，需要有一个合适的静态工作点。否则，就不能使放大后的输出波形与输入电压波形保持一致，这种现象称为波形失真。图 2-4 所示为不设置静态工作点的放大电路。

我们知道，晶体管的发射结可看做是一个具有单向导电性的二极管，而且存在死区。当有交流信号加在晶体管 B、E 之间，且处于负半周时，发射结反向偏置，没有基极电流产生，更谈不上放大作用。输入信号在正半周时，发射结正向偏置，由于晶体管输入特性的非线性，只有在正向电压大于发射结死区电压时，才可使晶体管基极产生基极电流。显然，这时基极电流的波形与输入信号的波形相差很大（见图2-5），即产生了严重的失真。由于 $i_C=\beta i_B$，故 R_C 上的电压波形和输入信号的波形之间也产生了严重的失真。对于一个放大器来说失真现象是不允许的。要克服失真现象，就应该保证晶体管在输入交流信号时始终工作在线性区，而要实现这一点，就必须对没有输入交流信号的晶体管用直流电源预置一个工作状态，即设置一个合适的静态工作点 Q。只有这样，才能在放大电路中有交流信号输入时，使晶体管始终工作在正半周且大于死区的线性状态，消除失真。

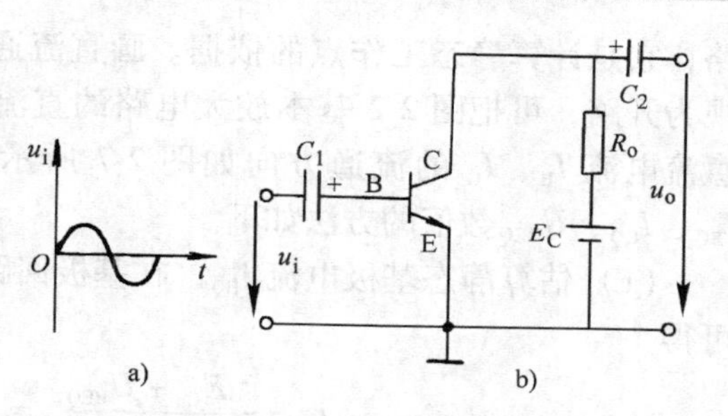

图2-4　不设置静态工作点的电路
a）输入波形　b）放大电路

如图2-6所示，只要 I_{BQ} 选择合适，交流信号为正半周时，引起基极总电流 i_B 增大；负半周时，引起基极总电流 i_B 减小，但加到发射结上的总电压 u_{BE} 始终为正，并超过门槛电压，使基极回路中始终有一个随输入信号变化的电流。这样就能在集电极回路中引起相应变化的电流和电压，从而使放大器不失真地放大输入信号。

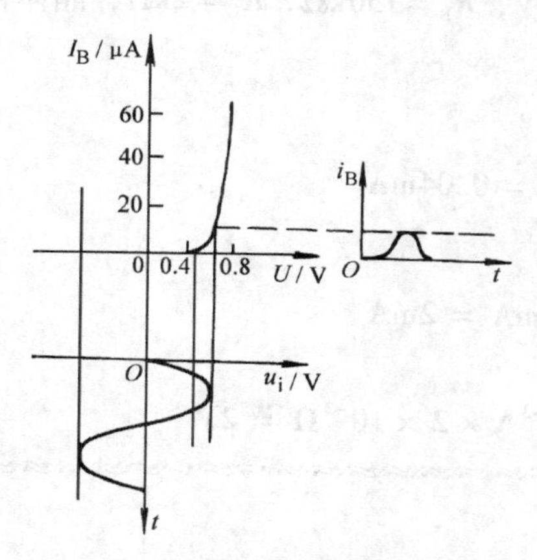

图2-5　不设置静态工作点的放大器输出波形失真

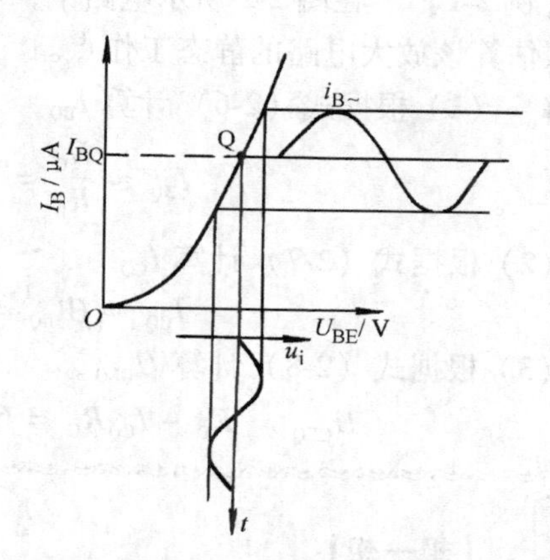

图2-6　设静态工作点后的波形

◇◇◇ 第二节　放大器参数的分析方法

分析放大器，就是在已知电路及元器件参数的基础上，求它的静态工作点、电压放大倍数、输入和输出电阻，并分析波形失真等。分析放大器的方法有估算法、图解法和等效电路法。

一、估算法

估算法就是利用电路中已知的各个参数，运用电工基础知识，应用数学方法进行计算，来分析小信号放大器。可较为简便地估算放大器的静态工作点。

放大器处于静态时，其电压、电流都是直流分量。只允许直流电通过的路径称为直流通路，它是计算静态工作点的依据。画直流通路的方法是将电容视为开路，可把图2-2基本放大电路的直流通路表示为图2-7。直流电流 I_B、I_C 的流通方向如图2-7所示。估算静态工作点 I_{BQ}、I_{CQ}、U_{BEQ}数值的方法如下。

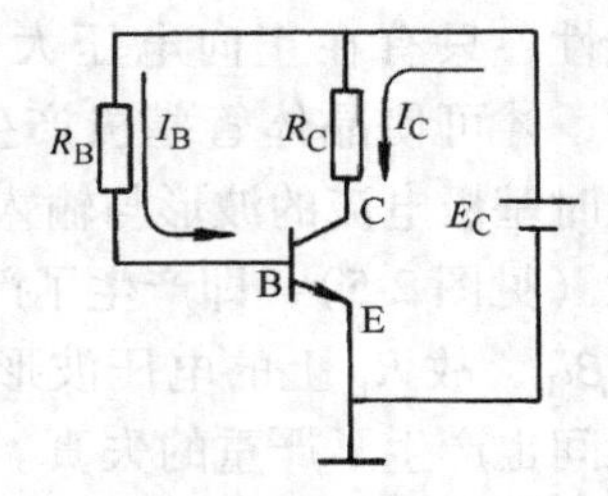

图2-7　电压放大器的直流通路

（1）估算静态基极电流 I_{BQ}　在基极回路中，根据欧姆定律可得

$$I_{BQ}=\frac{E_C-U_{BEQ}}{R_B} \tag{2-5}$$

从晶体管的输入特性和实际测量知道 U_{BEQ}很小，一般硅管取0.7V，锗管取0.3V，与电源 E_C 相比可忽略不计，那么式（2-5）也可写为

$$I_{BQ}\approx\frac{E_C}{R_B} \tag{2-6}$$

（2）估算静态集电极电流 I_{CQ}

$$I_{CQ}=\bar{\beta}I_{BQ}\approx\beta I_{BQ} \tag{2-7}$$

（3）估算集电极与发射极之间的电压 U_{CEQ}

$$U_{CEQ}=E_C-I_{CQ}R_C \tag{2-8}$$

【例2-1】　在图2-2所示电路中，若已知 $E=6\text{V}$，$R_B=150\text{k}\Omega$，$R_C=2\text{k}\Omega$，晶体管 $\beta=50$。试估算该放大电路的静态工作点。

解　（1）根据式（2-6）计算 I_{BQ}

$$I_{BQ}\approx\frac{E_C}{R_B}=\frac{6\text{V}}{150\times10^3\Omega}=0.04\text{mA}$$

（2）根据式（2-7）计算 I_{CQ}

$$I_{CQ}\approx\beta I_{BQ}=50\times0.04\text{mA}=2\text{mA}$$

（3）根据式（2-8）计算 U_{CEQ}

$$U_{CEQ}=E_C-I_{CQ}R_C=6\text{V}-2\times10^{-3}\text{A}\times2\times10^{-3}\Omega=2\text{V}$$

【想一想】

在晶体管输出特性曲线上能否确定电流放大系数？如何做？静态工作点居何位置比较合适？

二、图解法

利用晶体管的输入特性与输出特性，通过作图的方法来分析放大器的工作情况，叫做图解分析法。

1. 直流负载线

图2-8a是放大电路输出回路的直流通路。以AB为界，左边是晶体管的输出端（非线性部分），输出电压 U_{CE}和电流 I_C 的关系按它的输出特性曲线所描述的规律变化，如图2-8b所示。右边是集电极负载电阻 R_C 和电源 E_C 组成的串联电路（线性部分），由式（2-4）可知，这是一个直线方程式，$U_{CEQ}=E_C-I_{CQ}R_C$，其图像是一条直线MN，称为直流负载线，如图2-8c所示。

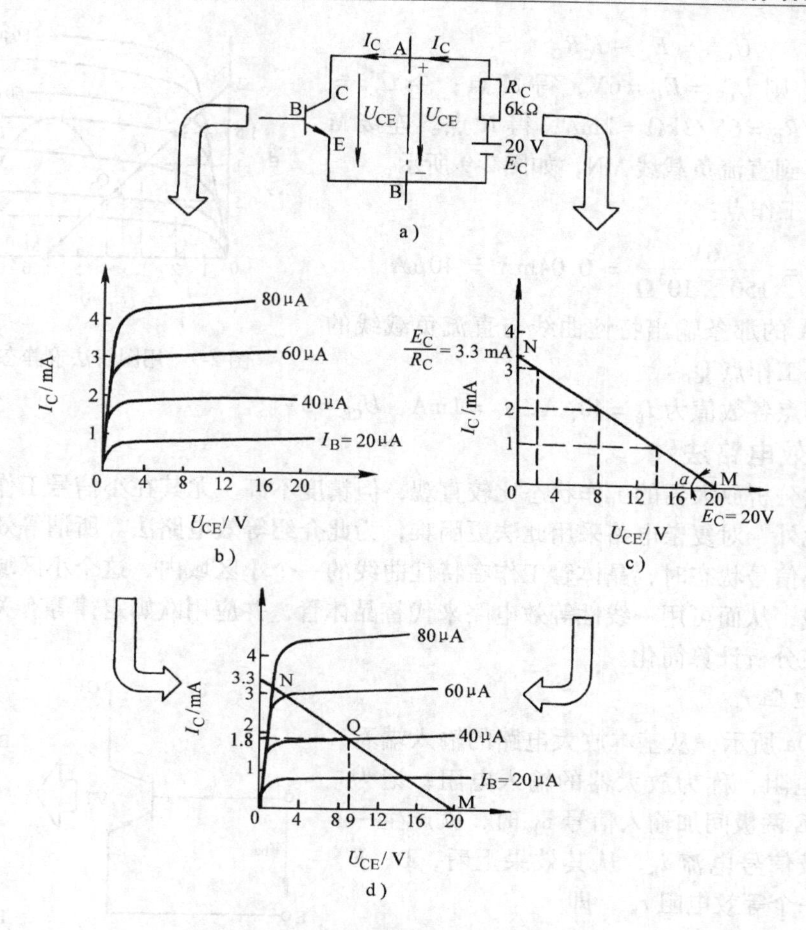

图 2-8 基本放大电路的静态图解分析

a）直流通路 b）输出特性曲线 c）直流负载线 d）静态工作点

设直流负载线在两坐标轴上的截点为 M、N，横轴上截点 M 表示 $I_C=0$ 时的电压 $U_{CE}=E_C$，纵轴上截点 N 表示 $U_{CE}=0$ 时的电流 $I_C=E_C/R_C$。因此，若已知电路中的 E_C、R_C，则在横坐标轴截取 $0M=E_C$，纵坐标上截取 $0N=E_C/R_C$，然后连接 MN 两点，就是该电路的直流负载线。直流负载线与横轴的夹角 α 为

$$\alpha = \arctan\frac{E_C/R_C}{E_C} = \arctan\frac{1}{R_C} \tag{2-9}$$

2. 图解分析静态工作点

在图 2-8a 中，虽然人为地分为左右两部分，但左右两部分是连接在一起的，构成输出回路的统一整体，所以通常把图 2-8b、c 合起来画成图 2-8d。

只要基极电流 I_B 一经确定，在输出特性曲线族中就确定了一条曲线，这条曲线与直流负载线的交点 Q 就是这个放大电路的静态工作点。

【例 2-2】 按图 2-2 所示电路，已知 $E_C=6V$，$R_C=3k\Omega$，$R_B=150k\Omega$，晶体管的输出特性曲线如图 2-9 所示。试用图解法求静态工作点。

解 先做直流负载，由于

$$U_{CE} = E_C - I_C R_C$$

令 $I_C = 0$，则 $U_{CE} = E_C = 6V$，得 M 点；令 $U_{CE} = 0$，则 $I_C = E_C/R_C = 6V/3k\Omega = 2mA$，得 N 点。连接 M 和 N 两点，得到直流负载线 MN，如图 2-9 所示。

确定静态工作点：

$$I_B = \frac{E_C}{R_B} = \frac{6V}{150 \times 10^3 \Omega} = 0.04mA = 40\mu A$$

$I_B = 40\mu A$ 的那条输出特性曲线与直流负载线的交点就是静态工作点 Q。

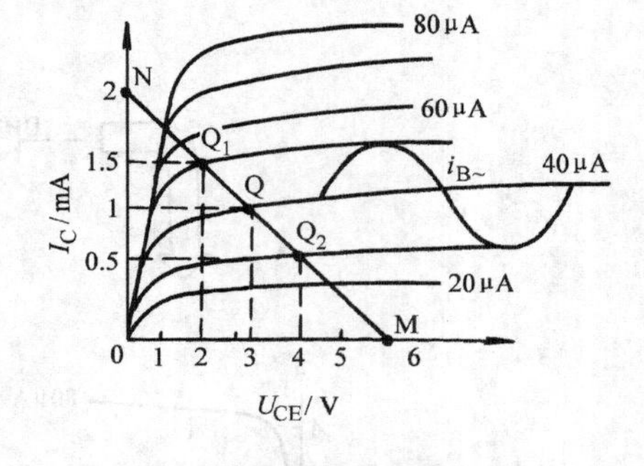

图 2-9 用图解法求静态工作点

静态工作点各数值为 $I_B = 40\mu A$，$I_C = 1mA$，$U_{CE} = 3V$。

三、等效电路法

用图解法分析放大器的工作状态比较直观，但精度不高。尤其在小信号工作时，其分析误差更大。此外，对复杂电路采用此法更困难，为此介绍等效电路法。所谓等效电路法，就是放大器在小信号状态时，晶体管工作在特性曲线的一个小区域内，这个小区域内的特性曲线可视为直线，从而可用一线性等效电路来代替晶体管，并应用欧姆定律等有关线性电路的规律求解，使分析计算简化。

1. 输入电阻 r_i

如图 2-10a 所示，从基本放大电路的输入端看进去的交流电阻，称为放大器的输入电阻，记为 r_i。当给 B、E 两极间加输入信号 u_{be}时，就产生一个输入的基极信号电流 i_b，从其效果上看，B、E 两极间恰似一个等效电阻 r_{be}，即

$$r_{be} = \frac{u_{be}}{i_b} \qquad (2\text{-}10)$$

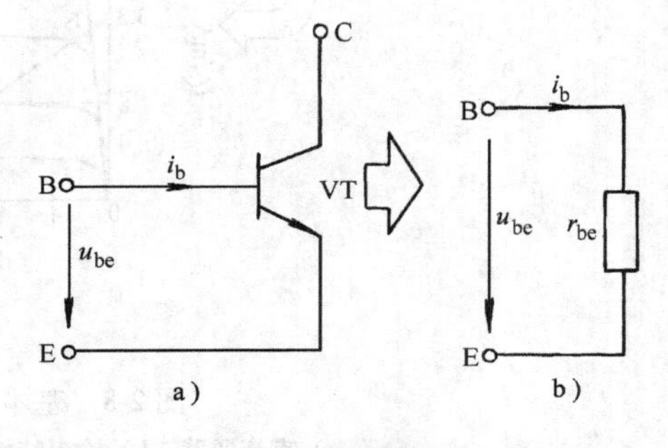

图 2-10 晶体管的等效输入电阻
a) 放大电路 b) 等效电阻

它就是晶体管基极和发射极输入端的等效电阻，如图 2-10b 所示。

一般小功率晶体管的发射结电阻可用下面的公式估算（只适用于共发射极放大电路），即

$$r_{be} = r_b + (1+\beta)\frac{26mV}{I_E mA} \qquad (2\text{-}11)$$

式中 r_b——基区电阻，$r_b \approx 300\Omega$。

又因 $I_E = (1+\beta) I_B$，故式（2-11）也可改写成

$$r_{be} = 300\Omega + (1+\beta)\frac{26mV}{I_E mA} = 300\Omega + \frac{26mV}{I_B mA} \qquad (2\text{-}12)$$

一般情况下，r_{be}值在几百欧到几千欧。当 $R_B \gg r_{be}$时，有

$$r_i = R_B \mathbin{/\!/} r_{be} \approx r_{be} \qquad (2\text{-}13)$$

2. 输出电阻 r_o

放大器的输出电阻，就是从晶体管的输出端看进去的交流等效电阻，记为 r_o，如图 2-11 所示。

图 2-11 中因集电极与发射极之间的电阻很大，因此输出电阻可写成

$$r_o \approx R_C \tag{2-14}$$

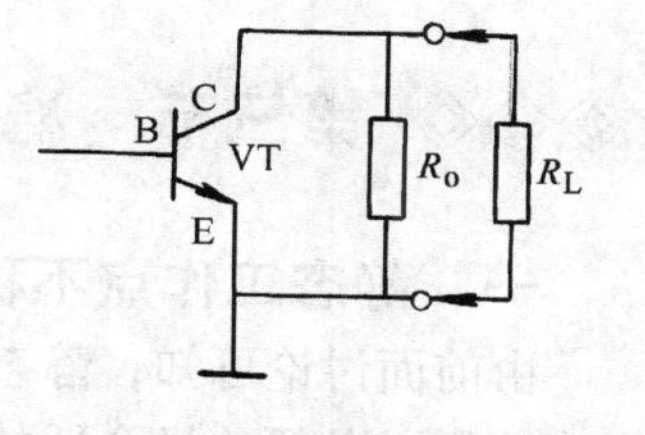

图 2-11　晶体管输出端等效交流电路

3. 电压放大倍数 A_u（也称为电压增益）

放大器的电压放大倍数是放大器的输出信号电压与输入信号电压之比。同理，可定义电流放大倍数和功率放大倍数，分别用 A_u、A_i、A_p 表示，即电压放大倍数为

$$A_u = \frac{u_o}{u_i} = \frac{-i_C R_L'}{i_B r_{be}} = -\frac{\beta R_L'}{r_{be}} \tag{2-15}$$

式中　$R_L' = R_C /\!/ R_L = \dfrac{R_C R_L}{R_C + R_L}$。

电流放大倍数为

$$A_i = \frac{i_o}{i_i} = \frac{i_C}{i_B} = \beta \tag{2-16}$$

功率放大倍数为

$$A_P = \frac{u_o i_o}{u_i i_i} = A_u A_i \tag{2-17}$$

【例 2-3】　在图 2-2 中，已知放大器中 $E_C = 12\text{V}$，$R_B = 240\text{k}\Omega$，$R_C = 3\text{k}\Omega$，晶体管 $\beta = 40$。试求：不接负载电阻时的电压放大倍数；接上 2kΩ 负载电阻时的电压放大倍数。

解　(1) 求静态集电极电流 I_C

$$I_B = E_C / R_B = \frac{12V}{240 \times 10^3 \Omega} = 0.05\text{mA}$$

$$I_C = \beta I_B = 40 \times 0.05\text{mA} = 2\text{mA}$$

(2) 求 r_{be}

$$I_E \approx I_C = 2\text{mA}$$

$$r_{be} = 300\Omega + (1+\beta)\frac{26\text{mV}}{I_E \text{mA}}$$

$$= 300\Omega + (1+40) \times \frac{26\text{mV}}{2\text{mA}} = 833\Omega$$

(3) 不接负载电阻时，$R_L' = R_o$，故有

$$A_u = -\frac{\beta R_L'}{r_{be}} = -\frac{40 \times 300\Omega}{833\Omega} \approx -144$$

(4) 接上 2kΩ 负载电阻时，因为

$$R_L' = \frac{R_L R_C}{R_L + R_C} = \frac{2\text{k}\Omega \times 3\text{k}\Omega}{2\text{k}\Omega + 3\text{k}\Omega} = 1.2\text{k}\Omega$$

所以

$$A_u = -\frac{\beta R_L'}{r_{be}} = -\frac{40 \times 1200\Omega}{833\Omega} \approx -58$$

◇◇◇ 第三节 稳定静态工作点的偏置电路

一、静态工作点不稳定的因素

由前面讨论可知，静态工作点的设置，不仅关系到波形失真与否，还对放大倍数有重大影响，所以必须选择合适的静态工作点。而静态工作点是由管子参数和放大电路的偏置电路共同决定的。当偏置电路一定，工作点已调好时，并不意味着工作点就稳定了。当电源电压波动、元器件参数变化和温度变化时，静态工作点还会变化，其中主要是温度变化的影响。晶体管的特性决定了其参数随温度的变化而变化。由实际测试可知，温度每升高10℃，I_{CBO}增加一倍；温度每升高1℃，β要增加10%；温度每升高1℃，U_{BE}要减小2～2.5mV。这样的变化反映在静态工作点上，将使晶体管预先设置的Q点随着温度变化而漂移，甚至使放大电路无法正常工作。

二、静态工作点对放大器的影响

静态工作点选择过高，如图2-12中的Q_1点，则在输入信号电压的正半周，基极电流仍随输入信号电压变化而变化，但集电极电流增大到一定程度就不再增大而产生“饱和失真”。

如果静态工作点选择过低，如图2-12中的Q_2点，则在输入信号电压负半周的部分时间内，集电极电流将截止而产生“截止失真”。

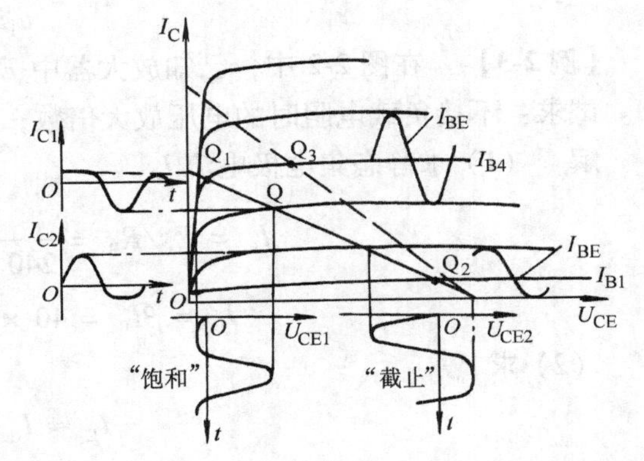

图2-12 波形失真情况

为了防止出现波形失真，放大器的静态工作点一般应选择在负载线的中部。这时，在输入信号的整个周期内，集电极电流I_C和输出电压u_o都有较大的动态变化范围。

另外，因为静态工作点是直流负载线与静态基极电流I_B所决定的那条输出特性曲线的交点。由于静态基极电流是由R_B和E_C确定的，直流负载线是由E_C和R_C确定的，所以，这些电路参数对选择静态工作点是十分重要的。

如何使预先设定的静态工作点不随温度变化而变化，从而达到稳定呢？应设法使在温度变化最终引起的I_C变化来促使I_B反方向变化，从而使I_C基本不变，以维持静态工作点的基本稳定。下面介绍几个基本电路。

三、电压负反馈偏置电路

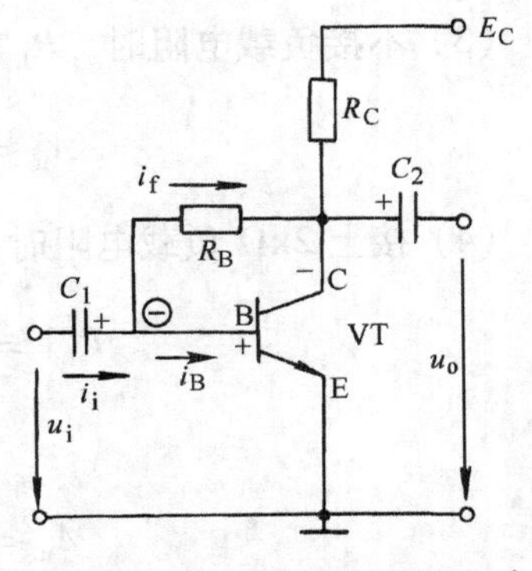

图2-13 电压负反馈偏置电路

图2-13所示为电压负反馈（也称为静态稳定）偏置电路。这个电路的R_B不是直接接电源E_C，而是接在晶体管的C极，这样就能把集电极电压变化情况反馈到输入端，以稳定工作点。这种电路叫做电压负反馈偏置电路。

该电路的基极静态电流取自于 U_{CE}，其大小为

$$I_B = \frac{U_{CE} - U_{BE}}{R_B} \approx \frac{U_{CE}}{R_B} \tag{2-18}$$

当温度升高时，I_C 增大，R_C 上的电压降随之增加，导致 U_{CE} 下降，使 I_B 随着 U_{CE} 的下降而减小，牵制 I_C 的增加，从而维持静态工作点的基本稳定。其自动调节过程如下：

$T\uparrow \rightarrow I_C\uparrow \rightarrow U_{CE}\downarrow \rightarrow I_B\downarrow \rightarrow I_C\downarrow \rightarrow$ 使 Q 点稳定

四、分压式电流负反馈偏置电路

图 2-14 所示为另一种常见的偏置电路，被称为“固定分压式电流负反馈偏置电路”。此电路的特点是：

1）利用电阻 R_{B1} 和 R_{B2} 分压来固定基极电位。设通过电阻 R_{B1} 和 R_{B2} 的电流分别为 I_1 和 I_2，且 $I_1 = I_2 + I_B$，一般 I_B 很小，$I_1 >> I_B$，近似认为 $I_1 \approx I_2$，这样，在 I_B 变化时，基极电位 U_B 可近似看作不变，即

$$U_B \approx E_C \frac{R_{B2}}{R_{B1} + R_{B2}} \tag{2-19}$$

所以基极电压 U_B 由电压 E_C 经 R_{B1} 和 R_{B2} 分压所决定，不随温度而变。

2）利用发射极电阻 R_E 来获取反映电流 I_E 变化的信号，反馈到输入端，实现工作点稳定。

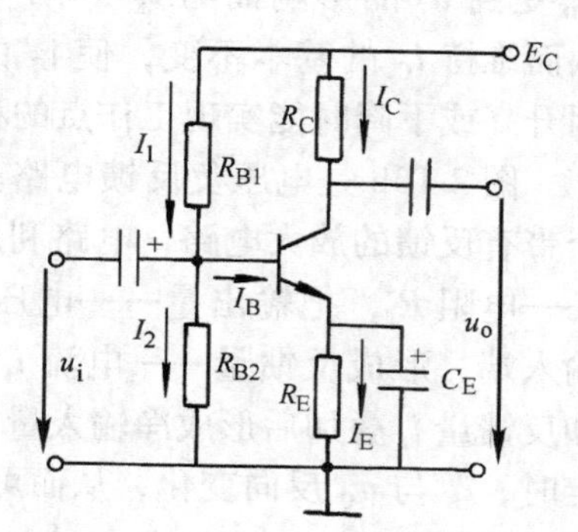

图 2-14 分压式电流负反馈偏置电路

通常 $U_B >> U_{BE}$，所以发射极电流

$$I_E = \frac{U_B - U_{BE}}{R_E} \approx \frac{U_B}{R_E} \tag{2-20}$$

因此，在 R_E 不变且 U_B 在温度变化时维持不变的条件下，I_E 也能保持稳定。

分压式电流负反馈偏置电路能稳定工作点的原理如下：设由于温度升高而引起 I_C 增大，则 I_E 也要增大，R_E 两端的电压 $U_E = I_E R_E$ 也随之增大。但由于 U_B 固定不变，则 U_E 增大后，U_{BE} 将减小，基极电流 I_B 也随之减小，I_C 自动下降，从而稳定了工作点，其稳定过程如下：

$T\uparrow \rightarrow I_C\uparrow I_E\uparrow \rightarrow U_E\uparrow \xrightarrow{\text{基极电位 } U_B \text{ 不变}} U_{BE}\downarrow$

$I_C\downarrow \leftarrow I_B\downarrow \leftarrow$

为了使 R_E 对交流信号不产生负反馈，可在 R_E 两端并接一个大容量的电容器 C_E，以便让交流信号由 C_E 旁路而不经过 R_E。由于直流电流不能通过电容器，故 C_E 对静态工作点没有影响，所以 C_E 又叫做发射极旁路电容，一般取几十微法到几百微法的电解电容。这样既稳定了静态工作点，又不致影响电路的电压放大倍数。

◇◇◇ 第四节 放大器中的负反馈

一、反馈的概念与分类

1. 反馈的概念

把放大器的输出信号（电压或电流）的一部分或全部，通过一定的途径回送到放大器

的输入端，以改善放大器的某些性能，这种方法叫做反馈。反馈信号的传递方向，则是从输出端经反馈系统到输入端。具有反馈的放大器示意图如图2-15所示。

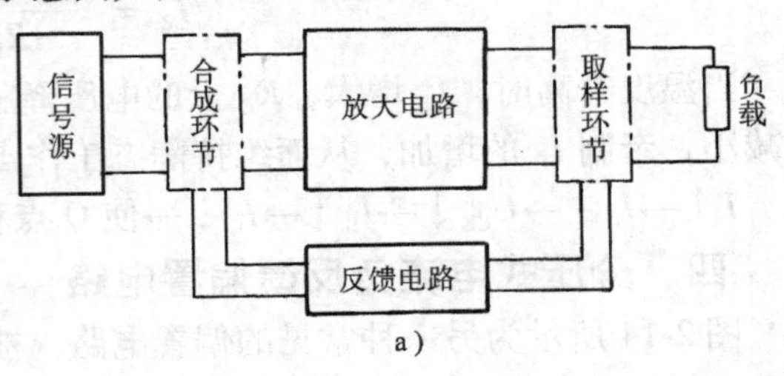

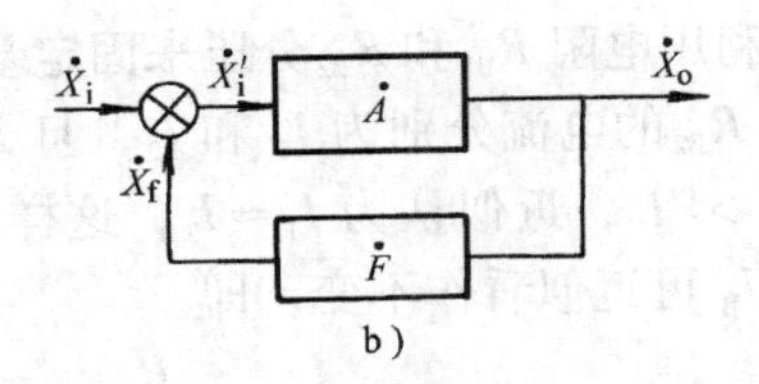

图2-15 具有反馈的放大器示意图

a）基本构成 b）信号传输

图2-16a是分压式偏置电路。它是一个带有反馈的放大电路，电路通过反馈网络——电阻R_E，把输出量—电流i_E引回到输入端，形成反馈量——电压u_f（即U_E）。输入量u_i和反馈量u_f叠加后形成净输入量u_{BE}，由于R_{B1}和R_{B2}将U_B固定在某一值，使u_{BE}受到u_i的影响而与i_E（i_C）反向变化，从而维持i_C的基本不变，使i_C由于某种原因升高或下降时能实现工作点的稳定。

图2-16b是电压负反馈电路。它也是一个带有反馈的放大电路，电路利用反馈网络——电阻R_f，把输出量——电压u_o送回到输入端，形成反馈量——电流i_f。输入量i_i和反馈量i_f叠加后形成净输入量i_B。当i_i恒定时，i_B与u_O反向变化，从而可使u_o基本恒定。

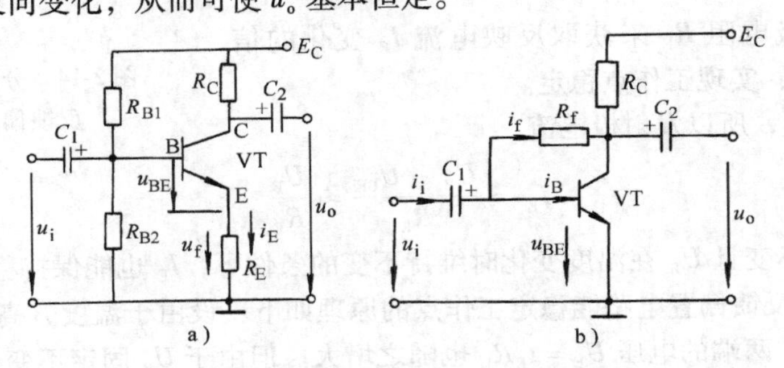

图2-16 分压式偏置电路与电压负反馈电路

a）分压式偏置电路 b）电压负反馈电路

2. 反馈的分类

根据反馈极性、输出端的取样方式、输入端的连接方式及反馈信号的性质等，可将反馈分为以下几种。

（1）按反馈极性分为正反馈和负反馈　如果反馈信号和外加信号在相位上是相同的，反馈信号起加强输入信号的作用，使有效（净）输入信号增大，则引入反馈后，放大倍数增大。这种反馈叫做正反馈。

如果反馈信号和外加信号在相位上是相反的，反馈信号起削弱输入信号的作用，使有效（净）输入信号减小，则引入反馈后，放大倍数减小。这种反馈叫做负反馈。

（2）按输出端的取样方式分为电压反馈和电流反馈　如果从输出电压中取得反馈信号，则反馈电压与输出电压成正比，这种反馈叫做电压反馈。

如果从输出电流中取得反馈信号，则反馈电流与输出电流成正比，这种反馈叫做电流反馈。

（3）按输入端的连接方式分为串联反馈和并联反馈　如果在输入端，反馈信号与输入信号串联，则这种反馈叫做串联反馈。

如果在输入端，反馈信号与输入信号并联，这时放大器的净输入电流是信号电流和反馈电流两者并联作用而成的，这种反馈叫做并联反馈。

（4）根据反馈信号的性质分为直流反馈和交流反馈　直流反馈对直流信号起作用，能够稳定静态工作点；交流反馈则对交流信号起作用，能够稳定输出电压及电流，稳定电压及电流放大倍数，改变输入和输出电阻等。

二、负反馈对放大器性能的影响

在放大电路中，经常用到负反馈。那么，负反馈对放大电路的性能究竟有什么影响呢？

1. 负反馈能降低放大倍数

我们发现，尽管反馈有几种不同的分类方法，但都可以用图 2-15 所示的框图来表示它们，进而分析它们的特性。由于是负反馈，反馈信号总是削弱原来的输入信号，使净输入信号变小，因此有

$$\dot{X}_i' = \dot{X}_i - \dot{X}_f \tag{2-21}$$

我们把图 2-15 中输出信号$\dot{X}_o$与净输入信号$\dot{X}_i'$的比值称为开环放大倍数$\dot{A}$，即

$$\dot{A} = \frac{\dot{X}_o}{\dot{X}_i'} \tag{2-22}$$

$\dot{A}$相当于将图 2-15 中的反馈网络断开（开环），但同时考虑到该网络对输入、输出端的负载作用后的放大倍数。

同样，把图 2-15 中反馈信号$\dot{X}_f$和输出信号$\dot{X}_o$的比值称为反馈系数$\dot{F}$，即

$$\dot{F} = \frac{\dot{X}_f}{\dot{X}_o} \tag{2-23}$$

它表示放大输出信号$\dot{X}_o$经反馈网络得到反馈信号$\dot{X}_f$的衰减程度。

我们把整个反馈放大器的输出信号$\dot{X}_o$和输入信号$\dot{X}_i$的比值称为闭环放大倍数$\dot{A}_f$，即

$$\dot{A}_f = \frac{\dot{X}_o}{\dot{X}_i} \tag{2-24}$$

把式（2-21）～式（2-23）先后代入式（2-24）中，则

$$\dot{A}_f = \frac{\dot{X}_o}{\dot{X}_i} = \frac{\dot{X}_o}{\dot{X}_i' + \dot{X}_f} = \frac{\dfrac{\dot{X}_o}{\dot{X}_i'}}{1 + \dfrac{\dot{X}_f}{\dot{X}_i'}} = \frac{\dfrac{\dot{X}_o}{\dot{X}_i'}}{1 + \dfrac{\dot{X}_o}{\dot{X}_i'} \cdot \dfrac{\dot{X}_f}{\dot{X}_o}} = \frac{\dot{A}}{1 + \dot{A}\dot{F}}$$

从而得到

$$\dot{A}_f = \frac{\dot{A}}{1+\dot{A}\dot{F}} \tag{2-25}$$

在式（2-25）中，若$|1+\dot{A}\dot{F}|<1$，那么可得到$A_f>A$（$A_f=|\dot{A}_f|$、$A=|\dot{A}|$，仅表示幅值），接入的反馈是正反馈；若$|1+\dot{A}\dot{F}|>1$，那么可得出$A_f<A$，接入的反馈是负反馈，因此，$|1+\dot{A}\dot{F}|$的值是衡量负反馈程度的一个重要指标，称为反馈深度。由此可见，放大电路引入负反馈后，放大倍数要下降。

2. 负反馈使放大倍数的稳定性得到提高

放大器在工作中，若电源电压波动或周围环境温度变化，都会使输出电压发生变化，也就是说使放大倍数发生变化。当更换晶体管时也会使放大倍数发生变化。为此，应该采取措施，提高放大倍数的稳定性。当输入信号一定时，引入电压负反馈，能使输出电压基本维持恒定，也就是说它们基本能维持放大倍数恒定，尤其是引入很深的负反馈时，即$|1+\dot{A}\dot{F}|>>1$时，则放大倍数为

$$\dot{A}_f = \frac{\dot{A}}{1+\dot{A}\dot{F}} \approx \frac{\dot{A}}{\dot{A}\dot{F}} = \frac{1}{\dot{F}} \tag{2-26}$$

式（2-26）说明反馈深度大时，放大电路的闭环放大倍数只取决于反馈系数，而与基本放大电路的放大倍数几乎无关。因此，引入负反馈后放大倍数的稳定性获得提高。当然，这种放大倍数稳定性的提高是以降低放大倍数作为代价来获得的。

3. 负反馈使非线性失真减小

由于放大器中存在晶体管这种非线性器件，使输出波形失真。利用负反馈原理，使输出的信号作用于输入电路，可以在一定程度上纠正输出波形的失真。

图2-17a是没有负反馈的情况。假设放大电路对正弦波信号正半周的放大能力较强，则当放大电路输入端加上正弦信号u_i，经过放大器放大后，输出信号产生了失真，即前半周较大，后半周较小。

引入反馈后的情况如图2-17b所示。此时反馈信号也是前半周较大，后半周较小。由于反馈信号u_f与原来的输入信号u_i是反相的，因此反馈信号对原来的输入信号起削弱作用，在前半周，削弱作用要强一些；在后半周，削弱作用要弱一些。这样，使得净输入信号变成前半周小而后半周大，再经过放大，就可使信号波形的失真情况得到补偿，从而改善了非线性失真的程度。

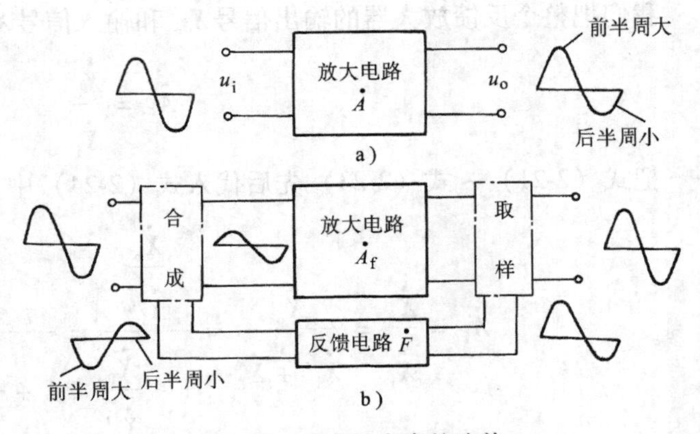

图2-17　非线性失真的改善

a）无负反馈的情况　b）引入负反馈后的情况

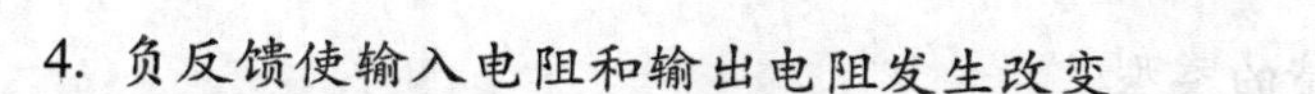

4. 负反馈使输入电阻和输出电阻发生改变

（1）输入电阻发生的改变　输入电阻是放大电路输入端的参数，其电阻改变的情况，主要取决于反馈信号与输入端连接的方式，而与输出端取出反馈信号的方法基本无关。

对于串联负反馈，由于反馈电压与输入电压相串联，而且削弱了输入电压，使净输入电压减小，所以输入电流减小，相当于输入电阻提高。

对于并联负反馈，由于在输入端并联了一条反馈支路，使输入电流增加，相当于输入电阻降低。

（2）输出电阻发生的改变　输出电阻是放大电路输出端的参数，其电阻改变的情况，主要取决于反馈信号在输出端取出的方法，而与输入端的反馈电路连接方式基本无关。

对电压负反馈，它能够稳定输出电流，相当于输出电阻略有增大。

此外，负反馈对输入电阻和输出电阻影响的程度，都与反馈深度有关。反馈深度越大，这种影响也就越大。

另外，放大器引入负反馈后，还能提高电路的抗干扰能力，降低噪声，改善放大电路的频率响应等。实质上，这些都是用降低放大倍数来换取放大器各方面性能的改善，所以在电子电路中得到了极为广泛的应用。

【试一试】

如果要求某电路具有稳定的电压输出及较大的输入电阻，那么应引入何种类型的反馈？

三、射极输出器

负反馈放大器的一个重要特例是射极输出器，其电路如图 2-18a 所示。由图可以看出，它的输出端不是从集电极引出的，而是从发射极引出，这就是射极输出器。

1. 射极输出器的组成

在图 2-18a 中，输入信号经耦合电容器 C_1 加到晶体管的基极进行放大，R_B 是基极偏置电阻，为晶体管提供合适的静态偏置电流。而晶体管 VT 的集电极直接接到电源正极，输出电压由发射极电阻 R_E 两端经耦合电容器 C_2 引出，与前面讨论的共发射极放大电路的接法不同，故其性能也不同。

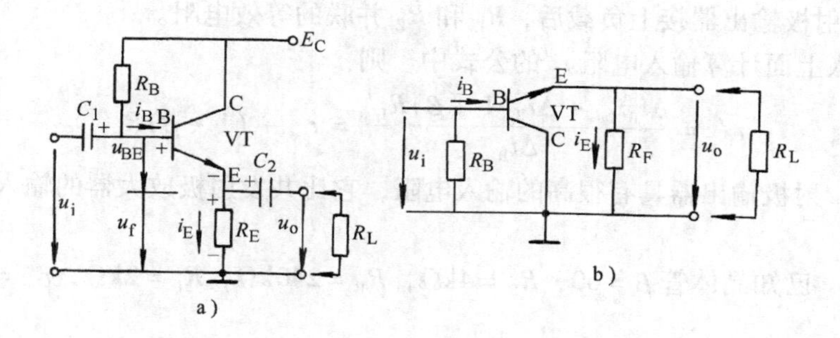

图 2-18　射极输出放大电路

a）基本放大电路　b）交流通路

2. 射极输出放大电路中负反馈的类型

在射极输出放大电路中，R_E 既在输入回路又在输出回路。因此，当交流信号电流在 R_E 上流过时，就会在 R_E 上产生一个交流输出电压。从输入回路来看，这个交流输出电压与原来的输入信号电压串联后加到晶体管的发射结上，因而 R_E 起到了把全部交流输出电压送回到放大电路的输入端的作用，所以 R_E 只是反馈元件，这个交流输出电压也就是反馈电压 u_f。当输出端短路时，输出电压消失，反馈信号也消失，因此是电压反馈。根据图上给定各点的极性以及电压、电源的正方向，基极和发射极之间的净电压为 $u_{BE}=u_i-u_f$。

可见，u_f 起着削弱原有输入信号的作用，故这种反馈是负反馈。此外，由于 u_f 和 u_i 这两个电压是串联后加到晶体管的基极和发射极之间的，因此这种电路是电压串联负反馈电路。

3. 射极输出器的主要特点

(1) 电压放大倍数近似等于1，并小于1　虽然放大倍数略小于1，但放大倍数的稳定性很高。由图2-18可见，$u_i=u_{BE}+u_f=u_{BE}+u_o$，所以

$$u_o = u_i - u_{BE} \approx u_i \tag{2-27}$$

式（2-27）说明，射极输出放大电路的输出电压 u_o 总是略小于输入电压 u_i。

因此，射极输出放大电路的电压放大倍数总是小于1（近似等于1），这表明了它没有电压放大作用。但由于它的发射极电流 i_E 仍然是基极电流 i_B 的 $(1+\beta)$ 倍，所以它具有电流放大作用。

(2) 反馈系数为1　由于射极输出放大电路把全部输出电压反馈到输入端，由式（2-23）可知：$\dot{F}=\dot{X}_f/\dot{X}_o=u_f/u_o$。因为 $u_f=u_o$，所以反馈系数 $\dot{F}=1$，具有深度负反馈。

(3) 输出电压与输入电压的相位相同　在图2-18a中还可看出，输出电压与输入电压的瞬时极性是相同的，因而 u_o 与 u_i 同相，而且 u_o 随输入电压 u_i 变化，所以射极输出器又叫做射极跟随器。

(4) 输入电阻高　在暂不考虑 R_B 的情况下，射极输出器的输入电阻为

$$r_i' = \frac{\Delta u_i}{\Delta i_B}$$

而

$$\Delta u_i = \Delta u_{BE} + \Delta i_E R_L'$$

$$\Delta u_{BE} = \Delta i_B r_{be}$$

式中　R_L'——射极输出器接上负载后，R_L 和 R_E 并联的等效电阻。

把 Δu_i 代入上面计算输入电阻 r_i' 的公式中，则

$$r_i' = \frac{\Delta i_B r_{be} + \Delta i_B(1+\beta)R_L'}{\Delta i_B} = r_{be} + (1+\beta)R_L' \tag{2-28}$$

由此可见，射极输出器具有很高的输入电阻，它比共发射极放大器的输入电阻要高几十倍到几百倍。

【例2-4】　已知晶体管 $\beta=60$，$R_E=4\text{k}\Omega$，$R_B=240\text{k}\Omega$，$R_L=2\text{k}\Omega$，$r_{be}=1\text{k}\Omega$。求输入电阻 r_i'。

解

$$r_i' = r_{be} + (1+\beta)R_L' = 1\text{k}\Omega + (1+60)\times\frac{(4\times 2)\text{k}\Omega}{4+2} \approx 80\text{k}\Omega$$

考虑到 R_B 的影响后，则

$$r_i = \frac{r_i' R_B}{r_i' + R_B} = \frac{(80 \times 240)}{80 + 240} \text{k}\Omega = 60\text{k}\Omega$$

（5）输出电阻低　当放大器的负载电阻变化时，如果放大器的输出电压仍能稳定，就说明该放大器具有低的输出电阻。射极输出器就具有这种特性。因为当它带上负载 R_L 后，它的输出电压将要下降。但由于 R_E 的负反馈作用，抑制了输出电压的下降，其过程如下：

$$\text{带上负载} R_L \longrightarrow u_o \downarrow \xrightarrow{(\text{如果}u_i\text{不变})} u_{BE} \uparrow \rightarrow i_B \uparrow \rightarrow i_E \uparrow \rightarrow u_o \uparrow$$

由此可见，射极输出器具有较低的输出电阻。

4. 射极输出器的应用

由于射极输出器的输入电阻高而输出电阻低，虽然它本身不起电压放大作用，但却为充分发挥整个电路中其他级的放大作用创造了有利条件，因此它的应用十分广泛。

（1）把射极输出器作为输入端　当射极输出器输入端信号源的内阻很高时，宜采用射极输出器作为输入极。由于它的输入电阻相当高，所以信号源内阻上的电压降相对来说就比较小，信号电压的大部分均能传送到放大器的输入端。此外，在测量设备中，如果被测量的信号源几乎不允许有电流通过，为保证测量精度，这时也宜采用射极输出器作为输入级。由于它的输入电阻很高，故流过信号源的电流很微弱。

（2）把射极输出器作为输出端　由于射极输出器的输出电阻较低，所以当它的输出电流变动较大时，它的输出电压下降较小，使它带负载的能力比较强，对于变动的负载式电阻较小的负载，采用射极输出器作为输出端是很适宜的。

（3）射极输出器可用作阻抗变换器　如果把射极输出器接在两级共发射极放大电路之间，则对前级放大器的影响很小；而对后级放大器而言，由于射极输出器的输出电阻低，正好与输入电阻低的后级共发射极放大电路相匹配。此外，有时还用它作为隔离级，以减少后级对前级电路的影响，起缓冲作用。

◇◇◇ 第五节　多级放大器

在实际应用中，需要放大的电信号往往是非常微弱的，仅靠单级放大电路不能满足需要。为了推动负载工作，就要采用多级放大器对微弱的信号进行逐级连续多次放大，来满足我们的要求。图 2-19 所示为多级放大器组成框图。其中前面若干级（称为前置级）主要用作电压放大，然后再去推动功率放大级，最后输出负载所需的功率。

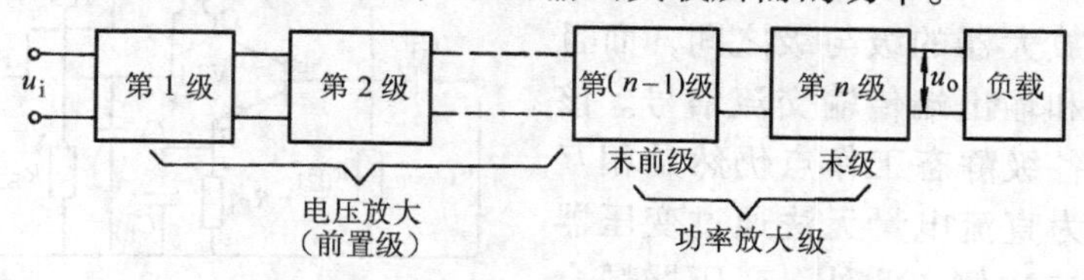

图 2-19　多级放大器组成框图

一、级间耦合方式

多级放大器由两个或两个以上单级放大器组成，级与级之间的连接方法叫做耦合。实现级间耦合的电路称为级间耦合电路，其任务是把前一级的输出信号传送到下一级作为输入信号。对级间耦合电路的基本要求如下：

1）对前后级放大电路的静态工作点没有影响。

2）电信号在传输过程中不失真。

3）保证前级的电信号顺利传输给后级，尽量减少信号电压在耦合电路上的损失。

在前置级低频交流电压放大电路中，多采用阻容耦合方式；在功率输出级中，多采用变压器耦合方式，目前已为无变压器的 OTL 及 OCL 电路逐渐代替。在直流放大器中，常采用直接耦合方式。本节重点讨论阻容耦合放大电路，对变压器耦合及直接耦合放大电路仅作简要说明。

二、基本性能

1. 阻容耦合放大器

图 2-20 所示为两级阻容耦合放大器，级间通过耦合电容与下级输入电阻相连接，故称为阻容耦合。它的第一级由晶体管 VT1 组成，第二级由晶体管 VT2 组成。C_1 为信号源与第一级放大器之间的耦合电容，C_2 为两级放大器之间的耦合电容。C_3 为第二级与负载（或下一级放大器）之间的耦合电容。

阻容耦合方式的特点如下：

1）电容有隔直作用，可使前、后级的直流工作状态相互没有影响，因而各级放大器的静态工作点可以单独考虑。

2）耦合电容对交流信号的容抗很小，能够把前级放大后的输出信号几乎无损失地传递到下一级输入端。

耦合电容的容量越大，它本身的电压降就越小，低频信号在传输过程中的损失就越小。通常耦合电容器的容量选得比较大，一般为几微法到几十微法。

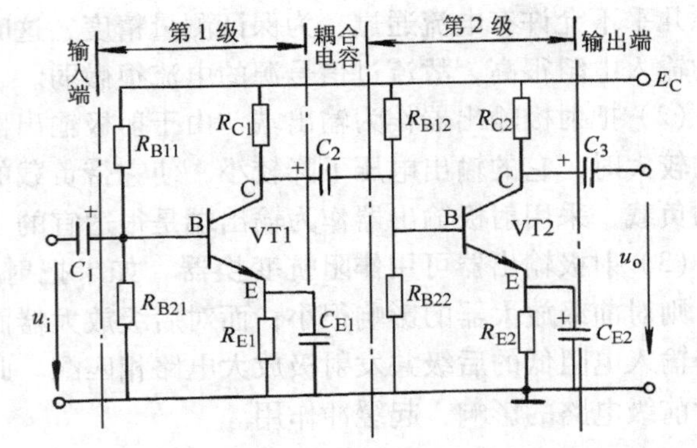

图 2-20 两级阻容耦合放大器

2. 变压器耦合放大器

变压器耦合放大器是指利用变压器把前后两级连接起来的多级放大器，如图 2-21 所示。

变压器是通过磁路耦合，把一次侧的交流信号传输到二次侧，因此它作为耦合器件，不仅适用于多级放大器的级与级之间，而且也适用于输入端和输出端传输交流信号。该电路的特点是，各级静态工作点仍然是相互独立的，这是因为直流电量无法通过变压器的一次侧传输给二次侧。此外，变压器耦合放大器传输的功率较大，在传输信号的同时

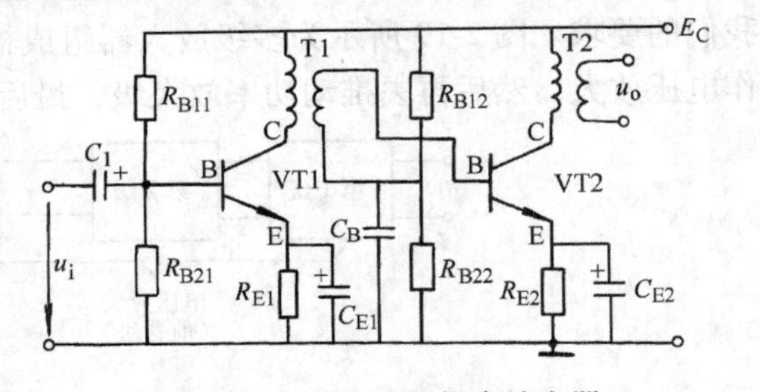

图 2-21 两级变压器耦合放大器

可实现阻抗变换。因此常用在功率放大器中，其缺点是体积大、成本高、频率响应差等。

3. 直接耦合放大器

直接耦合放大器是指将前级放大器的输出端直接和下一级放大器的输入端连接，如图2-22所示。

直接耦合放大器中，由于级与级之间没有耦合元器件，因此前级的输出信号直接输入到后级放大器中。适用于对直流信号及变化极其缓慢的交流信号进行电压放大。由于前级晶体管的集电极与后级晶体管的基极直接相连，它们的静态工作点必然相互影响，因此会带来一系列问题。关于这种电路的工作原理，将在后面直流放大器中讨论。

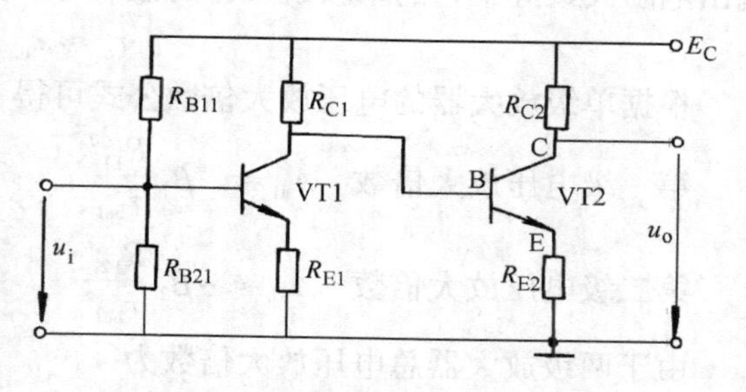

图2-22 两级直接耦合放大器

三、多级放大器的电压放大倍数

由于多级放大器是由若干个单级放大器组成的，因此，我们在分析单级放大器的基础上，可以利用输入电阻、输出电阻和电压放大倍数的概念来解决多级放大器的分析与计算问题。

将图2-20拆成两部分，如图2-23所示。在多级放大器中，当交流信号 u_i 经第一级放大后，其输出电压 u_{o1} 就作为第二级电压放大电路的输入电压 u_{i2} 再进行放大。若不许耦合电路上的电压损失，则有 $u_{o1}=u_{i2}$。这样，第二级放大器就成为第一级放大器的负载，即第二级放大器的输入电阻 R_{i2} 是第一级放大器的负载电阻 R_{L1}。

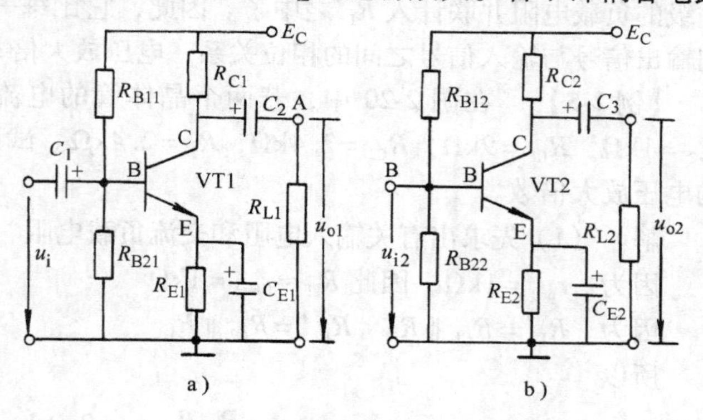

图2-23 分拆后的两部分

a）第一级放大器 b）第二级放大器

由于耦合电容器 C_1、C_2、C_3 以及发射极旁路电容器 C_{E1}、C_{E2} 的容量较大，故容抗较小，对交流可看作短路，电源 E_C 的交流电阻也较小，也可看做短路。这样可画出图2-20的交流通路，如图2-24所示。

由图中可知，从输入端看进去的交流等效电阻，称为该级放大器的输入电阻，记作 r_i 即

$$r_i=\frac{u_i}{i_i}=r_{i1} \tag{2-29}$$

多级放大器的输入电阻等于第一级的输入电阻。第一级放大器的输入电阻 $r_{i1}=R_{B11}\parallel R_{B21}\parallel r_{be1}$，通常晶体管的输入电阻 r_{be1} 要比分压偏置 R_{B11}、R_{B21} 小得多，因此有

$$r_i=r_{i1}\approx r_{be1} \tag{2-30}$$

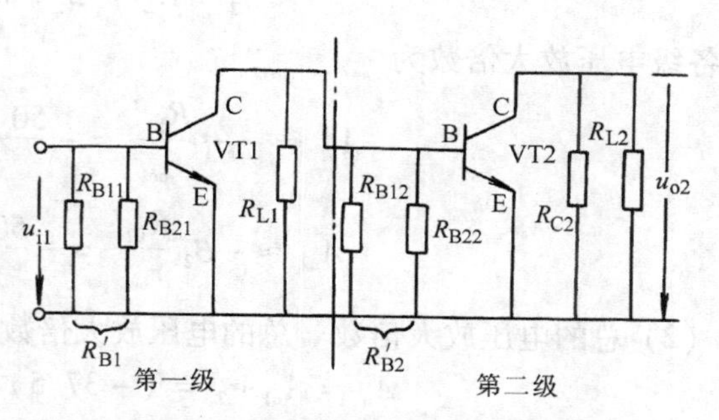

图2-24 两级阻容耦合放大器交流通路

与此类似，第二级放大器的输入电阻 r_{i2} 也近似等于晶体管的输入电阻，即

$$r_{i2} \approx r_{be2}$$

多级放大器的输出电阻 r_o 就是从放大器输出端看进去的交流等效电阻。共射放大器的输出电阻大致等于它的末级放大器的输出电阻，即等于末级放大器的集电极电阻，因此有

$$r_o \approx r_{on} = R_{Cn} \tag{2-31}$$

根据单级放大器的电压放大倍数公式可得

第一级电压放大倍数 $A_{u1} \approx -\beta_1 \dfrac{R_{L1}'}{r_{be1}}$

第二级电压放大倍数 $A_{u2} \approx -\beta_2 \dfrac{R_{L2}'}{r_{be2}}$

由于两级放大器总电压放大倍数为

$$A_u = \frac{u_{o1}}{u_{i1}} = \frac{u_{o2}}{u_{i2}} \frac{u_{o1}}{u_{i1}}$$

而

$$u_{i2} = u_{o1}$$

故

$$A_u = \frac{u_{o1}}{u_{i1}} = \frac{u_{o2}}{u_{i2}} \frac{u_{o1}}{u_{i1}} = A_{u1} A_{u2} \tag{2-32}$$

式（2-32）表明：多级放大器总的电压放大倍数，等于每一级的电压放大倍数的乘积。

必须指出，以上所指的每一级的电压放大倍数，是已考虑到把后一级的输入电阻作为前一级的负载电阻并联计入 R_L' 之中了。因此，它比每一级不带负载时的放大倍数要小。考虑到输出信号与输入信号之间的相位关系，电压放大倍数同负号一起计算。

【例 2-5】 在图 2-20 中，若两个晶体管的电流放大倍数 $\beta_1 = \beta_2 = 50$，$r_{be1} = 1.2\text{k}\Omega$，$r_{be2} = 1\text{k}\Omega$，$R_{C1} = 9\text{k}\Omega$，$R_{C2} = 2.4\text{k}\Omega$，$R_L = 2.4\text{k}\Omega$。试计算：（1）各级电压放大倍数；（2）总的电压放大倍数。

解 （1）先求出有关输入电阻和交流负载电阻

因为 $r_{be2} = 1\text{k}\Omega$，因此 $R_{i2} \approx r_{be2} = 1\text{k}\Omega$

因为 $R_L' = R_{C1} \parallel R_{i2} \quad R_{L2}' = R_{C2} \parallel R_L$

所以

$$R_L' = \frac{R_{C1} R_{i2}}{R_{C1} + R_{i2}} = \frac{9 \times 1}{9 + 1}\text{k}\Omega = 0.9\text{k}\Omega$$

$$R_{L2}' = \frac{R_{C2} R_L}{R_{C2} + R_L} = \frac{2.4 \times 2.4}{2.4 + 2.4}\text{k}\Omega = 1.2\text{k}\Omega$$

各级电压放大倍数为

$$A_{u1} \approx -\beta_1 \frac{R_{L1}'}{r_{be1}} = -\frac{50 \times 0.9}{1.2} = -37.5$$

$$A_{u2} \approx -\beta_2 \frac{R_{L2}'}{r_{be2}} = -\frac{50 \times 1.2}{1} = -60$$

（2）总的电压放大倍数 总的电压放大倍数为

$$A_u = A_{u1} A_{u2} = (-37.5) \times (-60) = 2250$$

由于最后计算出的结果为正值，所以输入信号与输出信号是同相位的。

现在简单介绍一下通频带的概念。放大器中有许多电容，除耦合电容、发射极旁路电容之外，还有被忽略了的晶体管极间电容及线路分布电容等。这些电容对不同频率的信号有不同的容抗值，对交流电压的大小和相位就会产生不同的影响，从而影响电压放大倍数。理论与实践都证明：放大器的电压放大倍数仅在某一频率范围内基本保持不变。当信号频率超过此范围，不论是较低还是较高，电压放大倍数都将显著下降。我们把高频、低频段放大倍数下降到该放大倍数的 0.7 倍时的频率范围称为放大器的通频带，用 f_{bw} 表示。它是表明放大器适应频率变化的能力。多级放大器的通频带，尤其是阻容耦合放大器，比单级放大器的要窄。

◇◇◇ 第六节　放大器的三种基本电路

一般放大器的两个端点接输入信号，另两个端点接输出负载，所以它是一个四端网络。而放大电路中的晶体管只有三个电极，因此，其中必有一个电极作为输入与输出信号的公共端。由于公共端电极不同的选择，因此晶体管可以组成三种基本电路。

一、共发射极放大电路

图 2-25 所示为共发射极放大电路。信号从 B、E 两端输入，从 C、E 两端输出，故此电路以发射极作为输入与输出信号的公共端，这是放大器中最常用的电路，前面我们已用了大量的篇幅介绍了共发射极放大电路。

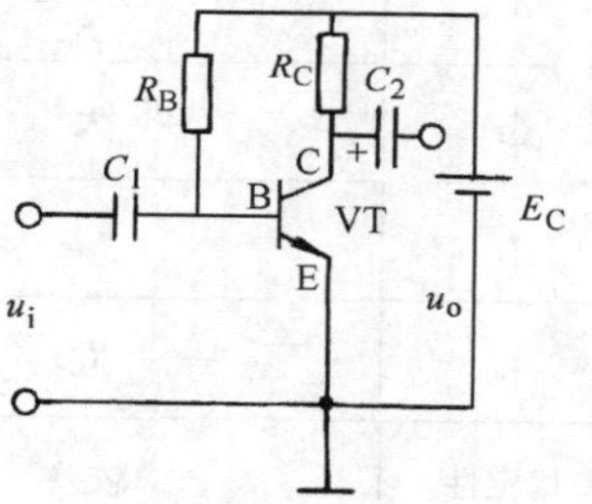

图 2-25　共发射极放大电路

二、共基极放大电路

图 2-26 所示为一个共基极放大电路，其中 E_B 为发射结提供了正偏电压，而 E_C 为集电结提供了反偏电压。

三、共集电极放大电路

如图 2-27 所示，信号是从 B、C 两端输入，从 E、C 两端输出，故此电路以集电极作为输入与输出信号的公共端。由于这个电路的输出信号取自发射极，因此也称为射极输出器或射极跟随器（前面已做介绍）。

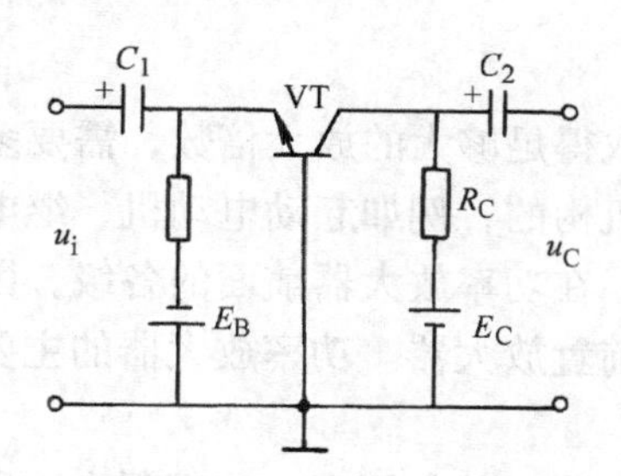

图 2-26　共基极放大电路

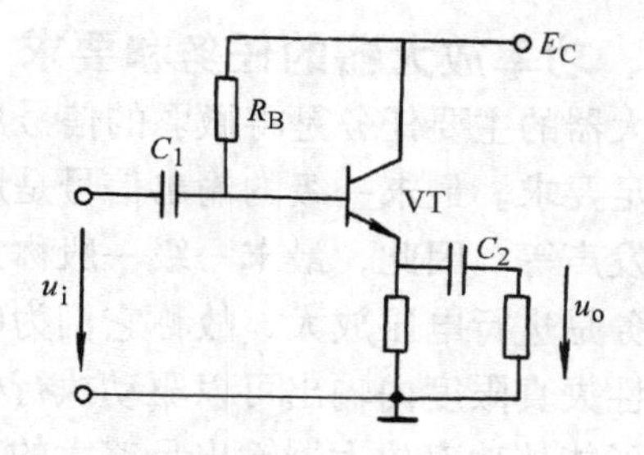

图 2-27　共集电极放大电路

必须指出，我们是从交流信号的角度出发，把电路中交流电压降近似为零的元件（例如电源、电容 C_1、C_2 等）均看成短路，而作出交流通道，再来确定输入、输出信号的公共端的。

图 2-28 所示为晶体管三种基本电路的交流通道。

表2-1对这三种基本电路的性能、用途作了比较。

这三种电路中，外加电源的接法都应满足发射结为正向偏置、集电结为反向偏置这一原则。只有这样才能保证晶体管正常工作，实现输入对输出的控制作用和放大作用。图2-25中，公共电源 E_C 的接法就能实现对发射结正向偏置，对集电结反向偏置。图2-26中电源 E_B 对发射结正向偏置，电源 E_C 对集电结反向偏置。对PNP型晶体管，同样可以按照上述原则组成这三种基本接法。

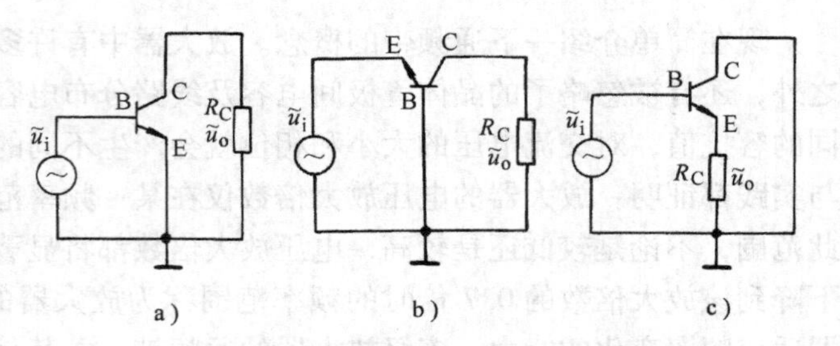

图2-28 晶体管三种基本电路的交流通道

a）共发射极接法 b）共基极接法 c）共集电极接法

表2-1 三种基本电路的比较

性能	共发射极电路	共集电极电路	共基极电路
A_i	β	$1+\beta$	$\frac{\beta}{1+\beta}$
A_u	$-\frac{\beta R_L{}'}{r_{be}}$	$\frac{\beta R_L{}'}{r_{be}+(1+\beta)R_L{}'}$	$\frac{\beta R_L{}'}{r_{be}}$
A_P	大	一般	一般
r_i	r_{be}	$R_B /\!/ [r_{be}+(1+\beta)R_L]$	$R_E /\!/ \frac{r_{be}}{1+\beta}$
r_o	R_C	$R_E /\!/ \frac{r_{be}}{1+\beta}$	R_C
稳定性	较差	较好	较差
用途	低频放大	适用于输入级、输出级和阻抗变换级	用于高频放大

◇◇◇ 第七节 功率放大器

一、功率放大器的任务和要求

放大器的主要任务是将微弱的信号加以放大。为取得足够大的放大倍数，需要多级放大才能满足要求。最末一级的输出信号是用来驱动执行机构的，例如起动电动机、继电器，使扬声器发声等。因此，最末一级一般称为功率放大器。在功率放大器前面的各级，因它们的主要任务是进行电压放大，故称它们为电压放大器或前置放大器。功率放大器的主要任务是在非线性失真限度内输出可以驱动执行机构的功率。

为了能从功率放大器输出足够大的功率，晶体管工作时的电压和电流都很大，所以晶体管是工作在大信号状态，它与前面讨论的工作在小信号状态的电压放大器不同。因此，对功率放大器将提出如下要求。

1. *有足够大的输出功率*

为了提高效率和获得较大的功率输出，应该使晶体管工作时，集电极电压和电流都具有尽可能大的振幅。所以，功率放大器中的晶体管一般都工作在极限状态下。当然，这时晶体

管仍然工作在安全区。晶体管的极限参数将限制功率放大器的输出功率，即

① 集电极电流的最大值应小于晶体管的集电极最大允许电流 I_{CM}。

② 集电极电压的最大值应小于晶体管的集电极-发射极击穿电压 BU_{CEO}。

③ 集电极的功率损耗 P_0 应小于晶体管的允许最大耗散功率 P_{CM}。

将晶体管的三个极限参数反映在输出特征上，如图 2-29 所示，管子只能在工作区内工作，不允许进入过损耗区。

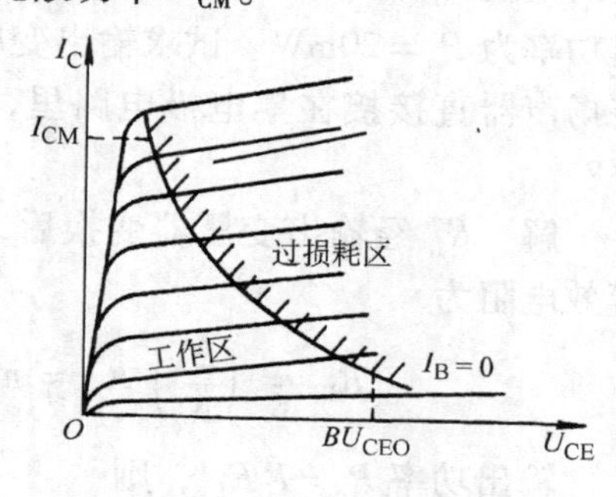

图 2-29 晶体管放大工作区

2. 非线性失真要小

当晶体管在大信号下工作时，电压与电流的变化幅度较大，可能超出特性曲线的线性范围，所以容易产生非线性失真。一般输出功率均指失真不超过允许范围的最大输出功率。在分析功率放大器工作时，必须用图解法来检查非线性失真的情况。

3. 效率要高

功率放大器并不能真正把较小的输入功率变成较大的输出功率，而是利用晶体管的电流控制作用，使基极微弱的信号变化控制集电极电压和电流的很大变化，从而把集电极电源的直流功率转换成交流功率输出。功率转换的效率用 η 表示，即

$$\eta = \frac{\text{集电极输出的交流功率}}{\text{电源供给的直流功率}} = \frac{P_o}{P} \tag{2-33}$$

常用的功率放大器，按照电路形式不同分为单管功率放大器、推挽功率放大器和无输出变压器的功率放大器；按照功率管的工作状态不同分为甲类功率放大器、乙类功率放大器。下面将分别讨论。

二、单管功率放大器

单管功率放大器如图 2-30 所示。T1 是输入变压器，其主要作用是变换阻抗，传输交流信号，目的是使输入信号也具有一定的功率。T2 是输出变压器，主要起阻抗变换作用（使负载 R_L 与功放管的输出电阻相匹配）并传输功率。R_{B1}、R_{B2}、R_E 构成功放管的直流负反馈分压式偏置电路；C_B 和 C_E 分别为基极和发射极的旁路电容。C_B 将 R_{B1} 和 R_{B2} 交流短路，避免输入信号在偏置电阻上产生功率损耗。

输入信号电压 u_i 经输入变压器 T1 耦合到功放管 VT 的输入端，产生信号电流 i_B，经放大后集电极有相应的信号电流 i_C，i_C 经输出变压器 T2 将信号耦合到负载 R_L 上。一般情况下，负载 R_L 阻值较低（如扬声器的阻抗为 4Ω、8Ω、16Ω 等）如果将它直接接入集电极电路，则从 R_L 上不能到足够的功率；若经输出变压器适当变换阻抗，则 R_L 将得到较大的功率。

图 2-30 表示一个输出变压器 T2，设其二次绕组接上负载电阻 R_L，若忽略了变压器的漏感抗，则从一次侧看进去的等效交流电阻为

$$R_L' = \left(\frac{N_1}{N_2}\right)^2 R_L = n^2 R_L \tag{2-34}$$

式中 N_1 和 N_2——变压器一次和二次绕组的匝数；

$n=\dfrac{N_1}{N_2}$——匝数比。

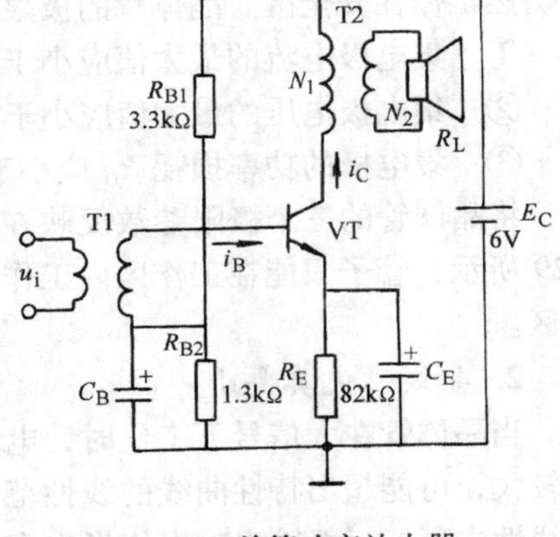

图 2-30 单管功率放大器

【例 2-6】 在图 2-30 所示放大电路中，若扬声器的电阻 $R_L=8\Omega$，集电极电流有效值 $I_C=10\text{mA}$，输出功率为 $P_o=20\text{mW}$。试求输出变压器的电压比。若将扬声器直接接在集电极电路里，它可获得多大功率？

解 R_L 经输出变压器变换后，变压器一次侧的等效电阻为

$$R_L'=\left(\frac{N_1}{N_2}\right)^2R_L=n^2R_L$$

输出功率 $P_o=I_C^2R_L'$，则

$$R_L'=\frac{P_o}{I_C^2}=\frac{20\times10^{-3}}{(10\times10^{-3})^2}\Omega=200\Omega$$

输出变压器的电压比为

$$n=\sqrt{\frac{R_L'}{R_L}}=\sqrt{\frac{200}{8}}=5$$

若将扬声器直接接入集电极电路，则获得功率为

$$P_o'=I_C^2R_L=(10\times10^{-3})\times8\text{mW}=0.8\text{mW}$$

可见，此时 P_o' 仅为 P_o 的 1/25。

对于图 2-30 所示电路，可用图 2-31 的图解法来分析电路的工作情况。

由于变压器 T2 一次绕组的直流电阻很小，同时为了有效地利用电源电压，发射极电阻 R_E 也较小，所以晶体管的集电极直流负载电阻很小，直流负载线很陡，几乎是一条通过点 $U_{CE}=E_C$ 并且垂直于横轴的直线。直流负载线与基极偏置电流 I_B 的交点 Q，就是静态工作点。然后再作交流负载线，它的斜率为交流负载电阻 R_L' 的数值。通过静态工作点 Q，斜率为 $-1/R_L'$ 的直线 MN 就是交流负载线。

为了保证安全工作又能充分利用管子，静态工作点 Q 和交流负载线 MN 应该选在允许管耗线的左下方，并靠近管耗线。如果交流负载线的斜率选择适当，就可以获得最大输出功率，图 2-31 作出了基极信号作用下，集电极电流的变化波形，并可求出它们的变化幅度。

必须指出，在这种电路中，晶体管的集电极电压 U_{CE} 会超过电源电压 E_C，这是因为当输入信号减小时，变压器一次绕组上的感应电压的极性与电源的极性相同，而电压串联叠加在管子上，所以管子承受的电压很大。

由图 2-31 可见，工作点移动范围由 M 到 N，集电极电压的最大变化范围为 $\Delta U_{CE}\approx2E_C$，集电极电流的最大变化范围为 $\Delta I_{CM}\approx2I_C$。它们的最大幅度分别为 U_{CEM} 及 I_{CM}。集电极的输出功率应取集电极电流、电压有效值之积，即

$$P_o=I_CU_{CE}=\frac{I_{CM}}{\sqrt{2}}\frac{U_{CM}}{\sqrt{2}}\approx\frac{1}{2}I_CE_C=\frac{1}{2}\frac{E_C^2}{R_L'}\tag{2-35}$$

式中 R_L'——变压器一次侧的等效电阻；

P_o——晶体管对输出变压器输出的功率或变压器一次侧所取的功率。

由于 R_L' 与晶体管的最佳负载值很接近，故 P_o 也接近输出功率的最大值。

在实际负载上的功率 P_L 应考虑变压器的效率，即

$$P_L = P_o \tag{2-36}$$

电源供给的功率 P_{EC} 为

$$P_{EC} = I_C E_C \tag{2-37}$$

电源供给的功率除 P_o 消耗外，还有一部分消耗在晶体管的集电结上，称为管耗。忽略其余部分的功率损耗，则管耗 P_C 应为

$$P_C = P_{EC} - P_o = I_C E_C - \frac{1}{2} I_C E_C$$

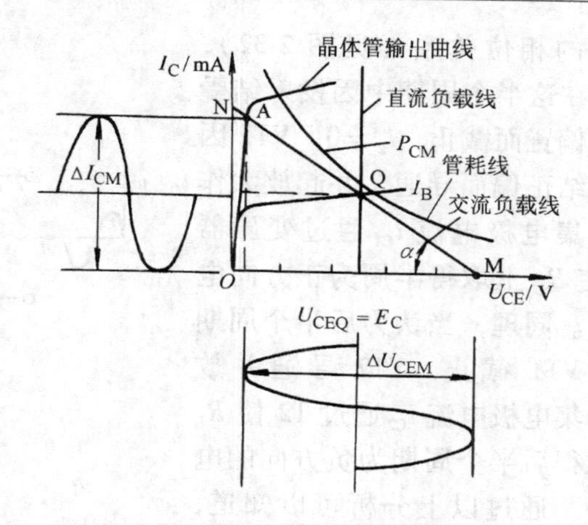

图 2-31 变压器输出的单管功率放大电路的图解分析

即

$$P_C = \frac{1}{2} I_C E_C \tag{2-38}$$

通过计算说明，放大器在理想工作时，它的效率为

$$\eta = \frac{P_o}{P_{EC}} = 50\% \tag{2-39}$$

式（2-39）说明在理想情况下，有 50% 的功率消耗在晶体管内部，这是引起管子发热的主要因素。实际上，由于管子和变压器的损耗，它的效率只有 30% ~45%。

单管功率放大器的静态工作点设在交流负载线中点。在信号的整个周期内，集电极电路都有电流通过，这种工作状态叫做甲类工作状态。其特点如下：

1）失真较小，效率不大于 50%，如果要进一步减小失真，则要减小动态范围，这时效率低于 50%。

2）如果不输入信号，即工作在静态，管耗 $P_C = P_{EC}$，达到最大值，效率很低。如果把工作点往下移，I_C 减小，静态功率也减小，但将会出现截止失真，这是单管功率放大器存在的矛盾。单管功率放大器一般只适用于小功率放大场合。

对于功率放大器，效率是个重要指标。为了解决上述矛盾，通常要用推挽功率放大器。

三、推挽功率放大器

推挽功率放大器的典型电路如图 2-32 所示。它是由两个型号相同的晶体管 VT1 和 VT2 共同组成的一种对称电路。对 VT1 和 VT2 的要求是：

两管的参数要一致（或相近），两管共用电源 E_C。T1 为输入变压器，它的二次侧采用带中心抽头的对称形式，供给两管基极大小相等、相位相反的输入信号。T2 为输出变压器，它的一次侧采用带中心抽头的对称形式，以便将 VT1 和 VT2 的集电极电流合成为一个完整的波形，并耦合到二次侧负载上。

1. 推挽功率放大器的工作原理

由图 2-32 可知，接通电源 E_C 但未加输入信号，即电路处于静态时，VT1、VT2 都是截止的（忽略穿透电流），这时电路不消耗功率。当加入正弦信号 u_i 的前半个周期时，T1 的二次侧即有两个大小相等、相位相反的信号，分别加在 VT1、VT2 的基极。按图 2-32 所示

各端的相位关系（见图2-32），VT2在这半个周期中因发射结受反向偏置而截止，$i_2=0$。VT1因发射结正偏而导通，并起放大作用。集电极电流i_{C1}通过变压器T2使R_L上取得半周为正方向电流i_L。同理，当认为后半个周期时，VT1截止，VT2导通并放大，集电极电流i_{C2}通过T2使R_L上取得后半个周期为负方向的电流i_L。通过以上分析可以知道，两管的集电极电流是交替出现的，即一管工作时，另一管截止。它们的工作情况好比两人拉锯，一推一拉，所以称为推挽功率放大器。

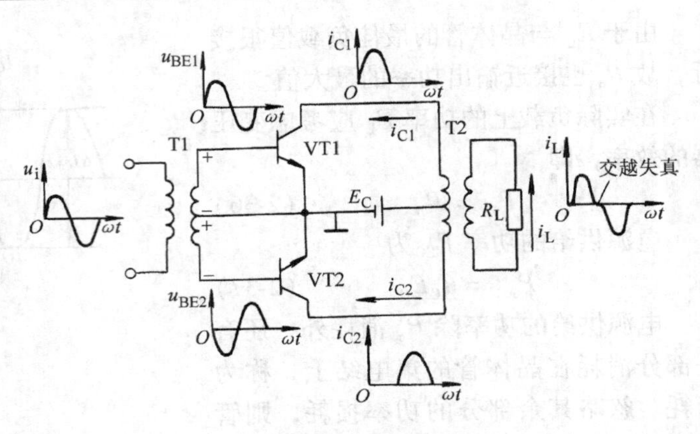

图2-32　推挽功率放大器

2. 用图解法分析工作情况

推挽功率放大电路的工作情况可用图解法分析。按照两管轮流工作半周的特点，可将VT1和VT2的输出特性曲线一正一反画在一起，如图2-33所示。因为对两管的参数在理论上要求全部一致，故交流负载线共线时，两管都取得负载的最佳值。此时工作点在N_1与N_2之间移动，即工作点的动态范围是线段N_1N_2。如果有足够大的输入信号，则输入、输出电压的波形如图2-33所示。从图中可以看到，输出电流和电压都能合成一个完整的正弦波形。对于静态工作点Q，两管都选在动态范围的截止点上。这种运用方式称为乙类运放或乙类放大。

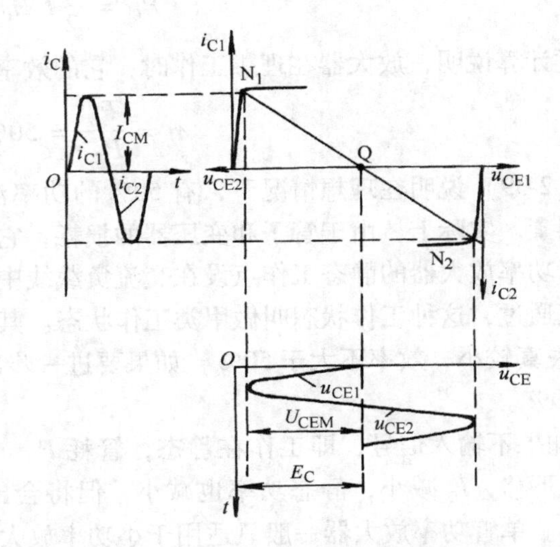

图2-33　推挽功率放大器的组合特性曲线及工作波形

3. 功率计算

（1）输出功率P_o　两管交替工作中共同输出功率为

$$P_o=I_CU_{CE}=\frac{1}{2}I_{CM}U_{CEM} \tag{2-40}$$

由式（2-37）可知，乙类推挽功放的输出功率P_o正比于I_{CM}、U_{CEM}。若$u_i=0$，$P_o=0$，u_i值增大，P_o也增加。在极限运用时，$U_{CEM}=E_C$，$I_C=E_C/R_L'$，则最大输出功率为

$$P_{om}=\frac{1}{2}U_{CEM}I_{CM}=\frac{1}{2}E_C\frac{E_C}{R_L'}=\frac{E_C^2}{2R_L'} \tag{2-41}$$

式中　R_L'——单边的最佳负载（即一管的最佳负载），$R_L'=\left(\frac{N_1}{N_2}\right)^2R_L$；

P_{om}——输出功率最大值。

（2）电源供给的功率 P_E　因为两管是交替工作的，因此由电源供给的电流平均值等于一个管在半个周期工作中电流的平均值 I_{AV}，故电源供给的功率为

$$P_E = I_{AV}E_C = \frac{2}{\pi}E_C I_{CM} \tag{2-42}$$

当输出功率达到最大值时，电源功率也达到了最大值。由式（2-41）和式（2-42）可知，电源功率最大值为

$$P_{EM} = \frac{2E_C^2}{\pi R_L'} = \frac{4}{\pi}P_{om} = 1.27P_{om} \tag{2-43}$$

（3）推挽功率放大器的效率 η　推挽功率放大器在有交流功率输出时，忽略变压器的损耗，其最大功率转换的效率为

$$\eta = \frac{P_{om}}{P_{EM}} = \frac{\frac{1}{2}I_{CM}U_{CEM}}{\frac{2}{\pi}E_C I_{CM}} = \frac{\pi}{4}\frac{U_{CEM}}{E_C} \tag{2-44}$$

从式（2-44）中可知效率与 U_{CM} 成正比，当 U_{CM} 很小时，效率很低，这不是我们要求的工作区。当 $U_{CM} \approx E_C$ 时，输出功率接近最大值，推挽功率放大器效率的最大值为

$$\eta_m = \frac{\pi}{4} = 78.5\%$$

这个数值是理想情况。如果把变压器等元器件的损耗也考虑进去，实际效率只有60%左右，但仍比单管甲类功率放大器的效率高很多。

4. 交越失真的产生和消除

我们在讨论晶体管输入特性曲线时，知道晶体管导通条件之一是发射结外加的正向电压大于死区电压。由于乙类推挽功率放大器中两晶体管的静态工作点是选在截止点上的（即 $I_B=0$ 处），在变压器 T1 的二次侧加到发射结上的信号电压 u_{B1} 的起始阶段，i_{B1} 基本为零，直到 u_{B1} 超过死区电压时，i_{B1} 才迅速增加。这样，正弦信号加到功放管输入端时，得到的基极电流的波形（见图2-34）是失真的。经放大后，集电极电流 i_C 也产生失真。当两只功放管交替工作时，合成的输出电流在正、负半周交接处产生失真，这种失真被称为交越失真。信号幅度越小，交越失真越严重。

为了消除交越失真，在乙类推挽功放的基础上设置一个偏置电路，在输入信号为零时，使功放管工作在弱导通状态，即功放管的正向偏压略大于死区电压，称它为甲乙类状态。

应该指出，这一正向偏置不能加得太大，否则功放管的静态功耗会增大，不能发挥乙类放大器高效率的优点。

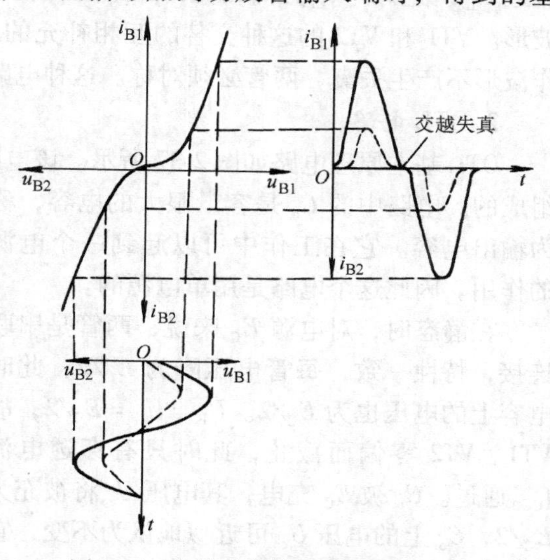

图2-34　推挽功率放大器的交越失真

图2-35是实际应用的甲乙类推挽功率放大器。图中 R_{B1}、R_{B2} 为偏置电阻，用来建立适当

的起始偏置电压，以消除交越失真。为提高电路的稳定性，R_{B1} 常用热敏电阻来代替。电阻 R_E 为稳定工作点的负反馈电阻，其阻值很小，只有几欧或零点几欧。

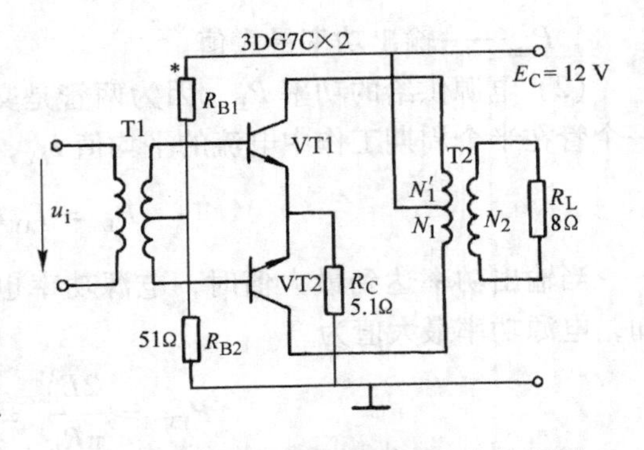

图 2-35　实用的甲乙类推挽功率放大器

四、互补对称功率放大器

由于变压器体积大而且比较重，不利于电路的集成化，而且易在低频和高频段产生附加相移，在引入负反馈时易产生自激，因此出现了另一类无变压器功率放大器。

采用参数相同的 NPN 型和 PNP 型两异型管组成电路，因两管结构对称互为补偿，故称此电路为互补对称式功率放大电路。它既无输出变压器，又无输入变压器。这种电路的基本形式有两种：一种称为 OCL 电路，即无输出电容电路；另一种称为 OTL 电路，即无输出变压器电路。

1. OCL 电路

OCL 基本原理电路如图 2-36 所示。电路采用双电源，且 $E_{C1} = E_{C2}$。VT1 和 VT2 为互补对称管，两管都采用共集电极连接方式。电路可以看做由两个射极输出器对 R_L 并联组成。静态时两管都是截止的，因此两管都工作在乙类状态。下面分析它的动态工作原理。

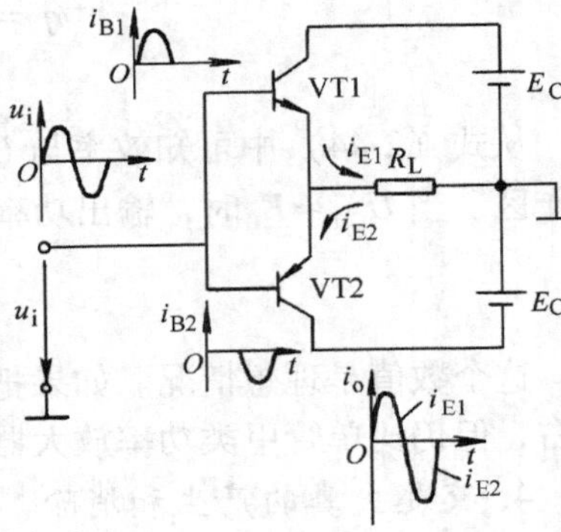

图 2-36　OCL 基本原理电路

当输入信号 u_i 为正半周时，VT1 因发射结正偏而导通，VT2 则因发射结反偏而截止。VT1 以 E_{C1} 为电源，取得放大电流 i_{E1} 流过 R_L，其电流正方向如图 2-36 所示。

当 u_i 为负半周时，VT1 因发射结反偏而截止，VT2 导通，VT2 从电源 E_{C2} 取得放大电流 i_{E2} 流过 R_L。因为 VT1 与 VT2 导电极性是相反的，故 i_{E2} 流过 R_L 时正好与 i_{E1} 方向相反，因此在 u_i 的整个周期内，R_L 上正好取得了一个完整的电流波形。VT1 和 VT2 的这种交替的互相补充的工作方式，称为互补。为了使每半个周期的工作波形不产生失真，两管必须对称。这种电路称为互补对称式功率放大电路。

2. OTL 电路

OTL 基本原理电路如图 2-37 所示。该电路的交流通路仍是由两个射极输出器对 R_L 并联组成的。电路中的 C_o 是容量很大的电容，称为输出电容。它在工作中可以起到一个电源的作用。因此这个电路是用单电源的。

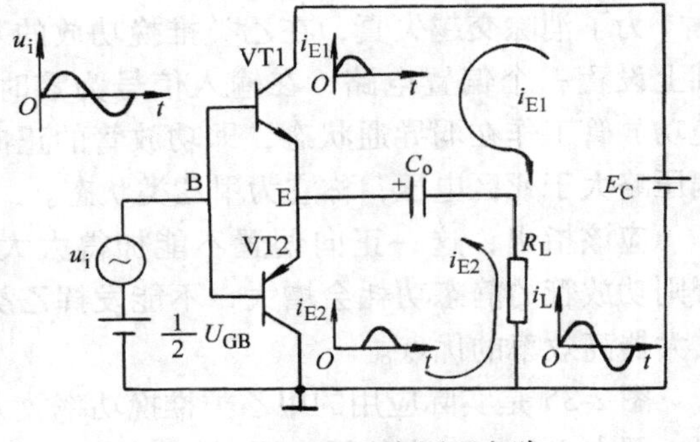

图 2-37　OTL 基本原理电路

在静态时，对电源 E_C 来说，两管是串联连接，特性一致，每管电压降为 $E_C/2$，此时电容上的电压也为 $E_C/2$。$U_B = U_E = E_C/2$；故 VT1、VT2 零偏而截止，此时只有穿透电流 I_{CEO} 通过。C_o 被 E_C 充电，其电压 U_{co} 将被充为 $E_C/2$，C_o 上的电压 U_{co} 可近似地认为不变，它充当了 VT2 导通时的电源。

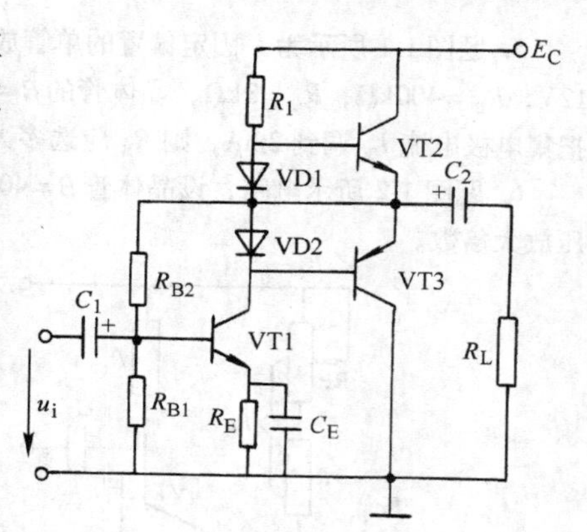

图 2-38　OTL 偏置电路

动态时，有信号 u_i 输入，在 u_i 正半周，基极电位也处在正半周，VT1 导通，VT2 截止，VT1 有基极电流 i_{B1}，经放大后有半周电流 i_{E1} 正向流过 R_L。i_{E1} 路径为：由电源 E_C 正极→VT1→C_o→R_L→电源负极。同理，当 u_i 为负半周时，VT1 截止，VT2 导通，VT2 有基流 i_{B2}，经放大后也有半周电流 i_{E2} 反向流过 R_L。i_{E2} 路径为：由电容 C_o 的正极→VT2→R_L→电容负极。因此在 R_L 上取得完整的正弦波电流。

（1）消除交越失真的偏置　上述两种基本原理电路都是工作在乙类状态，当输入电压 u_i 尚小且不足以克服死区电压时出现交越失真。消除交越失真的方法是给功放管加上适当的正偏电压。以 OTL 为例，常见的 OTL 偏置电路如图 2-38 所示。

在 VT2、VT3 的基极之间加上二极管，以供 VT2 和 VT3 一定的正偏电压，使 VT2、VT3 在静态时处在弱导通状态。这样就可有效地克服交越失真。

（2）OTL 偏置电路的输出功率　直流电源供给功率、效率可用乙类推挽功放电路的有关公式来计算，只要将有关公式中电源电压变换为 $E_C/2$ 即可。

【比较一下】

实用基本放大电路与 OTL 功率放大器中，其输入信号特点有何不同？

小　　结

放大电路是电子技术的重要理论基础。学习和掌握放大电路的基本组成、工作原理及分析方法是十分重要的。

1）共射极基本放大电路在实际应用中最为普遍，所以本章以它为典型电路来分析具有重要意义。

2）电路分析方法有三种：估算法、图解法和等效电路法。

3）本章还介绍了一些重要概念：放大作用、静态工作点、电压放大倍数、输入电阻、输出电阻、交流通道、直流通道、通频带及负反馈等。

4）功率放大器的特点是在大信号下工作。用图解法分析较方便。研究的重点是如何在允许的失真情况下尽可能提高输出功率和效率。

习　　题

1. 放大电路的基本功能是什么？对放大电路有哪些要求？
2. 一个单管放大器由哪些元器件组成？各元器件的作用是什么？为什么在晶体管放大电路中一定要接直流电源？
3. 放大电路为什么要设置静态工作点？怎样选择放大电路的静态工作点？
4. 什么叫做饱和失真？什么叫做截止失真？怎样避免出现这两种失真？

5. 题图1-1所示为一固定偏置的单管放大电路，它用一个固定电阻 R 和电位器RP串联替 R_B。若 $E_C=12V$，$R_B=400k\Omega$，$R_C=3k\Omega$，晶体管的 $\beta=50$，试用估算法求解：(1) 静态工作点 I_{BQ}、I_{CQ}、U_{CEQ}；(2) 若把集电极电流 I_{CQ} 调到2mA，则 R_B 应选多大？(3) 若把 U_{CEQ} 调整为3V，则 R_B 应为多大？

6. 题图1-2所示电路，设晶体管 $\beta=40$，试求：(1) 静态工作点；(2) 晶体管的输入电阻 r_{be}；(3) 电压放大倍数。

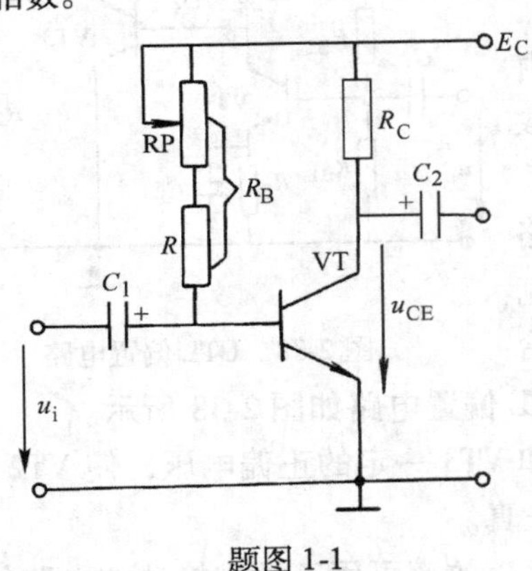

题图1-1

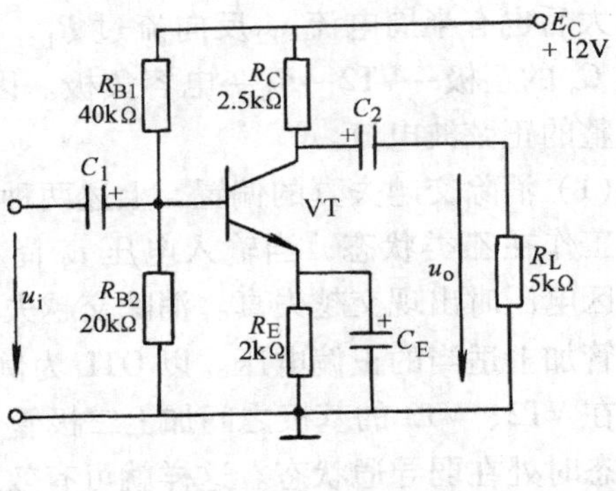

题图1-2

7. 晶体管放大电路如题图1-3所示。已知 $E_C=12V$，$R_C=3k\Omega$，$R_B=240k\Omega$，$\beta=40$，试估算各静态参量 I_{BQ}、I_{EQ}、U_{CEQ} 的值。

8. 如题图1-4所示，已知 $E_C=12V$，$R_C=3k\Omega$，$R_E=2k\Omega$，$R_{B1}=30k\Omega$，$R_{B2}=10k\Omega$，$\beta=50$，U_{BE} 忽略不计。求：(1) 放大器的静态工作点 I_{BQ}、I_{CQ}、U_{CEQ}；(2) 估算放大器的电压放大倍数；(3) 若放大器输出端带上 $R_L=6k\Omega$ 的负载，放大器的电压放大倍数将是多少？

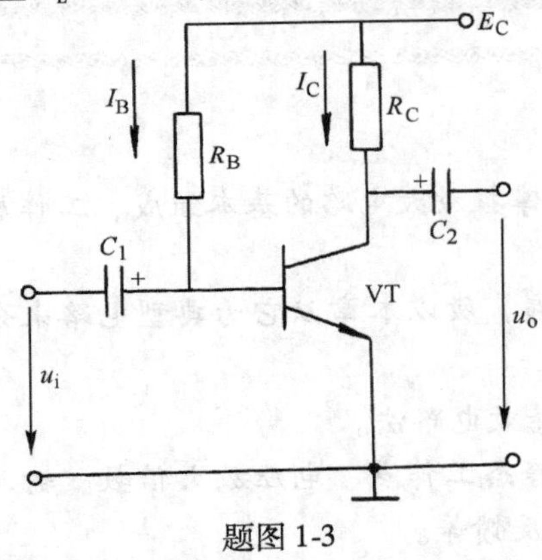

题图1-3

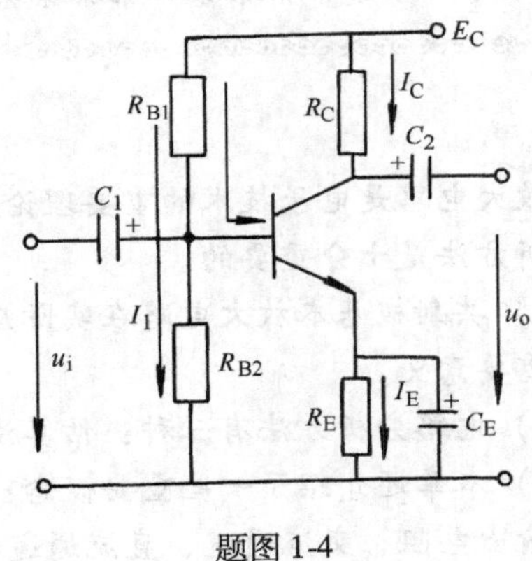

题图1-4

9. 射极输出器的特点是什么？它有哪些应用？

10. 什么是功率放大器的交越失真？通常采用什么方法来减少交越失真？

11. 设三级放大器，测得 $A_{u1}=10$，$A_{u2}=100$，$A_{u3}=10$。求总的放大倍数是多少？多级放大倍数与单级放大倍数比较，频率特性有无差别？为什么？

12. 分压式电流负反馈偏置电路的主要特点是什么？它是怎样稳定静态工作点的？

13. 有人说，所谓饱和就是集电极电流太大了。这种说法对吗？为什么？

14. 为什么放大器外加电阻 R_L 后使输出电压减小，放大倍数降低？

15. 什么叫做晶体管的电流放大倍数？$\bar{\beta}$ 和 β 有什么区别？

16. 多级放大器的级间耦合（不论采用哪种形式）应满足哪些要求？

17. 互补对称功率放大器在电路结构与性能等方面有哪些特点？

第三章 晶体管正弦波振荡电路

学习要点

1. 熟知正弦波振荡电路的组成及振荡平衡条件。
2. 了解 LC 回路选频特性及 LC 振荡电路三种基本形式。
3. 了解三种 LC 振荡电路特点及振荡频率的计算。

前面所讨论的放大电路是在输入端有输入信号时，输出端才有信号输出。一个放大电路如果在它的输入端不外加输入信号而输出端仍有一定频率和幅度的信号输出，这种现象就是放大电路的自激振荡。此时的放大电路就变为自激振荡器。根据振荡器产生的交流信号波形，可分为正弦振荡器和非正弦振荡器；根据组成振荡器的元件不同，又可分为 LC 振荡器和 RC 振荡器。本章只讨论 LC 正弦波振荡器。

◇◇◇ 第一节　正弦波振荡电路的基本原理

一、振荡现象

图 3-1 所示为由电感 L 和电容 C 组成的 LC 回路的振荡过程。

如图 3-1a 所示，将开关 S 拨到 “1”，则电源 E 对电容 C 充电，电容两端电压 u_C 不断升高并可达到电源电压 E；再把开关拨到 “2”，如图 3-1b 所示，由于电容 C 与电感 L 形成闭合回路，所以 C 开始对 L 放电，但由于线圈 L 的自感作用，电流不会突然增大，因此，放电电流是逐渐增大，随着电容的不断放电，u_C 逐渐下降直到零，放电电流则逐渐上升到最大，此时，电容 C 上的电能已全部转换成磁能储存在电感 L 中。虽然 $u_C=0$ 时电容已停止放电，但由于线圈的自感作用，使流过电感 L 的电流逐渐减小并按原方向流动。这个电流便对电容 C 进行反向充电，使电容两端的电压又逐渐上升，其极性如图 3-1c 所示。于是电感 L 储存的磁能又转变为电容 C 上的电能，由于磁能逐渐减小，当 i_L 减小到零时，对电容 C 的充电结束 u_C 上升到负的最大值；一旦 i_L 为零，电容 C 又要对电感 L 放电，其电流方向如

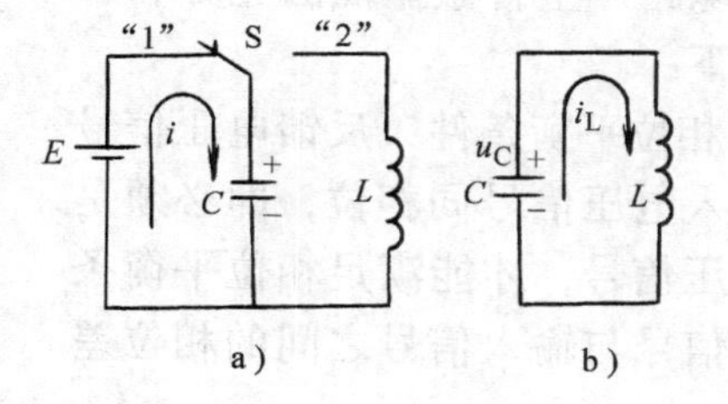

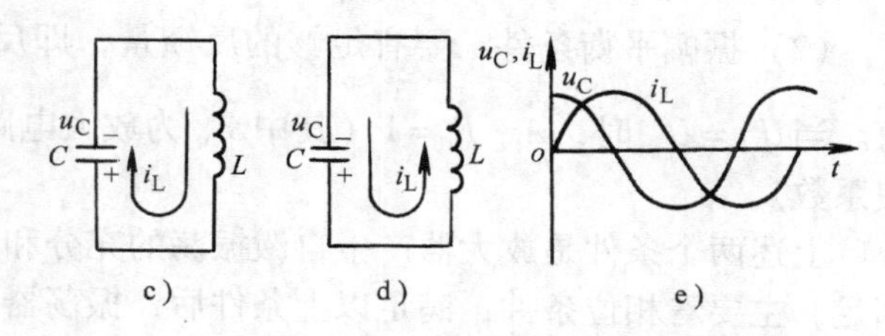

图 3-1　LC 电路的振荡过程
a) 正向充电　b) 正向放电　c) 反向充电
d) 反向放电　e) 波形

图3-1d所示。此时，放电电流与上次放电电流方向相反，在理想无损耗的情况下，充电与放电过程将不断重复下去，使电源供给电容C的直流电能转变成了交流电。我们把这种磁场与电场的周期性转换叫做电磁振荡。由实验可知，振荡电流和电压是按正弦规律变化的。图3-1e是电容C上的电压u_C和充放电电流i_L的波形。

LC电路的振荡频率用f_o表示为

$$f_o=\frac{1}{2\pi\sqrt{LC}} \tag{3-1}$$

式中　f_o——振荡频率（Hz）；

L——振荡回路的电感量（H）；

C——振荡回路的电容量（F）。

二、振荡条件

前面讨论的振荡现象是理想的情况。事实上LC回路中电感和电容在振荡过程中都要消耗能量，若不及时给LC回路补充能量，则振荡将逐渐减弱直至停止；为了维持振荡，必须按时按量地给LC回路补充能量，这是振荡器工作的必要条件。下面以晶体管反馈放大器的框图来分析能够维持振荡的条件。

图3-2所示是反馈放大器组成框图。设放大器的输入电压为$\dot{U}_i$，输出电压为$\dot{U}_o$，则$\dot{U}_o$与$\dot{U}_i$的变化规律相对应。如果从放大器的输出电压$\dot{U}_o$中取出一部分用$\dot{U}_f$表示，称为反馈电压，让反馈电压$\dot{U}_f$与输入电压同$\dot{U}_i$相位，并且使$\dot{U}_f=\dot{U}_i$，用反馈电压$\dot{U}_f$代替输入电压$\dot{U}_i$作为放大器的输入信号，则放大器就能够保持输出仍为$\dot{U}_o$。这样，放大器不需外加输入信号，而通过反馈维持一定输出，形成自激振荡。振荡电路的输入信号是由输出端经反馈环节提供的。于是放大器变成了自激振荡器。

振荡电路产生自激振荡的充分和必要条件如下：

（1）相位平衡条件　反馈电压信号要与原输入电压信号同相位，即必须是正反馈电压信号，才能满足相位平衡条件。反馈信号与输入信号之间的相位差应为

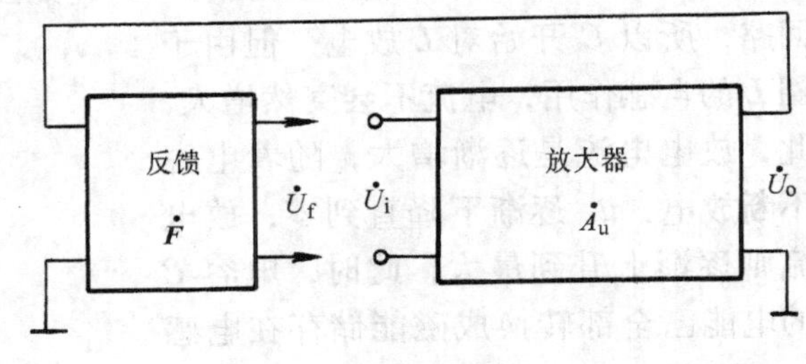

图3-2　反馈放大器组成框图

$$\varphi=\pm 2n\pi \qquad n=0,\ 1,\ 2,\ \cdots$$

（2）振幅平衡条件　要有足够的反馈量，即反馈电压的幅值必须等于原输入电压的幅值。当$\dot{U}_f=\dot{U}_i$时，$\dot{A}_u\dot{F}=1$（其中$\dot{A}_u$为放大电路开环电压放大倍数，$\dot{F}$为反馈环节的反馈系数）。

上述两个条件是放大器产生自激振荡的充分和必要条件。一般地说，振幅平衡条件容易满足，主要看相位条件，满足以上条件后，振荡器就一定能产生自激振荡。振荡频率由电路本身的参数所决定。由式（3-1）可以看出，当电路参数L、C一旦决定后，就能产生一个固定频率的振荡，因此LC电路可作为选频电路，应用LC作为选频电路的振荡器称为LC振荡器。

◇◇◇ 第二节　*LC* 振荡器

图 3-3 是一个 *LC* 正弦波振荡电路，它是由放大电路和反馈网络两大部分组成的。为了得到单一频率的正弦波振荡，在整个电路中还包括了选频电路。放大电路以晶体管为核心组成。电路中的 W1、W2、W3 三个绕组同绕在一个铁心上组成变压器 T。绕组 W1 是变压器的一次绕组，它与电容 C 并联后，既充当晶体管集电极负载，又是振荡器的选频环节。W2 是变压器二次绕组之一，它与电容 C_B 组成反馈电路。反馈信号由 W2 感应产生，经 C_B 后传送给放大电路的输入端。W3 绕组是振荡器的输出绕组。

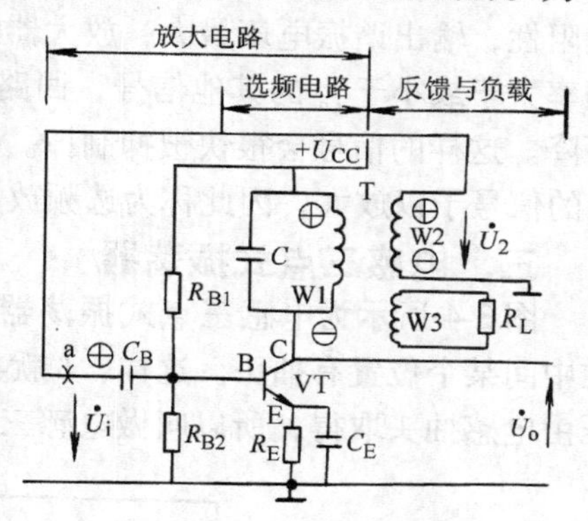

图 3-3　*LC* 正弦波振荡电路

一、*LC* 振荡器的工作原理

当接通电源瞬间，在 W1 和 C 并联振荡回路中将激起一个弱小的电磁振荡，振荡电流流经 W1 时在铁心中产生的交变磁通通过 W2，使 W2 中产生感应电动势，这个感应电动势作为反馈电源反馈到放大器的输入端而产生晶体管基极电流，从而使放大器获得输入信号。这个输入信号经晶体管放大作用放大后，反映在集电极电路中。很明显，上述的反馈电源，基极电流和集电极电流都是同一频率的电量，而且等于 *LC* 并联谐振的频率。在电路满足振荡条件的情况下，各电量的振幅将不断增大。但是由于受晶体管特性曲线非线性的限制，放大电路的放大倍数将随振荡器幅度的增加而减小，最后稳定在一定幅值下形成等幅振荡。

【想一想】

振荡电路与放大电路在组成、反馈性质等方面相比有什么不同?

二、*LC* 回路的选频特性

图 3-3 所示电路是一个共发射极的放大器，其中集电极电阻 R_C 被 *LC* 并联谐振回路所代替。由电工学知识可知，*LC* 并联回路的阻抗可表示为

$$Z=\frac{(R+\mathrm{j}\omega L)\ \dfrac{1}{\mathrm{j}\omega C}}{R+\mathrm{j}\left(\omega L-\dfrac{1}{\omega C}\right)} \tag{3-2}$$

式中　R——*LC* 回路中总损耗电阻，通常 $\omega C \gg R$。

因此，式（3-2）可简化为

$$Z=\frac{\dfrac{L}{C}}{R+\mathrm{j}\left(\omega L-\dfrac{1}{\omega C}\right)} \tag{3-3}$$

由式（3-3）可知，阻抗 Z 是频率的函数，当回路谐振时 $\left(\omega L=\dfrac{1}{\omega C}\right.$，即 $f=f_o$，$f_o=$

$\frac{1}{2\pi\sqrt{LC}}\Big)$，回路阻抗最大，而且为纯电阻（$Z$ 为实数）。当 $f>f_0$ 或 $f<f_0$ 时，电路分别呈现电容性或电感性，而且阻抗较小。

当输入信号等于振荡频率 f_0 时，LC 并联回路谐振，此时呈现的阻抗最大，电路呈现纯电阻性，输出谐振电压最大，放大器的电压放大倍数最大，输出电压与输入电压反相。对于频率大于或小于 f_0 的其他信号，回路阻抗下降，相移不再是 180°，放大器的电压放大倍数下降。这样的信号会很快被抑制掉。因此 LC 回路具有选频特性，这样的放大器只对频率为 f_0 的信号予以放大，因此称为选频放大器。

三、电感三点式振荡器

图 3-4 所示为电感三点式振荡器，其选频电路是 LC 回路，L 绕成自耦变压器的形式，在中间某个位置有抽头。这样，L 就具有三个端点，并分别接到晶体管的三个电极，反馈电压由电感抽头取得，所以叫做电感三点式振荡器。

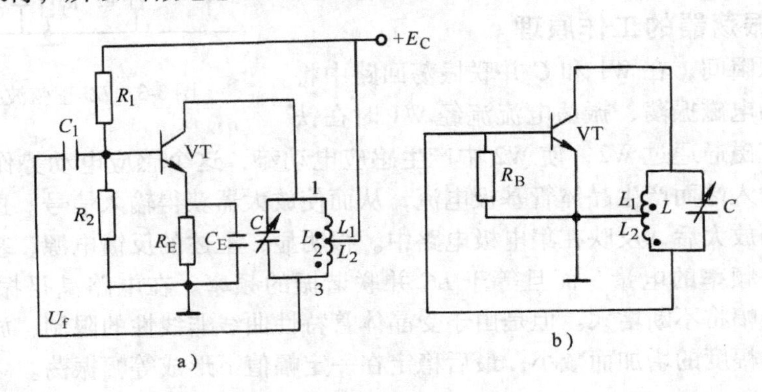

图 3-4 电感三点式振荡器

1. 分析电路是否满足相位条件

图 3-5 所示为电感三点式振荡器的交流等效电路。由于 LC 回路谐振时为纯电阻负载，所以晶体管的基极输入电压 $\dot{U}_i$ 与集电极输出电压 $\dot{U}_o$ 反相（180°），即 $\varphi_a=180°$，在具有抽头的电感线圈上的反馈电压 $\dot{U}_f$ 与 $\dot{U}_o$ 又反相 180°，即 $\varphi_f=180°$，因此 $\varphi=\varphi_a+\varphi_f=2\pi$，满足振荡的相位关系。

2. 振荡频率和起振条件

电感三点式振荡器的振荡频率为

$$f\approx\frac{1}{2\pi\sqrt{(L_1+L_2+2M)\ C}}=\frac{1}{2\pi\sqrt{LC}} \tag{3-4}$$

式中 L——$L=L_1+L_2+2M$，为回路的等效电感；

L_2、L_2——分别为两段线圈的电感；

M——L_1 和 L_2 之间的互感。

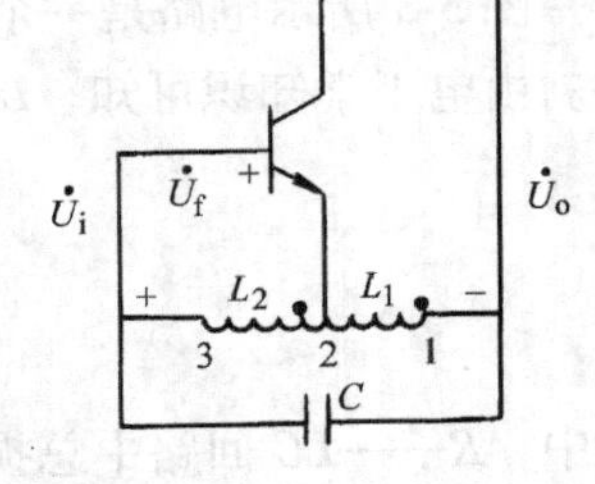

图 3-5 电感三点式振荡器的交流等效电路

从电路中可以看出，改变线圈抽头的位置，会改变反馈量的大小，L_2 越大，反馈越强，越容易起振。通常反馈线圈的匝数选在整个线圈的 1/8 ~ 1/4 处，并通过调试来决定抽头的最佳位置。

3. 电路特点

1）电感线圈 L_1 和 L_2 耦合紧密，所以容易起振。

2）谐振频率的调节采用的是改变电容 C 的办法，因此调频方便，调频范围也较宽。

3）振荡波形较差。由于反馈电压 $\dot{U}_f$ 是取自 L_2 上的电压，而 L_2 对振荡电压的高次谐波的阻抗很大，使高次谐波的反馈加强，引起输出波形的高次谐波分量增大，因此导致振荡波形较差。

四、电容三点式振荡器

图 3-6 是电容三点式振荡器，其选频电路也是 LC 并联谐振回路。这种电路的 LC 谐振回路也有三个端点（其中一个端点是在两个电容器之间），它们分别接在晶体管的三个电极上，由于反馈电压由电容分压器取得，故叫电容三点式振荡器。

1. 分析电路是否满足相位条件

图 3-7 是电容三点式振荡电路的交流等效电路。当 LC 回路谐振时，相当于纯电阻负载，晶体管的输入电压 $\dot{U}_i$ 与输出电压 $\dot{U}_o$ 相位相反，即 $\varphi_a = 180°$。反馈电压 $\dot{U}_f$ 从电容器 C_1 上取得。不难分析，$\dot{U}_f$ 与 $\dot{U}_o$ 相位正好相反，即 $\varphi_f = 180°$，所以 $\varphi = \varphi_a + \varphi_f = 2\pi t$，正好满足振荡相位条件。

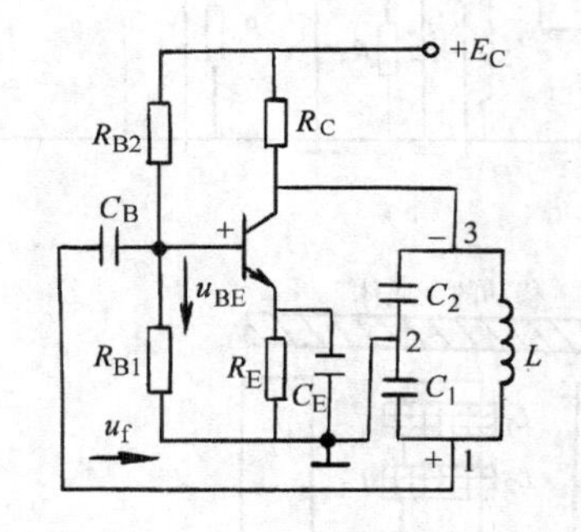

图 3-6　电容三点式振荡器

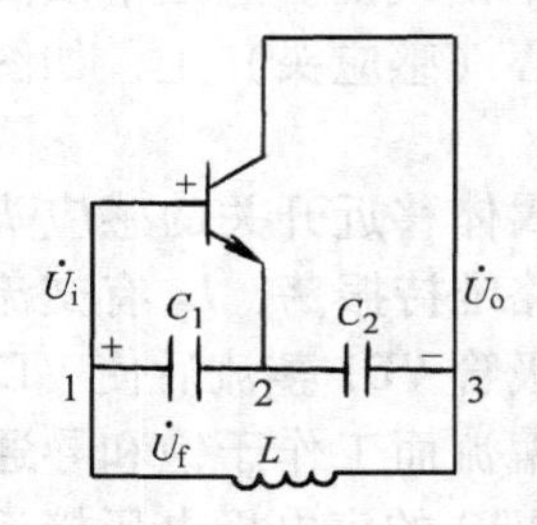

图 3-7　电容三点式振荡器交流等效电路

2. 振荡频率和起振条件

经推导振荡频率为

$$f \approx \frac{1}{2\pi\sqrt{LC_1C_2/(C_1+C_2)}} = \frac{1}{2\pi\sqrt{LC}} \tag{3-5}$$

式中　C——$C = C_1C_2/(C_1+C_2)$，为回路的等效电容。

从电路中可以看出，改变电容分压比，会调节反馈量的大小。C_1 越小，$\frac{1}{\omega_0 C_1}$ 越大，反馈就越强，越容易起振。同理，C_2 越大，也易起振。通常选用 $(C_2/C_1) \geqslant 1$，具体比例要通过实验调试来确定。

3. 电路特点

1）由于反馈电压 $\dot{U}_f$ 是取自电容器 C_1 上的电压，且电容器是高通元件，对高次谐振的容抗较小，所以反馈电压中谐波分量小，输出波较好。

2）因为电容 C_1、C_2 的容量可以选得较小，因此振荡频率可以较高，一般可达 100MHz 以上。

3）该种电路振荡频率的调节，可通过改变 C_1 或 C_2 来达到。但由于比值 C_2/C_1 的改变会影响到电路的起振，所以，为了达到既能调节频率又不影响起振，通常在 L 两端再并联一个可变电容 C_3，如图 3-8 所示。在 C_1 和 C_2 固定的情况下，用改变 C_3 来调节频率。但是，由于电容 C_1 和 C_2 的存在，使 C_3 对频率的影响较小，调频范围较窄。因此，该电路适用于固定频率或小范围调频的场合。

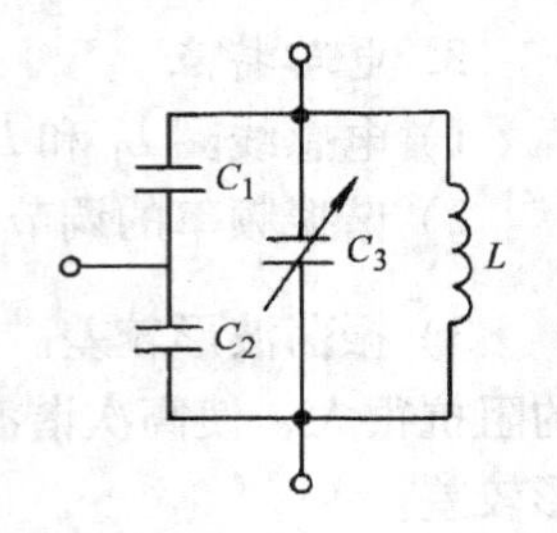

图 3-8 调节频率的方法

五、*LC* 振荡器的应用实例——接近开关

当前晶体管接近开关在国内应用很广，它是当被测物体（某金属体）接近到一定距离时，不需接触，就能发出动作信号的一种电器。它具有反应迅速、寿命长以及没有机械碰撞等优点，目前已被广泛应用于行程控制、定位控制、自动计数以及各种保护控制等方面。

图 3-9a 是 LJ1—24 型接近开关电路，它是由 *LC* 振荡电路、开关电路及输出器三部分组成的。*LC* 振荡电路是接近开关的主要部分，其中 L_2C_2 组成选频电路，L_1 是反馈线圈，L_3 是输出线圈。这三个线圈绕在同一磁心（感应头）上，如图 3-9b 所示。

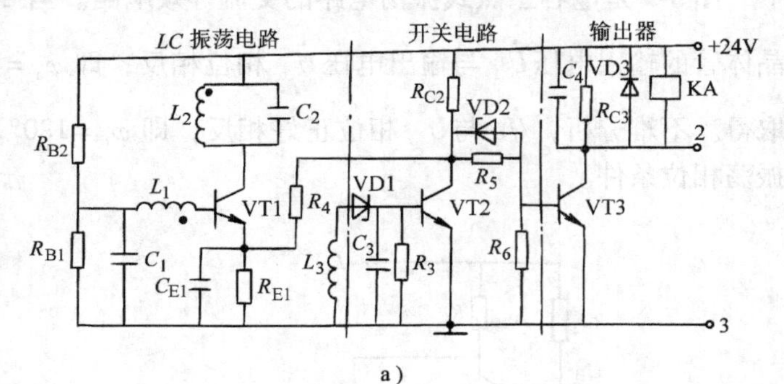

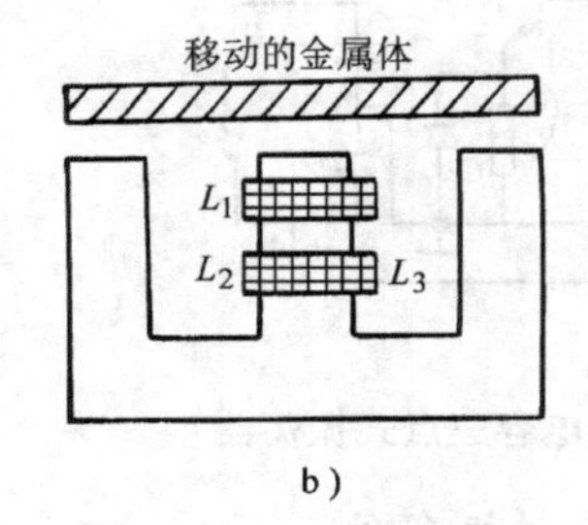

图 3-9 LJ1—24 型接近开关
a）电路 b）磁心

当无金属体移近开关的感应头时，振荡电路维持振荡，L_3 有交流输出，经二极管 VD1 整流后使 VT2 获得足够的偏流而工作于饱和导通状态。此时 VT2 的集电极电压接近零，VT3 的基极电位也接近于零，VT3 截止无输出，接在 VT3 集电极回路里的继电器线圈 KA 不通电。

当有金属体移近开关的感应头时，金属体内感应产生涡流。由于涡流的去磁作用，使线圈间的磁耦合大为减弱，L_1 上的反馈电压显著降低，因此振荡电路被迫停振，L_3 上无交流输出，VT2 就截止，$U_{CE2}\approx$24V，VT3 饱和导通，使继电器 KA 通电。

通过继电器线圈的获电与否，可以通断其触头以控制某个电路的通断。例如安装在机床上的自动生产线等设备上，用作限位、行程控制等场合。

【能力拓展】

通过《电工基础》的学习，大家已经知道：*RC* 串联电路中，总电压与电流之间有相位差，利用 *RC* 移相即可改变反馈性质。*RC* 振荡器就是据此构成，同学们可参看相关资料了解一下。

小　结

一个放大器，当从输出端反馈回来的信号大于或等于输入信号，且与输入信号同相位时，就形成了振荡器。所以，欲产生振荡必须满足幅值和相位的两个条件，即

$$|\dot{A}\dot{F}|=1$$

$$\varphi=\varphi_a+\varphi_f=\pm 2\pi n\ (n=0,1,2,3,\cdots)$$

若要形成正弦振荡器，必须在振荡器的正反馈支路中加选频网络，使单一的频率信号得以放大，这样就得到了正弦振荡器。

采用不同的选频网络，会得到不同的振荡器，本章介绍了 LC 选频网络，其中有电感三点式振荡器及电容三点式振荡器。

振荡器在工农业生产及国防工业中都得到了广泛的应用。如音频信号发生器、高频信号发生器、高频感应加热炉及接近开关等。

习　题

1. 简述 LC 回路的自由振荡过程，并指出题图 3-1 中电源开关应如何动作，才能产生等相振荡。

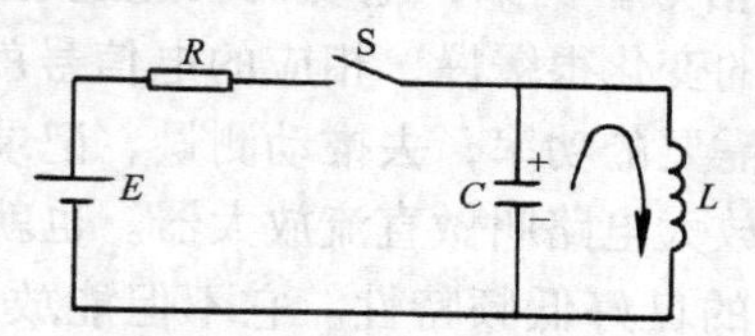

题图 3-1

2. 自激振荡器的自激条件是什么？一个自激正弦波振荡器至少才应由哪几部分组成？
3. 简述电感三点式振荡器的工作原理。
4. 振荡器与放大器有什么区别？

第四章 直流放大电路

学习要点

1. 在充分了解了多级放大电路的基础上，理解直流放大电路的组成及作用。
2. 掌握零点漂移的概念以及产生的原因，熟悉抑制零点漂移的实用电路。
3. 熟悉最简单的差动放大电路结构，理解实用差动放大电路工作原理。

◇◇◇ 第一节 直流放大器

一、直流放大器的信号特点

在自动控制和检测系统中，常需要放大随时间变化极为缓慢的非周期性信号（即频率近于零）或某一直流量的变化信号。例如，电动机调速过程是：先用传感器将电动机转速转换成电信号，因电动机转速的变化很缓慢，相应的电信号就是一个变化缓慢的微弱信号；然后将这个微弱信号放大到所需要的功率，去推动测量、记录机构或控制执行元件。用来放大直流信号或缓慢变化信号的放大电路叫做直流放大器。也就是说，直流放大器必须具有下限工作频率接近于零或等于零的良好低频特性。它不但能放大直流信号，也能放大交流信号。直流放大器放大倍数定义为：输出电压变化量 ΔU_o 与输入电压变化量 ΔU_i 之比，即

$$A_u = \frac{\Delta U_o}{\Delta U_i}$$

二、直接耦合放大器

直流信号是工作频率趋于零的电信号。显然，多级直流放大器只能采用直接耦合方式，因为阻容耦合或变压器耦合，不能传递直流信号。所以直流放大器又称为直接耦合放大器。

1. 直接耦合放大器

图 4-1 所示为直接耦合放大电路。所谓直接耦合就是把前级的输出端直接接到后级的输入端。图中 VT1 的集电极直接接到 VT2 的基极，所需要放大的直流信号 u_i 加到多级放大器的输入端，经两级放大后，在 VT2 的集电极得到放大的输出信号 u_o。

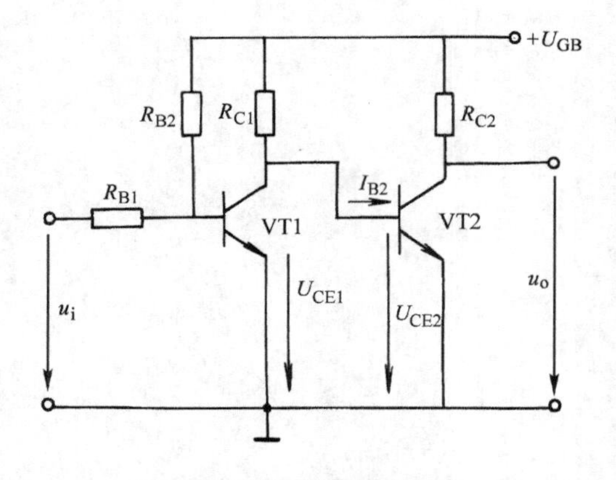

图 4-1 直接耦合放大电路

2. 前级与后级静态工作点的相互影响问题

在图 4-1 所示的电路中，前级的集电极电位恒等于后级的基极电位，而且前级的集电极电阻 R_{C1} 又是后级的偏流电阻，这就使前、后

两级的静态工作点相互影响和牵制。这是因为第二级的输入电压 U_{BE2}，在正常放大状态下只能为0.6～0.7V，当第一级单独工作时，如不迫使第一级的输出电压 U_{CE1} 降低到这一数值，将引起 VT2 产生过大的基极电流 I_{B2}，使 VT2 处于深度饱和状态而失去放大作用。若满足了后级输入电压的要求，则前级 VT1 的集电极电压将被限制在 0.7V 小范围内，这又使前级 VT1 由放大状态变成了饱和状态，也无法正常工作。因此在实际电路中，通常采取提高发射极电位的办法改进。

3. 提高后一级发射极电位的直接耦合放大器

为了缓解直接耦合给静态工作点带来的影响，常用的办法是提高后一级的发射极电位，如图 4-2 所示。

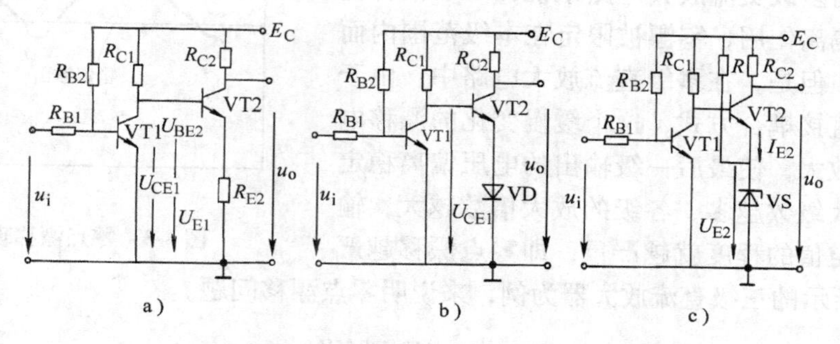

图 4-2　实用的直接耦合直流放大电路

在图 4-2a 所示的电路中，在 VT2 的发射极电路串联电阻 R_{E2}，利用 VT2 的发射极电流在 R_{E2} 上产生的压降，提高 VT2 发射极电位。由于 $U_{CE1}=U_{BE2}+U_{E2}$ 就使得 U_{CE1} 提高了，I_{CQ1} 相应地减小，VT1 的静态工作点下移，这样 VT1、VT2 都可获得合适的静态工作点，确保两级直接耦合放大电路处于正常工作状态。此电路的缺点是 R_{E2} 对输入信号有电流串联负反馈作用，致使电路的负反馈作用下降。

在图 4-2b 所示的电路中，把交流电阻很小的二极管 VD 正向串联到 VT2 的发射极，根据 U_{E2} 的需要，确定二极管的个数。由于二极管正向导通时交流电阻很小，对信号负反馈作用也随之减小，因此可提高电压放大倍数。

在图 4-2c 所示的电路中，用稳压二极管 VS 替换二极管 VD，可以获得更好的效果。由于稳压二极管的交流电阻比一般二极管的交流电阻还要小，而且稳压二极管的管压降具有相应的固定性，基本上不随 I_{E2} 而变，即可提高 VT2 的发射极电位，又能减少不必要的负反馈，因此对第二级放大倍数产生的影响就更小。此外，可以根据实际电路的需要，选择使用稳定值不同的稳压二极管，以获得不同的电压 U_{E2}，既可减少所串联二极管的数目，又有利于与电路所要求的静态工作点相配合。但需要注意一点：如果 VT2 的发射极电流小于稳压二极管最小工作电流，则稳压二极管不能正常工作。为确保稳压二极管工作在稳压区，在电源 E_C 和稳压二极管 VS 之间，串接一个限流电阻 R，以提供稳压二极管正常工作所需要的电流。

【想一想】

为什么直流放大电路级与级之间采用直接耦合方式而不用其他方式。

◇◇◇ 第二节　零点漂移

直流放大电路处于静态时，由于工作点的不稳定而引起的静态电位的缓慢变化，经逐级放大使输出电压偏离稳定值而发生缓慢、不规则的上下漂动称为零点漂移，简称零漂，如图4-3所示。

显然，零点漂移会干扰放大电路对输入信号的正常放大，使输出信号失真，严重时甚至使放大电路根本无法工作。对多级交流放大电路来说，由于耦合电容和变压器的隔离作用，零漂被限定在本级范围内而不会逐级放大。但是，在多级直流放大电路中，由于级间采用的是直接耦合方式，这个缓慢变化的漂移电压，会被逐级放大，使最后一级输出的电压偏离稳定值。电路的放大级数越多，各级的放大倍数越大，输出电压偏离稳定值的程度就越严重，即零点漂移越严重。以图4-4所示的三级直流放大器为例，来说明零点漂移问题。

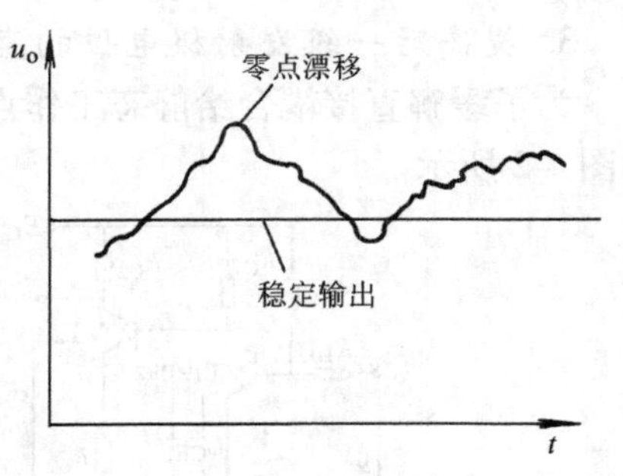

图4-3　零点漂移现象

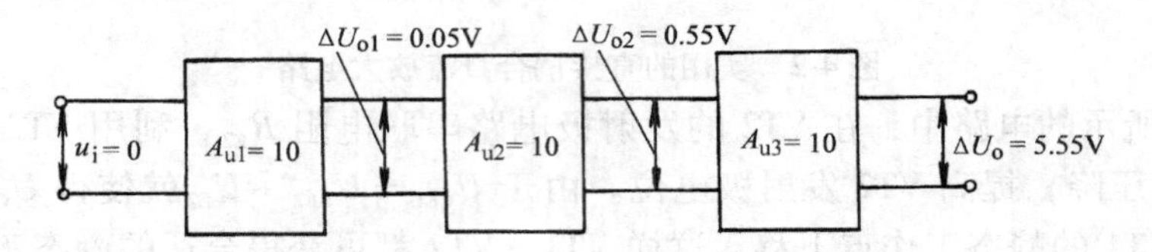

图4-4　三级直流放大器的零点漂移

设每级的电压放大倍数均为10，由于温度变化，使每级的输出漂移变化0.05V，这样在输入端短路（即输入信号为零）的情况下，三级放大后输出的总漂移电压变为：$0.05V+(0.05\times10+0.05)\times10V=5.55V$，如此大的电压漂移显然是不允许的。从这个例子可以看出，输出端上电压漂移的大小主要取决于输入级的零点漂移。要减小直流放大电路的零点漂移，关键要解决输入级的零点漂移。否则，当直流放大电路对有用的微弱信号进行放大时，这个被放大的有用信号很可能被零点漂移“淹没”掉，致使放大电路无法进行正常的工作。由此可见，零点漂移是直流放大电路必须解决的突出问题。

产生零点漂移的原因很多，如环境温度变化、电源电压波动及晶体管老化等因素，其中主要的是温度变化。所以零漂又叫做温漂。当温度升高后，晶体管的主要参数都将发生变化，并且最终导致集电极电流的增加，由于直流放大器采用直接耦合，因此这种由于温度变化而引起的缓慢变化就逐级放大，一直传送到输出端形成零漂。

减弱零漂的办法，常用的有温度补偿法和负反馈法。

1. 温度补偿法

图4-5a所示为利用二极管VD的反向饱和电流I_S来补偿晶体管VT的I_{CBO}随温度变化的电路。当温度T升高时，补偿过程如下：

$$T\uparrow\rightarrow I_{CBO}、I_S\uparrow\rightarrow I_{CQ}\uparrow\rightarrow I_{RB}=I_{BQ}+I_S\rightarrow I_{BQ}\downarrow\rightarrow I_{CQ}\downarrow$$

最终使静态工作点稳定。

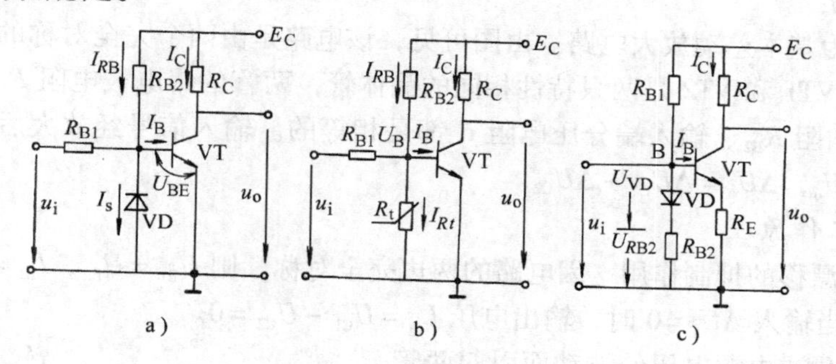

图 4-5　温度补偿法

图 4-5b 所示的电路，是利用具有负温度系数的热敏电阻 R_t 来进行温度补偿的。当温度 T 升高时，补偿过程如下：

$$T\uparrow \rightarrow R_t\downarrow、I_{CQ}\uparrow \rightarrow U_{BEQ}\downarrow \rightarrow I_{BQ}\downarrow$$
$$I_{CQ}\downarrow$$

最终使静态工作点稳定。

图 4-5c 所示的电路，是利用硅二极管的正向压降 U_{VD} 随温度的变化，来补偿晶体管 VT 的发射结电压 U_{BE} 随温度变化的。图中晶体管基极电位 $V_B = U_{VD} + U_{RB2}$。当温度 T 升高时，补偿过程如下：

$$T\uparrow \rightarrow U_{VD}\downarrow、I_{CQ}\uparrow \rightarrow V_B\downarrow \rightarrow U_{BEQ}\downarrow$$
$$I_{CQ}\downarrow$$

最终使静态工作点稳定。

2. 双管负反馈法

图 4-6 所示为双管负反馈直接耦合放大电路。通过 R_f 实现两级电流并联负反馈，以稳定两只晶体管的静态工作点。补偿过程读者可自行分析。

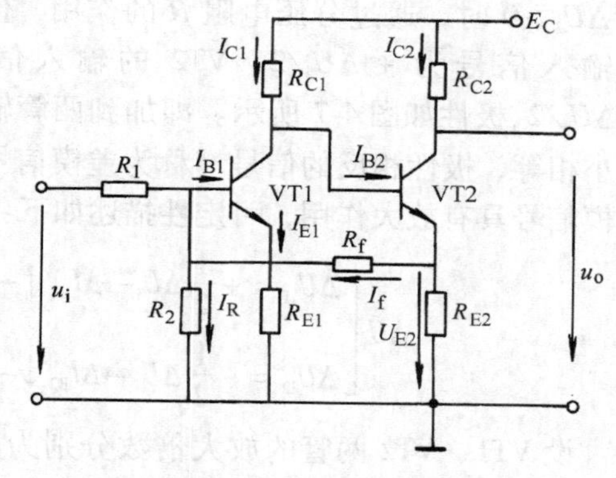

图 4-6　双管负反馈直接耦合放大电路

【试一试】

结合图 4-6 说明一下，你是怎样理解引入负反馈后，来稳定两只晶体管静态工作点的，并由此进一步明确稳定静态工作点的意义所在。

◇◇◇ 第三节　差动直流放大器

一、基本差动放大器

在直流放大器中，抑制零漂最有效的方法是利用结构对称的差动放大器，又称为差分放大器或差值放大器。

1. 电路结构

图4-7所示为基本差动放大电路。由图可见，该电路是由两个完全对称的单管放大电路组成，即电路中VT1和VT2是两只特性相同的晶体管，两管的集电极电阻R_C、基极偏流电阻R_{B1}、信号源内阻R_{B2}、输入端分压电阻R都是相等的。输入信号经放大后，从两管的集电极输出电压ΔU_o，$\Delta U_o=\Delta U_{C1}-\Delta U_{C2}$。

2. 电路的工作原理

（1）对零点漂移的抑制作用　因电路的两边完全对称，则$U_{B1}=U_{B2}$，$I_{B1}=I_{B2}$，$I_{C1}=I_{C2}$，$U_{C1}=U_{C2}$。所以当输入$\Delta U_i=0$时，输出电压$U_o=U_{C1}-U_{C2}=0$。

由于温度变化或电源电压的波动而引起两管集电极电流的变化，这个变化量是大小相等、方向相同的，两管输出电压的变化相等，即$\Delta U_{C1}=\Delta U_{C2}$，则输出漂移电压$\Delta U_o=0$，由此可见，电路完全对称时，差动放大器可有效地抑制零漂。

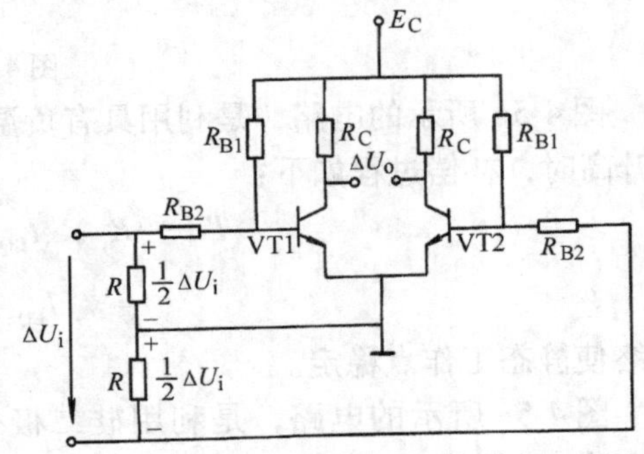

图4-7　基本差动放大电路

（2）对输入信号ΔU_i的放大作用　当输入信号$\Delta U_i>0$时，通过分压电阻R的作用，使VT1的输入信号为$+\Delta U_i/2$，VT2的输入信号为$-\Delta U_i/2$，极性如图4-7所示。即加到两管输入端大小相等、极性相反的信号（称为差模信号），这种输入方式称为差模输入。差动放大器对差模信号具有放大作用，可定性描述如下：

$$\Delta U_i\begin{bmatrix}\Delta U_{i1}=+\frac{1}{2}\Delta U_i\to\Delta I_{B1}\uparrow\to\Delta I_{C1}\uparrow\to\Delta U_{C1}\downarrow\\ \Delta U_{i2}=-\frac{1}{2}\Delta U_i\to\Delta I_{B2}\downarrow\to\Delta I_{C2}\downarrow\to\Delta U_{C2}\uparrow\end{bmatrix}\Delta U_o=2\Delta U_{C1}=2\Delta U_{C2}$$

设VT1、VT2两管的放大倍数分别为A_{u1}、A_{u2}，由于电路完全对称，故$A_{u1}=A_{u2}=A_u$，且每个单管的输出为

$$\Delta U_{C1}=A_{u1}\Delta U_{i1}=A_u\left(+\frac{1}{2}\Delta U_i\right)$$

$$\Delta U_{C2}=A_{u2}\Delta U_{i2}=A_u\left(-\frac{1}{2}\Delta U_i\right)$$

那么，两端输出电压为

$$\Delta U_o=\Delta U_{C1}-\Delta U_{C2}=A_{u1}\left(+\frac{1}{2}\Delta U_i\right)-A_{u2}\left(-\frac{1}{2}\Delta U_i\right)=A_u\Delta U_i$$

差模放大倍数为

$$A_{ud}=\frac{\Delta U_o}{\Delta U_i}=A_u=-\frac{\beta R_C}{R_{B2}+r_{be}} \tag{4-1}$$

由式（4-1）可知，差动放大电路的差模电压放大倍数与单管放大电路的放大倍数相同，差动放大电路的特点就是多用一个晶体管来换取对零点漂移的抑制。

二、典型差动放大器

图4-7所示的基本差动电路，仅仅依靠电路的对称性来抑制零漂是有限的，必须设法改

进此电路，以减小每只管子输出端对地的漂移电压。图 4-8 所示就是一种常用的典型差动放大电路，与图 4-7 所示电路对照可知，该电路增加了电位器 RP、辅助电源 $-E_C$（以实现零输入和零输出）和共用的发射极电阻 R_E，R_E 起共模电流串联负反馈作用，以达到抑制零漂的目的。下面讨论电路的工作过程。

1. R_E 对差模信号无负反馈作用

当输入差模信号时，由于电路完全对称，VT1、VT2 两管的基极电流和集电极电流一个增加一个减小，在共用的发射极电阻 R_E 上通过的电流 $I_E = I_{E1} + I_{E2}$。由于 $\Delta I_{E1} = -\Delta I_{E2}$，所以，$\Delta I_E = 0$，也就是说 I_E 不变，发射极电位 $V_E = I_E R_E$ 也不变，这说明 R_E 对差动信号的放大没有负反馈作用。

2. R_E 对共模信号的负反馈作用

若在差动放大器两个输入端接入一对大小相等、极性相同的信号，此种信号称为共模信号，这种输入方式称为共模输入。温度变化和电源电压的波动所引入的漂移电压，折合到输入端时，就相当于共模信号。共模信号使两管的发射极电流 I_{E1} 和 I_{E2} 同时增加或同时减小，R_E 上的电压 U_E 随之发生变化，因 $\Delta U_E = (\Delta I_{E1} + \Delta I_{E2}) R_E = 2\Delta I_E R_E$，所以 U_E 对两管均起到负反馈作用，限制了 I_{C1}、I_{C2} 的变化，抑制了两管因共模信号引起的电流变化。控制过程如下：

$$T\uparrow \rightarrow I_{E1}、I_{E2}\uparrow \rightarrow U_E\uparrow \rightarrow U_{BE1}、U_{BE2}\downarrow \rightarrow I_{B1}、I_{B2}\downarrow$$

$$\rightarrow I_{E1}、I_{E2}\downarrow$$

3. 共模抑制比

差动放大电路的显著特点就是可以放大差模信号，有效地抑制共模信号。为了衡量差动放大器的这一特性，引入共模抑制比——K_{CMRR} 这一技术指标，它定义为差模电压放大倍数 A_{ud} 与共模电压放大倍数 A_{uc} 之比的绝对值，即

$$K_{CMRR} = \left|\frac{A_{ud}}{A_{uc}}\right| \tag{4-2}$$

或用分贝表示，即

$$K_{CMRR} = 20\log\left|\frac{A_{ud}}{A_{uc}}\right| \tag{4-3}$$

显然，K_{CMRR} 的值越大越好，它代表了电路抑制零点漂移的能力，是衡量电路工作的稳定程度，评定差动放大电路质量优劣的重要指标。

4. 放大倍数

在图 4-8 所示电路中，电阻 R_E 对差动信号的放大无负反馈作用，则电路的电压放大倍数与没有 R_E 的基本差动放大电路相等。在忽略 R_E 和 RP 的影响时，双端输出的差模放大倍数与单管放大器的放大倍数相等，即

$$A_{ud} = \frac{\Delta U_o}{\Delta U_i} = -\frac{\beta R_C}{R_{B2} + r_{be}} \tag{4-4}$$

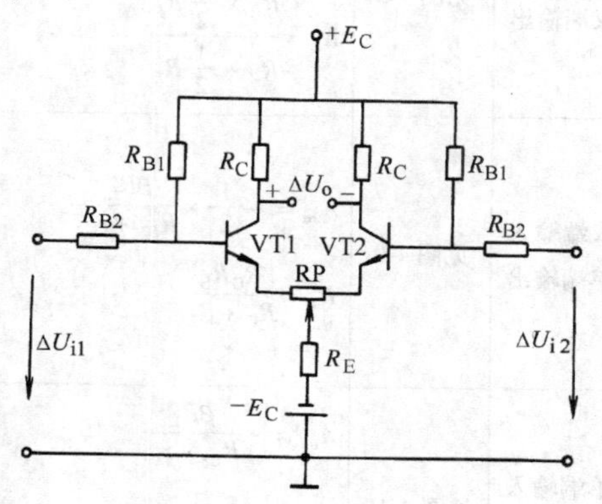

图 4-8　典型差动放大电路

单端输出放大器的放大倍数

$$A_{ud1}=-A_{ud2}=\frac{\Delta U_{o1}}{\Delta U_i}=\frac{\Delta U_{o2}}{\Delta U_i}=\frac{\Delta U_o}{2\left(\frac{1}{2}U_i\right)}=\frac{1}{2}A_u$$

$$=-\frac{\beta R_C}{2\ (R_{B2}+r_{be})} \tag{4-5}$$

对共模信号而言，R_E 有负反馈作用。当图 4-8 所示电路为双端输出形式时，其共模放大倍数为零，即

$$A_{uc}=\frac{\Delta U_{oc}}{\Delta U_{ic}}=\frac{\Delta U_{oc1}-\Delta U_{oc2}}{\Delta U_{ic}}\approx 0 \tag{4-6}$$

则
$$K_{CMRR}=\left|\frac{A_{ud}}{A_{uc}}\right|\to\infty$$

对于单端输出的放大器，共模放大倍数为

$$A_{uc1}=\frac{\Delta U_{oc1}}{\Delta U_{ic}}=\frac{\Delta U_{oc2}}{\Delta U_{ic}}\approx-\frac{R_C}{2R_E} \tag{4-7}$$

则
$$K_{CMRR}=\left|\frac{A_{ud1}}{A_{uc1}}\right|\approx\frac{\beta R_c}{2\ (R_{B2}+r_{be})}\frac{2R_E}{R_C}=\frac{\beta R_E}{R_{B2}+r_{be}} \tag{4-8}$$

式（4-8）表明，图 4-8 所示电路的共模抑制比 K_{CMRR} 受 R_E 的限制而不能随意加大，K_{CMRR} 在 60dB 范围内，可满足一般电路的要求。

三、差动放大电路的输入输出接法

差动放大电路输入端的接线方式与信号源有关，输出端的接线方式与负载类型有关，结合不同的实际情况，差动放大电路的输入、输出端有四种接线方式，见表 4-1。

表 4-1　差动放大电路四种输入、输出接线方式的比较

接线方式	电路图	放大倍数 A_{ud}	电路特点	适用场合
双端输入 双端输出	见图 4-8	$A_{ud}=-\frac{\beta R_L'}{R_{B2}+r_{be}}$ $R_L'=\frac{R_C\times\frac{1}{2}R_L}{R_C+\frac{1}{2}R_L}$	电路的对称性好，零漂最小，放大倍数与单管放大器的放大倍数近似相等。理想情况下的共模放大倍数为零，共模抑制比为无穷大，故应用广泛	直流放大器在输入端与输出端都不要求一端接地的场合
双端输入 单端输出	见图 4-9	$A_{ud}=-\frac{1}{2}\times\frac{\beta R_L'}{R_{B2}+r_{be}}$ $R_L'=\frac{R_CR_L}{R_C+R_L}$	电路不再具有对称性，只依靠 R_E 对共模信号的负反馈来抑制零漂，电路的放大倍数为单管放大器放大倍数的 1/2，共模抑制比 K_{CMRR} 比双端输出时要低，电路性能较双端输入、双端输出差	在需将双端输入转为单端输出的场合
单端输入 双端输出	见图 4-10	$A_{ud}=-\frac{\beta R_L'}{R_{B2}+r_{be}}$ $R_L'=\frac{R_C\times\frac{1}{2}R_L}{R_C+\frac{1}{2}R_L}$	电路的对称性较好，靠双管差动输出和 R_E 的负反馈作用来抑制零漂，电路的放大倍数与单管放大器的放大倍数相等	在需将单端输入转为双端输出的场合

（续）

接线方式	电路图	放大倍数 A_{ud}	电路特点	适用场合
单端输入 单端输出	见图 4-11	$A_{ud}=-\frac{1}{2}\times\frac{\beta R'_L}{R_{B2}+r_{be}}$ $R'_L=\frac{R_C R_L}{R_C+R_L}$	电路虽然不对称，但 R_E 对共模信号仍有强烈的负反馈作用，靠 R_E 的负反馈作用来抑制零漂。电路的放大倍数为单管放大器放大倍数的 1/2	在输入端与输出端都要求一端接地的场合

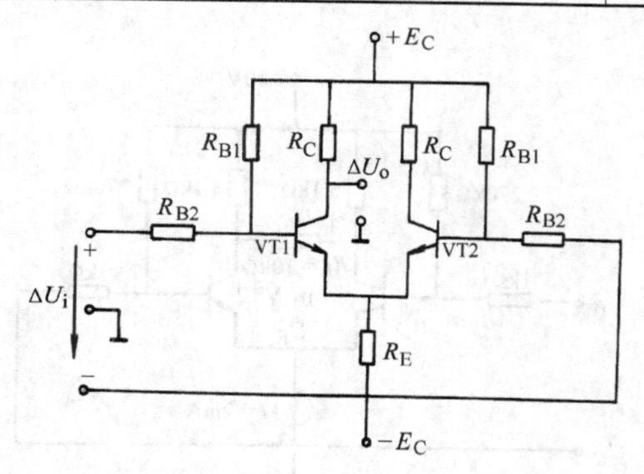

图 4-9　双端输入、单端输出的差动放大器

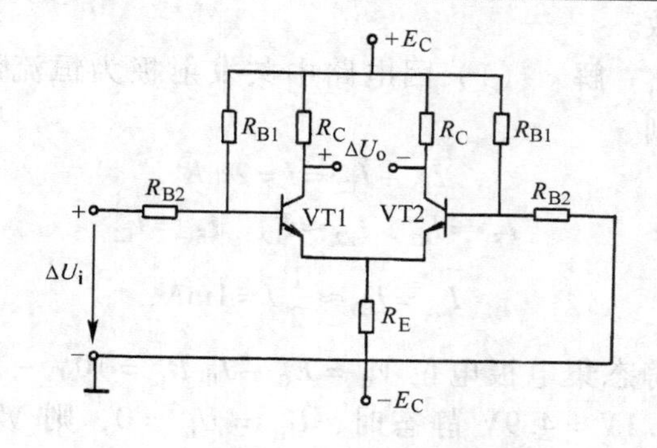

图 4-10　单端输入、双端输出的差动放大器

四、具有恒流源的差动放大器

分析图 4-8 电路可知，增加 R_E 能够提高抑制共模信号的能力，在保证 I_E 不变的情况下增加 R_E，辅助电源 $-E_C$ 也应相应增加。为了能用较低电源电压来维持合适的静态 I_{EQ}，又有很强的共模抑制能力，采用晶体管恒流源来代替 R_E，所谓恒流，就是利用晶体管工作在放大区的变阻特性，即直流阻值较小，加入共模信号时交流阻值大的特性，使电路具有很强的抑制零点漂移的能力。图 4-12 所示即是带有恒流源的差动放大电路。该电路与典型差动放大电路相比，不同的是用恒流管 VT3 取代了 R_E，R_1、R_2 和 R_{E3} 构成 VT3 的偏置电路，以保证 VT3 工作在放大区，向 VT1、VT2 提供恒定的电流 I_{C3}。晶体管 VT3 在线性区域工作时，它的集电极与发射极之间的电阻就具有上述变阻特性。辅助电源 $-E_C$ 的值无需太高就可使电路既有合适的静态工作点，又有很高的 K_{CMRR}。这是一种性能优良、应用十分广泛的电路。该电路对零点漂移的抑制过程，可定性描述如下：

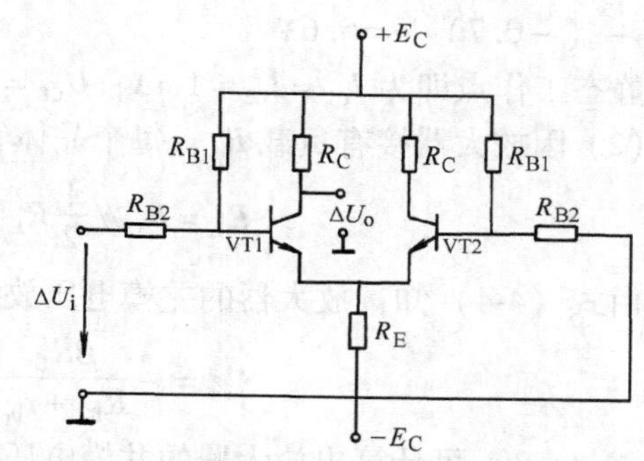

图 4-11　单端输入、单端输出的差动放大器

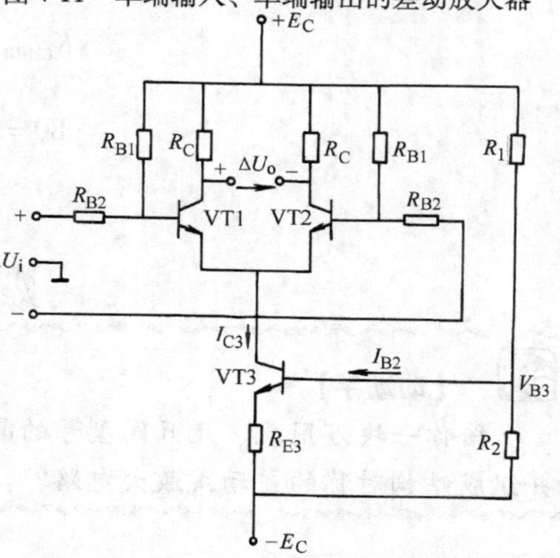

图 4-12　带有恒流源的差动放大电路

$$T\uparrow \rightarrow I_{C1}\uparrow、I_{C2}\uparrow \rightarrow I_{C3}\uparrow \xrightarrow{V_{B3}\text{不变}} I_{E3}\uparrow \rightarrow U_{BE3}\downarrow$$
$$I_{C1}\downarrow、I_{C2}\downarrow \leftarrow I_{C3}\downarrow \leftarrow I_{B3}\downarrow$$

这个电路的特点是所用的辅助电源不很大，但却具有很大的发射极电阻，而且恒流源的变阻特性与电路需要恰好吻合。电路的共模抑制比可达100dB以上。

【例4-1】 在图4-13所示电路中，晶体管参数为$\beta = 100$，$r_{be} = 2.6\text{k}\Omega$，$U_{BE} = 0.7\text{V}$，电路的共模抑制比为80dB，试求：电路的静态工作点；电路的差模、共模电压放大倍数。

解 （1）因电路中共发射极为恒流源，则

$$I_{E1} + I_{E2} = I = 2\text{mA}$$
$$I_{E1} \approx I_{C1}，I_{E2} \approx I_{C2}，I_{E1} = I_{E2}$$
$$I_{C1} = I_{C2} \approx \frac{1}{2}I = 1\text{mA}$$

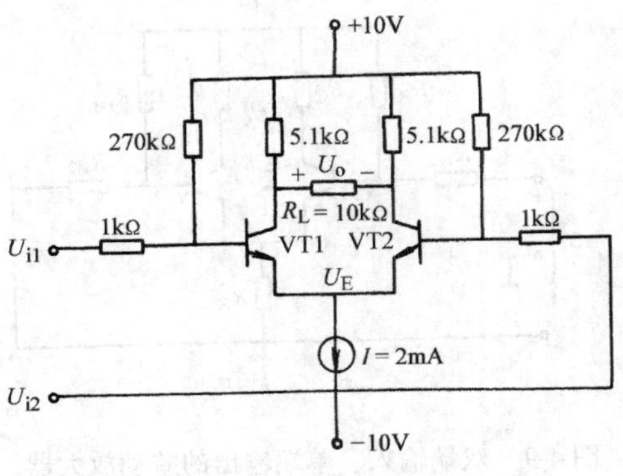

图4-13 例4-1图

静态集电极电位 $V_C = E_C - I_{C1}R_C = 10\text{V} - 1\times 5.1\text{V} = 4.9\text{V}$ 静态时，$U_{i1} = U_{i2} = 0$，则VT1、VT2的基极电位为零，$V_E = 0 - U_{BE} = -0.7\text{V}$。晶体管集-射极间静态电压为 $U_{CE} = V_C - V_E = 4.9\text{V} - (-0.7)\text{V} = 5.6\text{V}$

静态工作点即为$I_{C1} = I_{C2} \approx 1\text{mA}$，$U_{CE} = 5.6\text{V}$

（2）因放大器接有负载R_L，每个晶体管的交流等效负载为

$$R'_L = R_C /\!/ \frac{1}{2}R_L = \frac{5.1\times 5}{5.1+5}\text{k}\Omega \approx 2.33\text{k}\Omega$$

由式（4-4）知，放大器的差模电压放大倍数为

$$A_{ud} = -\frac{\beta R'_L}{R_{B2} + r_{be}} = -\frac{100\times 2.33}{1+2.6} \approx -65$$

再由式（4-3）可计算出放大器的共模电压放大倍数A_{uc}，即

$$K_{CMRR} = 20\log\left|\frac{A_{ud}}{A_{uc}}\right|$$
$$80 = 20\log\left|\frac{-65}{A_{uc}}\right|$$
$$10^4 = \frac{65}{A_{uc}}$$

则
$$A_{uc} = 0.0065$$

【动动手】

给你一块万用表、几只同型号的晶体管还有一些不同阻值的电阻，你怎样挑选并组成结构对称的差动式放大电路？

小 结

1）直流放大器的信号是变化极为缓慢的非周期性的直流信号，故多级直流放大器的级与级之间采取直接耦合方式。

2）直接耦合放大电路有两个突出的问题：一是前后级的静态工作点相互影响；二是零点漂移。前者可通过提高后级发射极电位来解决，后者可采取温度补偿法和双管负反馈法来解决。最常用和更为有效的办法是采用差动放大电路的结构来解决。

3）共模抑制比是衡量差动放大器性能优劣的重要技术指标之一。

4）差动放大电路输入、输出端的连接方式，组合起来有四种，即：双端输入、双端输出；双端输入、单端输出；单端输入、双端输出；单端输入、单端输出。这四种电路各有其特点，应根据实际情况选用。

习 题

1. 放大直流信号为什么不能采用阻容耦合？
2. 直接耦合放大器与阻容耦合放大器比较有什么特点？
3. 什么是零点漂移？产生零点漂移的原因是什么？常用的抑制零点漂移的方法有哪些？
4. 典型差动放大电路在结构上有什么特点？简述典型的差动放大电路抑制零点漂移的过程。
5. 差动式放大电路中，用恒流源取代 R_E 有什么好处？它对差模信号和共模信号各有何影响？
6. 什么叫做差模信号？什么叫做共模信号？常见的共模信号有哪些？
7. 差动放大器能否放大交流信号？为什么？
8. 比较四种接法的差动放大电路，找出它们的相同点和不同点。
9. 题图 4-1 所示为典型的差动放大电路，已知 $R_C = 10k\Omega$，$R_B = 10k\Omega$，$R_E = 10k\Omega$，$R = 50\Omega$，$|+E_C| = |-E_C| = 12V$，$\beta_1 = \beta_2 = 50$，$U_{BE} = 0.7V$。试求：（1）静态工作点 I_{C1}（或 I_{C2}），U_{CE1}（或 U_{CE2}）；（2）差模电压放大倍数 A_{ud}。

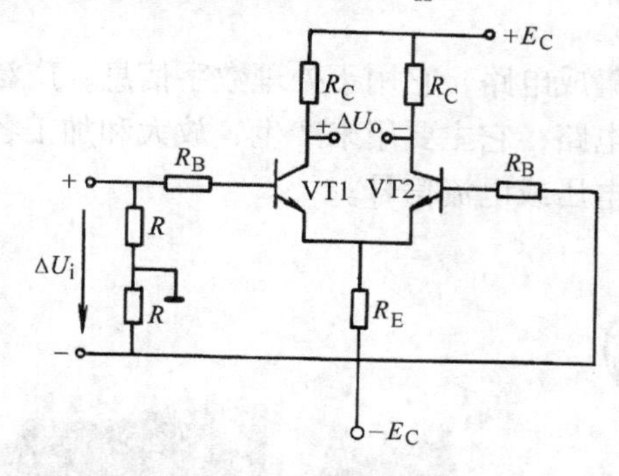

题图 4-1

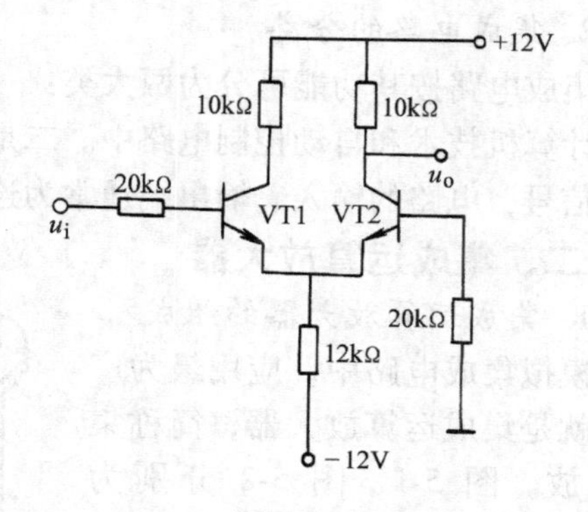

题图 4-2

10. 单端输入、单端输出的差动放大电路如题图 4-2 所示，设 $\beta_1 = \beta_2 = 80$，$r_{be1} = r_{be2} = 4.7k\Omega$。求：（1）输出电压与输入电压的相位关系；（2）差模电压放大倍数 A_{ud}。

第五章

集成运算放大器

学习要点

1. 了解集成电路的组成及各自的作用。
2. 熟练掌握集成电路的理想化条件。
3. 充分理解线性状态下的集成电路特点。
4. 明确“虚地”和“虚短”的概念及其在实用线性集成电路中的应用。

20世纪50年代后期，随着科学技术的发展，人们对电子设备的小型化和可靠性的要求越来越高。为了适应这种需要，人类发明了集成电路技术，如今这一技术得到了飞速的发展，并且极大地促进了各个科学技术领域的进步。

◇◇◇ 第一节 线性集成电路简介

一、集成电路概述

1. 集成电路及其特点

在一小块硅片上，制作出电阻、电容、二极管、晶体管及它们间的连接导线等，并将它们按一定顺序连接起来，构成一个完整的功能电路，称为集成电路。它与由晶体管等分立元器件组成的电路相比有如下特点：电路的体积小、重量轻、功耗低，工作的可靠性高，组装和调整的工作时间少。所以，集成电路在电子技术的各个领域普遍得到应用。

2. 集成电路的分类

集成电路按其功能可分为两大类：一类是数字集成电路，它用于处理数字信息，广泛应用于计算机技术和自动控制电路中。二是模拟集成电路，它主要用来产生、放大和加工各种模拟信号，电路的输入、输出端通常为连续变化的电压或电流信号。

二、集成运算放大器

1. 集成运算放大器的组成

模拟集成电路中，应用最为广泛的就是集成运算放大器，简称集成运放。图5-1、图5-2分别为BG301型集成运算放大器的外形、实物和内部电路。

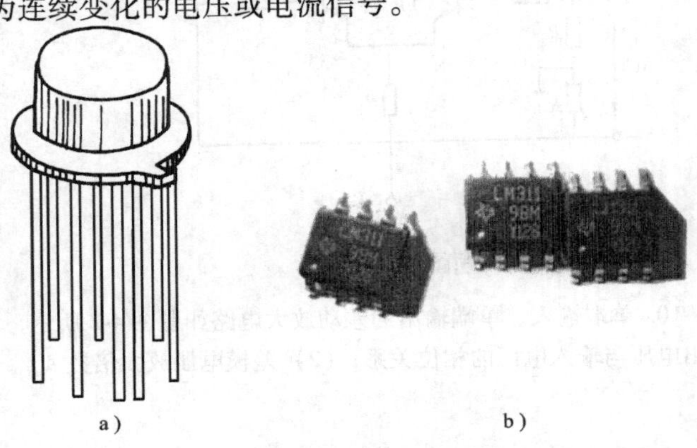

a) b)

图5-1 BG301型集成运算放大器的外形和实物

集成运放实际上是一种高增益的多级直接耦合放大器。集成运放的种类繁多，但其电路结构通常由输入级、中间级、输出级和偏置电路四个基本部分组成，如图 5-3b 所示。

（1）输入级　输入级一般都是采用具有恒流源的差动放大电路，利用它提高整个电路的共模抑制比。中间级由一级或多级放大电路组成，以获得较高的电压放大倍数。输出级一般采用射极输出器或互补对称电路，以提高输出功率和带负载能力。偏置电路一般由各种恒流源电路构成，它为上述各级电路提供稳定的静态偏置电流或电压。下面结合图 5-2 所示电路说明集成运算放大电路的组成及其作用。

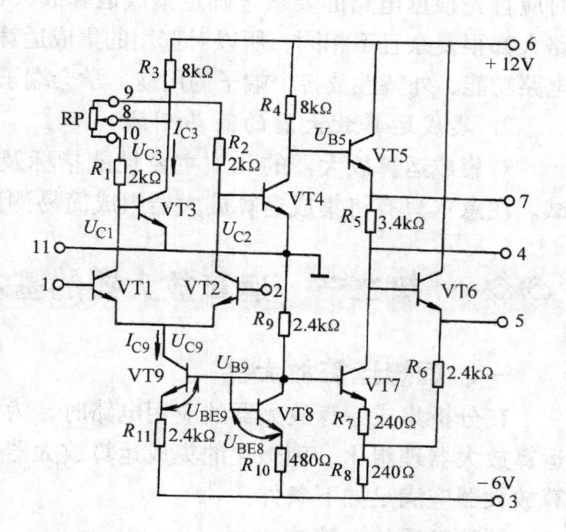

图 5-2　BG301 型集成运算放大器内部电路

该电路的输入级由 VT1、VT2 两管、电阻 R_1 和 R_2、调零电位器 RP、VT9 和 R_{11} 等组成具有恒流源的差动放大电路。输入信号加在 1、2 两端，在 VT2 的集电极取输出。VT3 为提高本级的放大倍数而设，加入 VT3 后，既增加差动输出，又减少共模输出。VT8 起温度补偿作用，保证本级的恒流特性。

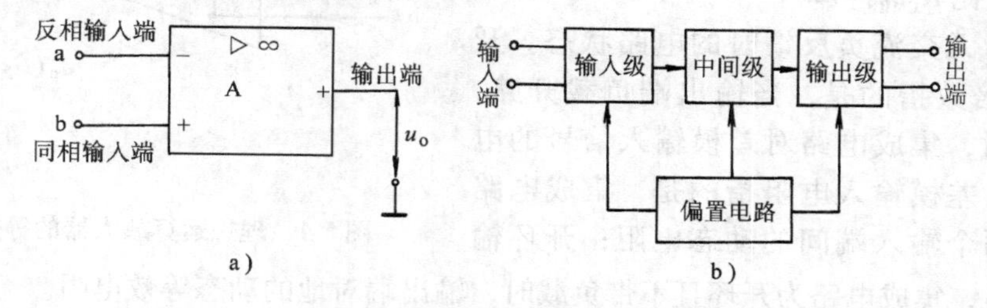

图 5-3　集成运放图形符号

（2）中间级　中间级由 VT4 和 R_4 等组成共发射极放大电路，将 VT2 集电极的输出电压加到 VT4 基极上，经放大后，再从 VT4 的集电极输出，送到下一级 VT5 的基极上。

（3）输出级　输出级由 VT5、VT6、VT7 和 R_5、R_6、R_7 和 R_8 等组成。其中 VT5、VT6 接成射极输出器形式，VT7 为恒流源电路，作为 VT5 的有源负载。R_5 与 R_7 构成一个分压式有源负载电位移动电路，以减小 R_5 上信号压降的变化，满足电路零输入时具有零输出的要求。VT6、R_6、R_7 和 R_8 这部分电路，是为进一步提高输出级的放大倍数而设置的。

（4）偏置电路　偏置电路由 VT8、R_9、R_{10} 等组成。VT7、VT9 组成两个恒流源电路的偏置电路，由 VT8、R_{10} 来确定。

2. 集成运放的图形符号

如图 5-3a 所示，它有两个输入端和一个输出端。a 为反相输入端，标注上符号为“-”，表示输出信号与该端的输入信号相位相反；b 为同相输入端，标注上符号为“+”，表示输出信号与该端的输入信号相位相同。

三、集成运放电路的使用

1. 集成运算放大器的选择

集成运算放大器有通用型、低漂移型、低功耗型、高压型、大功率型及专用型等。使用时应首先根据电路的要求来确定集成运算放大器的类型。因为每种集成运算放大器的内部电路大都很复杂且不相同，所以对选用的集成运算放大器，应仔细阅读产品说明书，只需了解其电路功能、外特性及各个端子的用途，学会端子的正确接法即可，而不必考虑其内部结构。

2. 集成运算放大器的简易测试

对集成运算放大器的几项主要性能指标及各管脚，可用万用表或示波器进行鉴别和测试。注意：只有将集成运算放大器组成简易测试电路之后，才能用示波器检查。

◇◇◇ 第二节 运算放大器的基本分析方法

一、理想运算放大器

在分析集成运算放大器的应用电路时，为简化分析方法，突出它的主要性能，常把集成运算放大器理想化。理想化的集成运算放大器，可用图5-4所示电路进行等效。一个理想运算放大器应满足如下条件：

开环电压放大倍数 $A_u \to \infty$

差模输入电阻 $r_i \to \infty$

开环输出电阻 $r_o \to 0$

共模抑制比 $K_{CMRR} \to \infty$

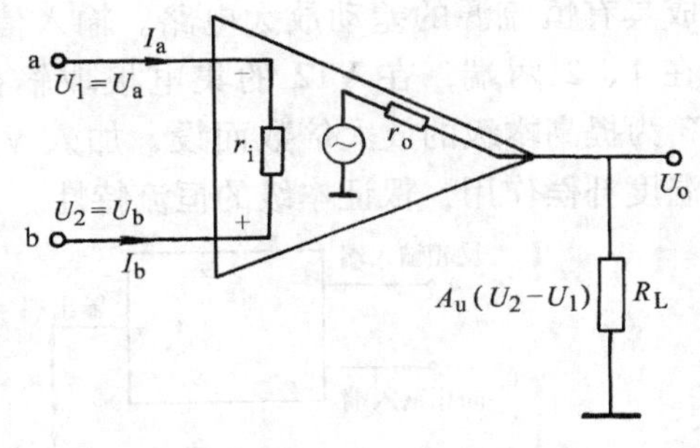

图5-4 理想运算放大器的等效电路

开环是指无交流负反馈时的电路状态。开环电压放大倍数指的是，当输出端负载开路，电路为开环时，集成电路对差模输入信号的电压放大倍数；差模输入电阻指的是，集成电路为开环时，两个输入端间的动态电阻；开环输出电阻指的是，集成电路为开环且不带负载时，输出端对地的动态等效电阻。

根据上述条件，可得出理想运算放大器的两个重要特点：

1）输入端a、b间电压为零。

2）两个输入端的电流均为零。

即
$$U_{ab} = V_a - V_b = 0$$
$$V_a = V_b \tag{5-1}$$
$$I_a = I_b = 0 \tag{5-2}$$

式（5-1）、式（5-2）的得出，读者可自行推导出来。

【想一想】

“虚地”与接地有什么不同？

二、反相输入运算放大器

用理想运放构成的反相输入运算放大器如图5-5所示。图中 R_1 为外接的输入电阻，R_f 为跨接在输出端和反相输入端之间的反馈元件，R_2 为平衡电阻。适当选择 R_2 的值（一般应使 $R_2 = R_1 // R_f$），可使两个输入端外接电阻相等，使理想运算放大电路处于平衡状态；输入

信号 u_i 经 R_1 从反相端输入，同相端经 R_2 接地。下面讨论这种电路的基本性能。

1. “虚地”的概念

由理想运算放大器的两个重要特点可知，流入放大器本身的电流近似为零，故 R_2 上无电压降，$U_+\approx 0$，而 $U_+\approx U_-$，因此 $U_-\approx 0$，$U_-=U_A$，我们可以认为 U_a 接近于地电位而又不是真正的地电位，因此常称 a 点为“虚地”。应该指出，a 点并没有真正对地短路，若 a 点对地真正短接的话，则放大器的净输入信号将消失，没有信号被放大，更谈不到有什么信号可输出了。根据“虚地”概念和式（5-2）可得出如下结果：

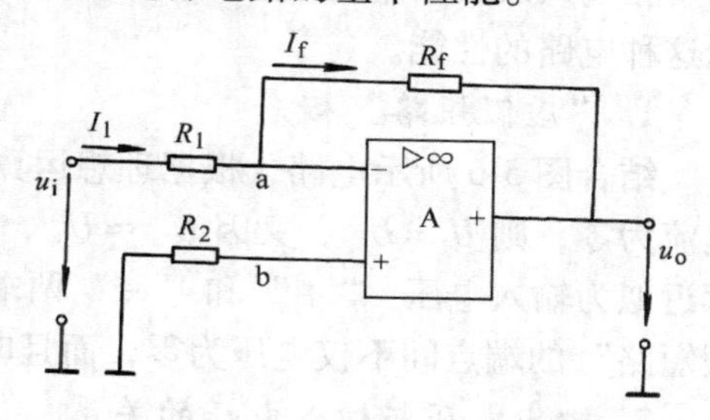

图 5-5 反相输入放大器

$$U_a\approx 0$$
$$I_1\approx I_f \tag{5-3}$$

式（5-3）表示，在理想条件下，反馈电流 I_f 与输入电流 I_1 相等。虚地点的存在是反相输入运算放大器的重要特征。

2. 输出电压与输入电压的关系

在图 5-5 所示电路中，因

$$U_a\approx 0,\ I_1\approx I_f，故有$$
$$U_o=-I_fR_f$$
$$U_i=I_1R_1$$

由此可求得反相运算放大器的电压放大倍数，即

$$A_{uf}=\frac{U_o}{U_i}=-\frac{I_fR_f}{I_1R_1}\approx -\frac{R_f}{R_1} \tag{5-4}$$

式（5-4）中负号表示输出电压 U_o 与输入电压 U_i 反相，且 U_o 与 U_i 的关系只取决于 R_f 和 R_1 的比值，与集成运算放大器的参数无关。

【例 5-1】 在图 5-5 所示电路中，若 $R_1=1\text{k}\Omega$，$R_f=36\text{k}\Omega$，$U_i=0.1\text{V}$。试求：电压放大倍数 A_{uf}、输出电压 U_o 及平衡电阻 R_2 的值（提示：R_2 可由 $R_2=R_1/\!/R_f$ 公式计算）。

解 由式（5-4）得，电压放大倍数 A_{uf} 为

$$A_{uf}=-\frac{R_f}{R_1}=-\frac{36}{1}=-36$$

输出电压 U_o 为

$$U_o=A_{uf}U_i=-36\times 0.1\text{V}=-3.6\text{V}$$

平衡电阻 R_2 为

$$R_2=\frac{R_1R_f}{R_1+R_f}=\frac{1\times 36}{1+36}\text{k}\Omega\approx 0.97\text{k}\Omega$$

【想一想】

“虚地”与接地有什么不同？

三、同相输入运算放大器

用理想运放构成的同相输入运算放大器如图 5-6 所示，信号由同相输入端加入，R_f、R_2

与反相输入放大器中的接法及作用相同。为保持输入端平衡，仍应使 $R_2 = R_1 // R_f$。下面讨论这种电路的性能。

1. “虚假短路” 概念

结合图5-6所示电路，根据理想运算放大器的两个重要特点可知，流入放大器的净输入电流为零，则 $U_i = U_+$，又因 $U_- \approx U_+$，所以 $U_- \approx U_i$。就是说，两个输入端对“地”电压都近似为输入电压，“+”和“-”两端出现“虚假短路”现象，它与一般短路不同。“虚假短路”的端点间不仅电压为零，而且电流也为零，这是同相输入运算放大器的重要特征。

2. 输出电压与输入电压的关系

在图5-6所示电路中，根据理想放大器的两个重要特点及“虚假短路”概念可知

$$U_- \approx U_+ = U_i,\ I_1 \approx I_f$$

$$I_1 = \frac{0 - U_-}{R_1} = -\frac{U_i}{R_1}$$

$$I_f = \frac{U_- - U_o}{R_f} = \frac{U_i - U_o}{R_f}$$

则

$$-\frac{U_i}{R_1} \approx \frac{U_i - U_o}{R_f}$$

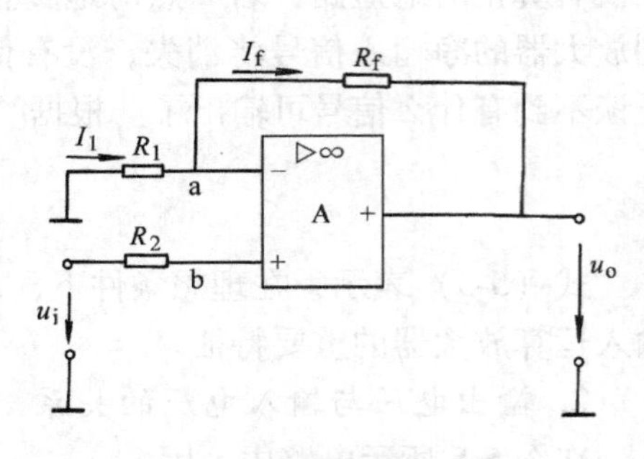

图5-6　同相输入放大器

即

$$U_o \approx \left(1 + \frac{R_f}{R_1}\right) U_i \tag{5-5}$$

由式（5-5）可求得同相输入运算放大器的电压放大倍数，即

$$A_{uf} = \frac{U_o}{U_i} \approx 1 + \frac{R_f}{R_1} \tag{5-6}$$

式（5-6）表明：理想的同相输入运算放大器，输入电压 u_i 与输出电压 u_o 相位相同，且 u_o 与 u_i 的关系只与 R_1 和 R_f 的值有关，与理想运算放大器的参数无关。

【例5-2】　试求图5-7所示电路的输出电压 u_o 与输入电压 u_i 之间的关系，写出其关系式。

解　分析电路可知，它是由一个同相输入放大器和一个反相输入放大器串联而成的。输入信号 u_i 加在同相输入端，经A1放大后，输出一个与 u_i 同相的 u_{o1}，u_{o1} 作为反相输入放大器的输入信号，经A2再次放大后输出 u_o，u_o 与 u_{o1} 由式（5-4）、式（5-6）得出

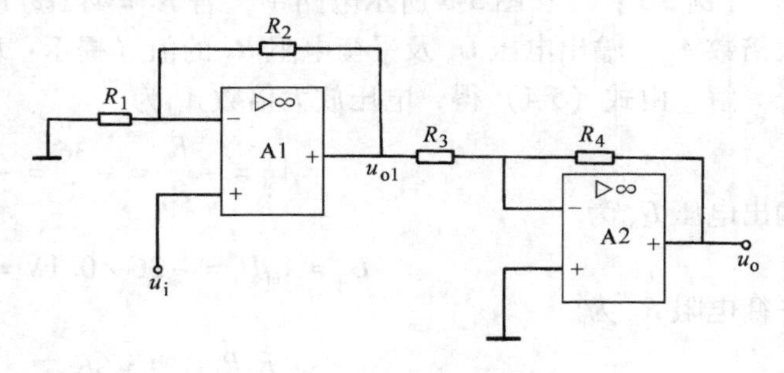

图5-7　例5-2图

$$\frac{U_{o1}}{U_i} \approx 1 + \frac{R_2}{R_1},\ \frac{U_o}{U_{o1}} \approx -\frac{R_4}{R_3}$$

$$\frac{U_o}{U_i} \approx -\frac{R_4}{R_3}\left(1 + \frac{R_2}{R_1}\right)$$

$$U_o \approx -\frac{R_4\ (R_1+R_2)}{R_3 R_1} U_i$$

◇◇◇ 第三节　集成运算放大器应用简介

集成运算放大器广泛应用在各个科学技术领域，可以根据应用电路的功能，灵活地实现各种运算、处理、变换及比较等。下面介绍一些典型的应用电路。

一、比例运算放大器

1. *反相比例*

如图 5-8a 所示，放大器只有一个输入信号 u_i，u_i 经输入电阻 R_1 加在放大器反相输入端，输出信号经反馈电阻 R_2 送回到反相输入端，实现负反馈，由式（5-4）可得出

$$\frac{U_o}{U_i} = -\frac{R_2}{R_1} \tag{5-7}$$

式（5-7）说明放大器的输出电压 u_o 与输入电压 u_i 反相，且电压比 U_o/U_i 与电阻比 R_2/R_1 大小相等，该电路能够实现比例运算，比例关系可通过调节 R_1 和 R_2 的大小来改变。显然，该电路与反相输入放大器相同。

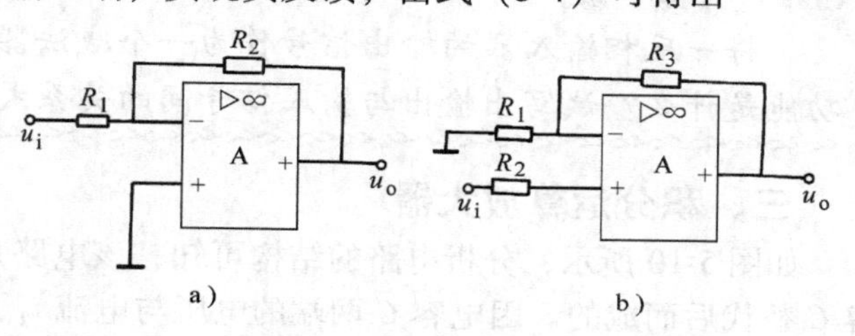

图 5-8　比例运算放大器

a）反相比例　b）同相比例

2. *同相比例*

如图 5-8b 所示，放大器只有一个输入信号 u_i，u_i 经输入电阻 R_2 加在放大器同相输入端，输出信号 u_o 经反馈电阻 R_3 送回到反相输入端，以实现负反馈。由式（5-5）可得出

$$\frac{U_o}{U_i} = 1 + \frac{R_3}{R_1} \tag{5-8}$$

式（5-8）说明放大器的输出电压 u_o 与输入电压 u_i 同相，且输出电压与输入电压之比 U_o/U_i，决定于电阻比 R_3/R_1，即实现了比例运算。改变 R_3 和 R_1 的大小，就可以调节这个比例关系。显然，该电路与同相输入放大器相同。

二、加法运算放大器

如图 5-9 所示，该电路实际上是在反相输入放大器的基础上又多加了几个输入端而构成的。电路中，有三个输入信号 U_{i1}、U_{i2}、U_{i3}，它们均从反相输入端输入，同相输入端经过平衡电阻 R_3 接地，输出信号 u_o 经反馈电阻 R_2 送回到反相输入端，以实现负反馈。利用“虚地”概念可得

$$I_{11} = \frac{U_{i1}}{R_{11}},\ I_{12} = \frac{U_{i2}}{R_{12}},\ I_{13} = \frac{U_{i3}}{R_{13}}$$

由于放大器的差模输入电阻无穷大，所以可以认为放大器的净输入电流近似为零，则有

$$I_{11} + I_{12} + I_{13} = I_1 \approx I_2$$

又因

$$U_o = -I_2 R_2$$

即 $U_o \approx -I_1 R_2 = -(I_{11} + I_{12} + I_{13}) R_2 = -\left(\frac{U_{i1}}{R_{11}} + \frac{U_{i2}}{R_{12}} + \frac{U_{i3}}{R_{13}}\right) R_2$

若各输入端的外接电阻均相等且为 R，即

$$R_{11}=R_{12}=R_{13}=R$$

则有 $$U_o=-\frac{R_2}{R}(U_{i1}+U_{i2}+U_{i3}) \quad (5\text{-}9)$$

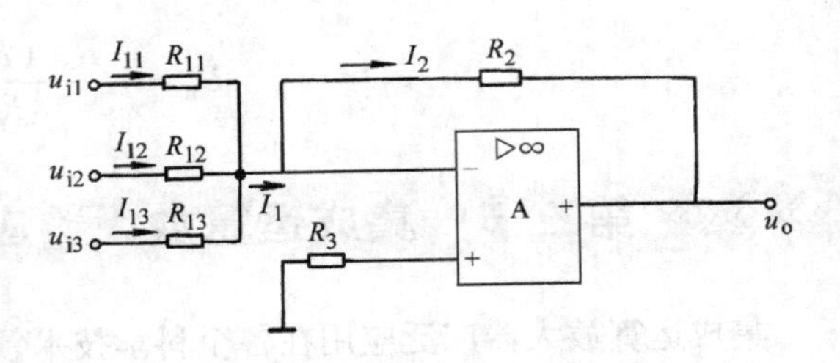

图 5-9 加法运算放大器

式（5-9）说明电路实现了加法运算，式（5-9）中的“－”号表明输出电压与输入电压反相，且输出电压与几个输入电压之和成比例。如果在图 5-9 的输出端再接一级反相运算放大器，则可使电路完全符合常规的算术加法运算电路。

【做一做】

将一反相输入器的输出信号作为一个减法器的一个输入信号，该组合放大器的功能是什么？试写出输出与输入信号间的关系式。

三、积分运算放大器

如图 5-10 所示，分析电路的结构可知，该电路是把反相输入放大器中的反馈电阻用电容 C 替代后而成的。因电容 C 两端的电压与电流 i_2 之间并不是简单的线性关系，因此电路中输出电压 u_o 与输入电压 u_i 之间成为一种新的关系。下面分析一下该电路的运算关系。

根据电容的充电特性和规律可知，电容电压 u_C 正比于电容充电电流 i 对时间 t 的积分，即

$$u_C=\frac{1}{C}\int i\mathrm{d}t$$

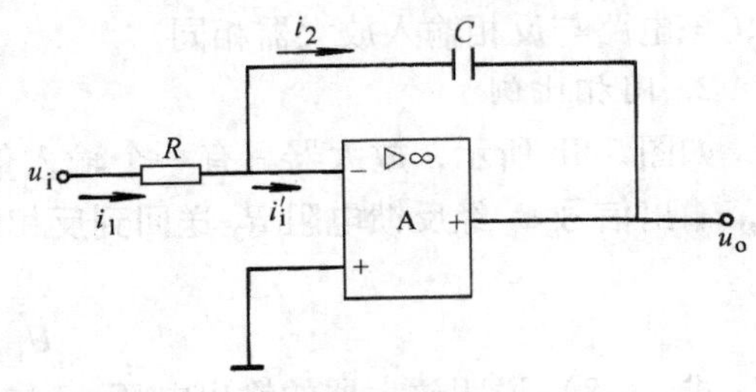

图 5-10 积分运算放大器

由图 5-10 可见，u_i 是经 R 反相输入的，利用“虚地”概念，根据理想运算放大器的两个重要特点可知 A_u 很大，$i_i'\approx0$，$i_1=i_2$，则输入电压 u_i 为

$$u_i\approx i_1R\approx i_2R$$

输出电压 u_o 为

$$u_o\approx-u_C=-\frac{1}{C}\int i_2\mathrm{d}t=-\frac{1}{C}\int\frac{u_i}{R}\mathrm{d}t$$

所以

$$u_o\approx-\frac{1}{RC}\int u_i\mathrm{d}t \tag{5-10}$$

当输入信号 u_i 为恒定值 U_i 时，输出电压 U_o 也为恒定值，即

$$U_o=-\frac{1}{RC}U_it \tag{5-11}$$

式（5-10）说明输出电压和输入电压成积分关系且相位相反。式（5-11）说明，在输入电压为恒定值时，输出电压随时间而线性增长。

需要指出一点，由于集成运算放大器参数及电容漏电流的影响，会使上述积分电路形成

积分误差。

四、微分运算放大器

图 5-11 所示为微分运算放大器。分析该电路可知，这是将积分运算电路中的电阻 R 和电容 C 调换位置而成的电路形式。信号 u_i 经电容 C 加到放大器的反相输入端，且电容 C 的充电电流 i 正比于电容电压 u_C 对时间的导数，即

$$i = C\frac{du_C}{dt}$$

利用“虚地”概念，根据理想运算放大器的特点，因 A_u 很大，$i_i' \approx 0$，$i_1 = i_2$，则输入电压 u_i 为

$$u_i \approx u_C$$

输出电压 u_o 为

$$u_o \approx i_2R \approx -i_1R$$

由于

$$i_1 = C\frac{du_C}{dt}$$

则

$$u_o \approx -RC\frac{du_C}{dt} \tag{5-12}$$

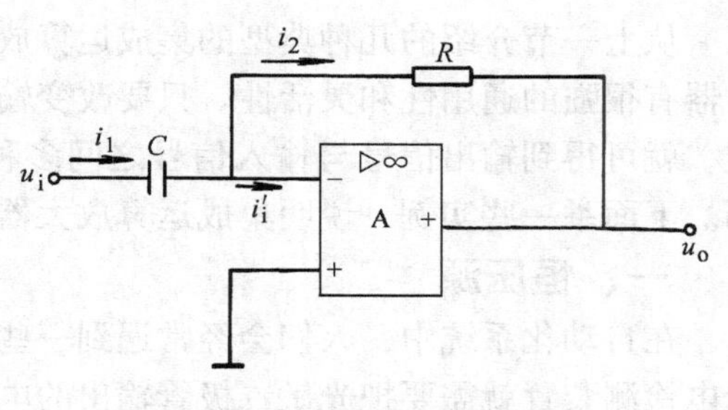

图 5-11　微分运算放大器

式（5-12）说明了输出电压和输入电压成微分关系且相位相反。注意一点，这种电路易受干扰，实际应用时采用积分负反馈得到微分运算为宜。

【试一试】

应用电容两端的电压不能突变的特点，解释一下图 5-10 和图 5-11 中，输出电压与输入电压之间的关系。

五、减法运算放大器

减法运算放大器如图 5-12 所示。该电路由反相输入和同相输入两种运算放大器组合而成，反相输入信号 u_{i1} 经电阻 R_1 加到反相输入端，同相输入信号 u_{i2} 经电阻 R_2 和 R_3 分压后加到同相输入端。根据运算放大器的特点得出，$I_1 = I_4$，即

$$\frac{U_{i1} - U_a}{R_1} = \frac{U_a - U_o}{R_4} \qquad ①$$

又因

$$U_a \approx U_b = \frac{R_3}{R_2 + R_3}U_{i2} \qquad ②$$

①和②式联立，可求得 U_o，即

$$U_o = U_{i2}\frac{R_3}{R_2 + R_3}\frac{R_1 + R_4}{R_1} - U_{i1}\frac{R_4}{R_1} \tag{5-13}$$

若使 $R_2 = R_1$，$R_3 = R_4$，则式（5-13）可写成

$$U_o = (U_{i2} - U_{i1})\frac{R_4}{R_1} = -(U_{i1} - U_{i2})\frac{R_4}{R_1} \tag{5-14}$$

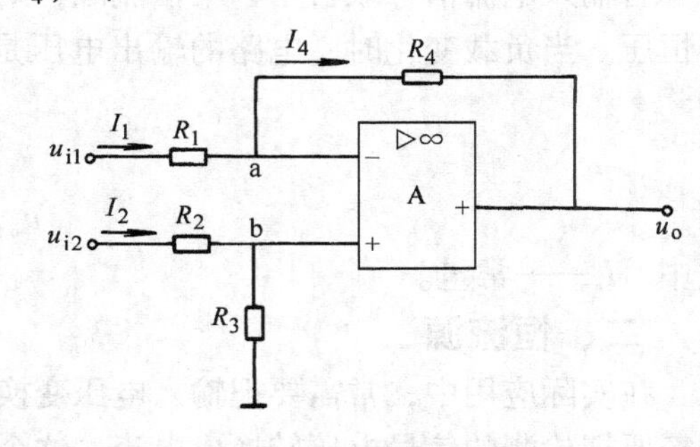

图 5-12　减法运算放大器

式（5-14）表明了输出电压 U_o 与两个输入电压 U_{i1} 和 U_{i2} 之差成正比，即是说，电路实现了减法运算。

应该指出，由于零点漂移现象的存在，选用共模抑制比高的集成运算放大电路，才能保证运算放大器一定的运算精度。

◇◇◇ 第四节　运算放大器应用举例

从上一节介绍的几种典型的集成运算放大电路中可以看出，接近理想条件的集成运算放大器有很强的通用性和灵活性。只要改变输入电路的连接形式或改变反馈支路的形式及其参数，就可得到输出信号与输入信号之间多种不同的关系，因此运算放大器得到了广泛的应用。下面举一些实例，说明集成运算放大器的实际应用。

一、恒压源

在自动化系统中，人们会经常遇到一些需要将电流信号转换成电压信号的问题。比如：光电检测装置就需要把光敏二极管输出的电流转换成电压。为了完成这一转换过程，我们可以利用比例运算电路来准确地实现。如图5-13所示，它就是一种电流-电压变换电路。恒压源是这种电路在特定条件下表现出的一种特殊电路形式。下面讨论一下电路的电流-电压变换原理及电路成为恒压源的条件。

分析图5-13所示电路，可知它是利用反相输入比例运算电路，输入电流信号 i_i 由反相输入端加入。由理想运算放大器的两个重要特点及“虚地”概念可以得到

$$i_i \approx i_f，\ i_f \approx -\frac{u_o}{R_f}$$

则输出电压 u_o 与输入电流 i_i 之间的关系为

$$u_o \approx -R_f i_i$$

即输出电压 u_o 与输入电流 i_i 成正比且反相。换一种说法就是，电路将电流信号 i_i 变换成了电压信号 u_o。

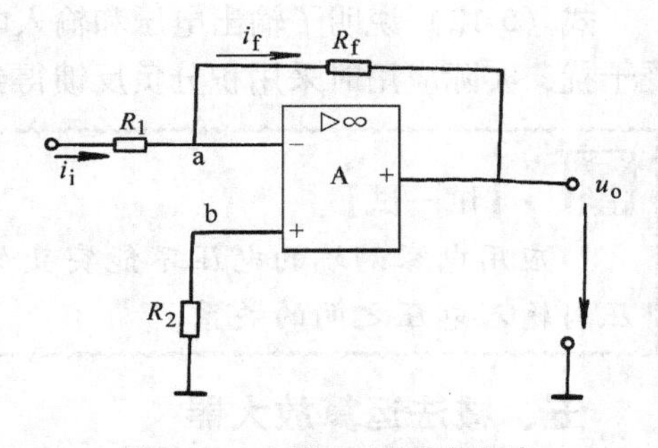

图5-13　电流-电压变换电路

若输入电流信号取自于一个恒流源，则放大器将有一个稳定的电流输入，在输出端可获得恒压。当负载变化时，电路的输出电压是很稳定的。图5-13所示电路成为恒压源的条件为

$$i_i = I_s$$

则

$$u_o = -R_f I_s$$

式中　I_s——常量。

二、恒流源

在实际应用中，常需要把输入电压变换成为与之成比例的输出电流。例如：自动化仪表中需要把检测的信号电压转换成电流。这个转换过程可以利用比例运算电路来准确地实现。如图5-14所示，它就是一种电压-电流变换电路。恒流源是这种电路在特定条件下所表现出的一种特殊形式。

下面讨论一下电路的电压-电流变换原理及电路成为恒流源的条件。

分析图5-14所示电路可知，它采用的是同相输入比例运算电路，输入信号电压 u_i 由同相输入端加入。根据“虚假短路”概念可知

$$u_i = u_+ \approx u_-,\ i_1 \approx i_L$$

由于

$$u_- = i_1 R_1 = i_L R_1$$

故得

$$i_L = \frac{u_i}{R_1} \tag{5-15}$$

式（5-15）表明，i_L 与 R_L 无关，而取决于输入信号电压。若将 i_L 作为输出电流，则输出电流与输入电压成正比，且它们的相位相同。换一种说法就是，电路将电压信号 u_i 变换成了电流信号 I_L。

若输入信号为一恒定的电压，则放大器将有一个稳定的电压输入，在输出端负载上可获得恒流。图5-14所示电路成为恒流源的条件是

$$u_i = U_s$$

则

$$i_L = \frac{U_s}{R_1}$$

式中 U_s——常量。

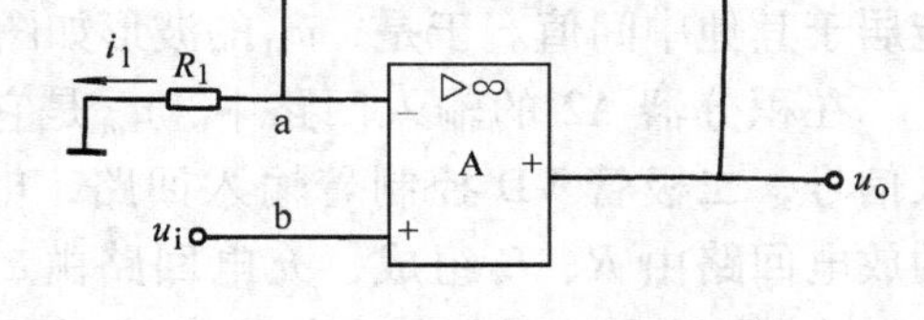

图5-14 电压-电流变换电器

三、锯齿波发生器

前面讨论的各种类型放大器，其作用都是把输入的电压信号加以放大。在电子技术领域中，还广泛应用着另一种电路，它们不需要外加输入信号，就能将直流电转换为具有一定频率和一定幅度的交流电。这些交流电的波形有矩形、锯齿形、三角形等，另外还可有其他特定的波形，它们都是非正弦波。我们把能够输出这些波形的电路统称为非正弦波发生器。非正弦波发生器主要包括方波发生器、锯齿波发生器、比较器等。下面介绍锯齿波发生器的基本原理。

1. 电路组成

锯齿波发生器是一种能够直接产生锯齿波的非正弦波自激振荡电路。它能够提供一个与时间呈线性关系的电压波形，所以又称为电压时基发生器。图5-15所示电路为锯齿波发生器。它是由比较器A1和反相积分器A2串联而成的，两者一起组成正反馈电路，形成自激振荡。

2. 电路特点

比较器A1的基本功能是对两个（或两个以上的）输入信号电平值进行比较，并用输出电平的两个极端值（低电平或高电平）表示比较的结果，其输出电平在最大输出电压的正极限和负极限之间摆动，波形为矩形波。反相积分器A2的作用是将比较器A1输出的矩形波电压信号 u_{o1} 进行积分，利用积分器中电容 C 充电和放电时间的差异，来达到在输出端获得锯齿波电压的目的。

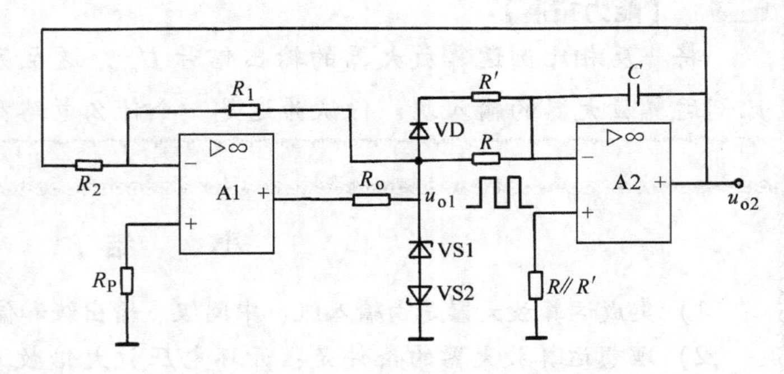

图5-15 锯齿波发生器

电路中，通过电阻 R_o 和稳压管 VS1 和 VS2，对比较器 A1 的输出电压 u_{o1} 进行限幅，以避免集成电路中的晶体管进入饱和区。二极管 VD 用于控制积分器 A2 的输入回路，使积分器 A2 具备不同的充电回路和放电回路，从而构成锯齿波发生器。

3. 工作原理

在图 5-15 所示的电路中，若稳压管 VS1 和 VS2 的稳定电压值相等，即 $U_{VS1} = U_{VS2} = U_{VS}$，则输出电压 u_{o1} 的正负幅度对称，正输出电压幅值为 $+U_{VS}$，负输出电压幅值为 $-U_{VS}$。当电路接通电源时，比较器 A1 的“+”、“-”两个输入端的信号肯定会有差别，也就是说，$U_+ > U_-$ 或 $U_+ < U_-$ 纯属随机性质。尽管这种差别很小，但一经出现 $U_+ > U_-$ 时，由于集成运算放大器的开环电压放大倍数很高，且电路还存在正反馈环节，所以比较器 A1 的输出电压 u_{o1} 将迅速上升至 $+U_{VS}$。反之，当出现 $U_+ < U_-$ 时，u_{o1} 将迅速下降至 $-U_+$，u_{o1} 不可能居于其他中间值。于是，u_{o1} 的波形如图 5-16 所示，为一矩形波。

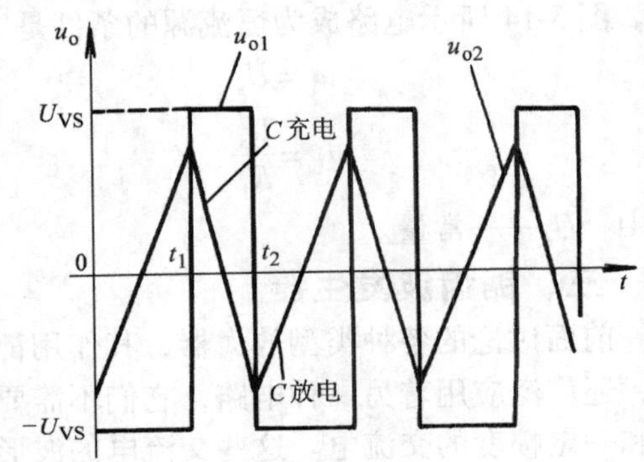

图 5-16 锯齿波发生器输出信号波形

在积分器 A2 的输入回路中，u_{o1} 是它的输入信号，二极管 VD 控制着输入回路，电容 C 的放电回路由 R、C 组成，充电回路由二极管 VD、电阻 R 和 R_1 组成。由“虚地”概念可知，锯齿波发生器的输出电压与积分器 A2 中的电容两端的电压相等，即 $u_{o2} = u_C$。因 u_C 将按电容的充、放电规律变化，在图 5-16 所示波形中，假定 u_{o1} 的起始电压为负值，则在 $0 \sim t_1$ 时间里，u_{o1-} 的电压输入到积分器 A2，电容 C 放电，使输出电压开始线性上升，形成一个正的斜坡电压；在 $t_1 \sim t_2$ 这段时间内，u_{o1+} 的电压输入到积分器 A2，电容 C 充电，使输出电压线性下降，形成一个负的斜坡电压。在 $0 \sim t_2$ 时间内，锯齿波恰好完成了一次全变化。随着时间的延续，电路周期性变换，在输出端产生锯齿波电压 u_{o2}。若改变 R_1 和 R_2 的比值或是改变 R、R' 和 C 的值，则可以调节锯齿波的周期及输出电压的幅值，以满足实际电路的需要。

【能力拓展】

将一反相比例运算放大器的输出信号 U_{o1}，送至另一个反相输入端开路的同相比例运算放大器的输入端，你认为这是一个什么电路？

小 结

1）集成运算放大器是由输入级、中间级、输出级和偏置电路四个基本部分组成的。

2）理想运算放大器的条件是：开环电压放大倍数 A_u 为无穷大；差模输入电阻 r_i 为无穷大；开环输出电阻 r_o 为零；共模抑制比 K_{CMRR} 为无穷大。集成运算放大器在线性范围内工作时，可依据 $A_u \to \infty$ 和 $r_i \to \infty$ 两条，对电路进行分析和有关计算。

3）集成运算放大电路在反相输入时，可利用“虚地”概念，分析电路中的电压-电流关系；在同相输入时，可利用“虚假短路”概念，对电路进行分析和计算。

4）在运算电路中，比例、加减运算电路的输入与输出关系是线性的；积分、微分运算等电路的输入与输出之间是非线性关系，但集成运算放大器组件本身工作在线性区域。

5）集成运算放大器是基本放大电路，作为基本功能单元，应用极其广泛，它们是各种应用电路和运算电路的基础。

习　题

1. 理想的集成运算放大器的主要特点是什么？

2. 什么是“虚地”？什么是“虚假短路”？

3. 集成运算放大器在使用前为什么要进行“调零”和“消振”？

4. “虚地”和“虚假短路”有什么异同点？把“虚地”点 A 接地有什么问题？

5. 运算放大器的应用电路中，其输入端的电阻为什么要实现直流平衡？如何在反相和同相两种比例运算中实现直流平衡？

6. 试比较反相输入和同相输入两种运算电路的特点。

7. 如题图 5-1 所示，如果要求 $U_o = -(U_{i1} + 2U_{i2} + 3U_{i3})$，试修改电路中的电阻值。

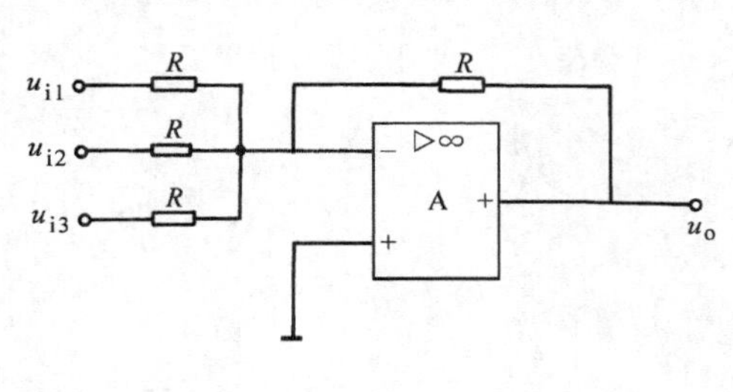

题图 5-1

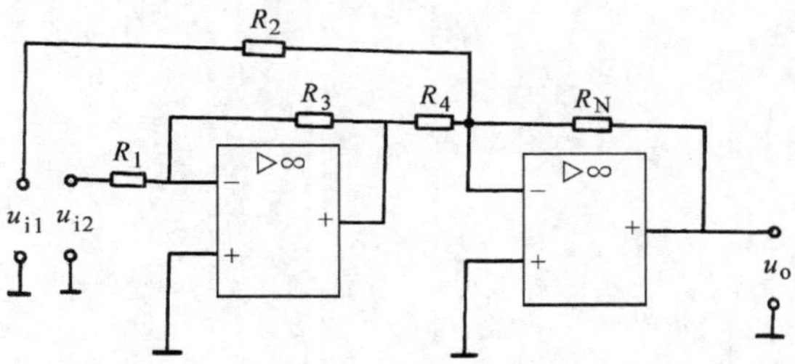

题图 5-2

8. 题图 5-2 所示为一减法运算电路，试分析其工作原理。

9. 试画出一个由集成运算放大器组成的放大电路，该放大器只在反相输入端加输入信号，且输入电阻为 5kΩ，电压放大倍数为 −20。试画出电路并求出电阻 R_1 的值。

10. 在图 5-6 所示电路中，$R_1 = 10\text{k}\Omega$，$R_f = 100\text{k}\Omega$，则电压放大倍数 A_{uf} 为多大？

11. 设计一个反相比例运算电路，要求电压放大倍数为 −15，并希望输入电阻尽可能大。若选 $R_f = 270\text{k}\Omega$，试画出电路并求出电阻 R_1 的值。

12. 试设计一个加减运算电路，使 $U_o = 10U_{i1} + 8U_{i2} - 20U_{i3}$。

13. 一加法运算放大电路有四个输入端，均加在放大器的反相输入端，其中 $U_{i1} = -2\text{V}$，$U_{i2} = 3\text{V}$，$U_{i3} = 4\text{V}$，$U_{i4} = -5\text{V}$；$R_{11} = 10\text{k}\Omega$，$R_{12} = 22\text{k}\Omega$，$R_{13} = 33\text{k}\Omega$，$R_{14} = 66\text{k}\Omega$。求 U_o 的值。

14. 设题图 5-3 所示电路在输出电压 $u_o \geq 3\text{V}$ 时，驱动报警器发出报警信号。如果 $u_{i1} = 1\text{V}$，$u_{i2} = -4.5\text{V}$，试问：u_{i3} 多大时发出报警信号？

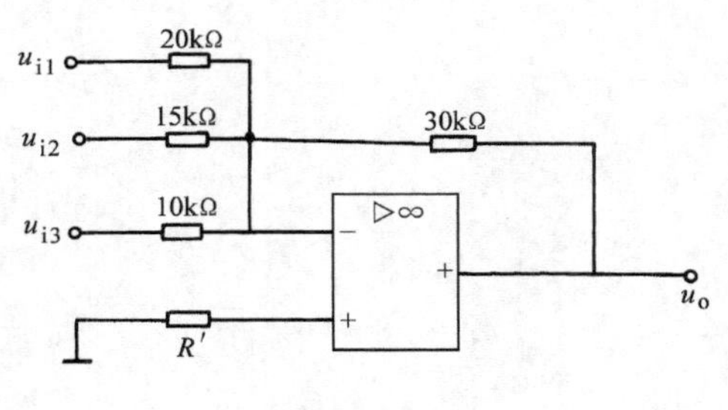

题图 5-3

15. 写出题图 5-4 所示电路的 u_o 与 u_{i1}、u_{i2} 关系式。

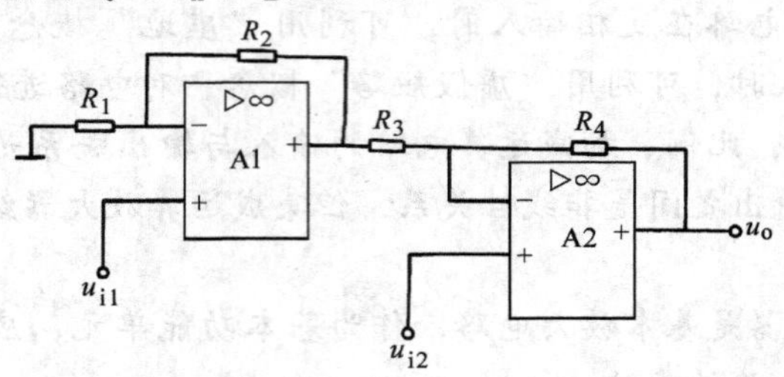

题图 5-4

第六章

整流与稳压电路

学习要点

1. 了解整流、滤波、稳压的概念。
2. 掌握单相桥式整流电路的结构、工作原理及简单计算。
3. 能区分不同滤波电路的作用。
4. 知道稳压二极管的作用。
5. 掌握带放大环节的串联型稳压电源的组成、稳压原理，能计算输出电压的调节范围。

电子设备中需要的直流电源，是将电网供给的交流电经变换后获得所需要的直流电。将正弦交流电变换成直流电的过程称为整流。完成整流的设备叫做整流器。一般在整流器的后面带有稳压电路以获得稳定的直流电压，称为直流稳压电源。

图 6-1 所示是直流稳压电源框图，它由四部分组成。

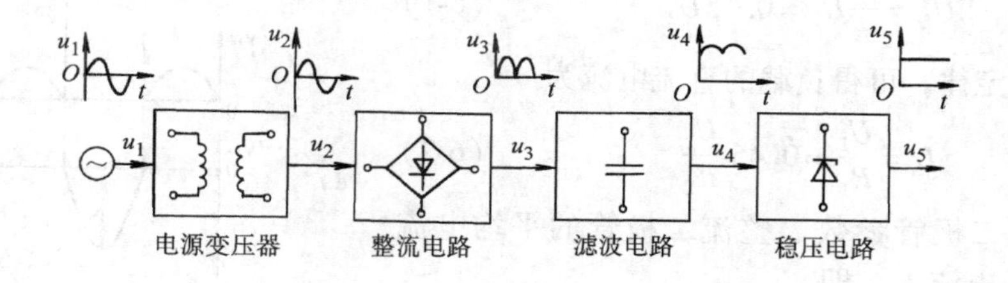

图 6-1　直流稳压电源框图

（1）电源变压器　把输入的 220V 电网电压变为所需要的交流电压。

（2）整流电路　利用整流器件的单向导电性，将交流电变成脉动直流电。

（3）滤波电路　把脉动直流电变换成平滑直流电供给负载。

（4）稳压电路　将整流器输出的平滑直流电加以稳定，使其不受电网电压或负载变化的影响。

本章主要讨论小功率半导体直流稳压电源及其应用。

◇◇◇ 第一节　单相整流电路

在单相整流电路中常用的整流形式有单相半波、全波和桥式等几种整流电路。

一、单相半波整流电路

1. 电路的组成及工作原理

它是由变压器 T 和整流二极管 VD 组成的，如图 6-2 所示。

设变压器二次电压为

$$u_2(t) = \sqrt{2}U_2\sin\omega t$$

式中　U_2——有效值。

当 u_2 为正半周时，极性如图6-2所示，即a端为正，b端为负，二极管VD两端因正向电压而导通，电流经VD流过负载电阻 R_L，其路径是a→VD→R_L→b，其波形如图6-3b所示。

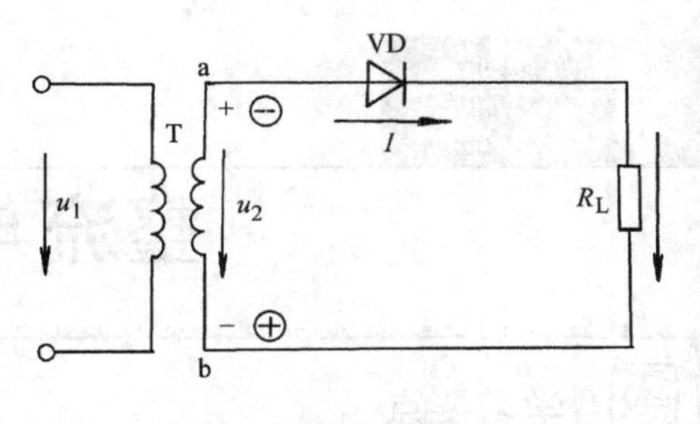

图6-2　单相半波整流电路

当 u_2 为负半周时，a端为负，b端为正，此时二极管VD的两端因加反向电压而截止，电路中没有电流流过，所以负载电压为零，二极管承受的最大反向电压为 $\sqrt{2}U_2$，如图6-3d所示。以后各半周，分别重复前两个半周的过程，在负载 R_L 上得到如图6-3b所示的单相脉动直流电。

由于这种电路，只在交流电源 u_2 的半个周期中有电流通过负载，所以这种整流电路叫做半波整流电路。

2. 电路的主要参数

（1）负载电压和电流　整流后负载上得到的直流电压 U_L，即一个周期的电压平均值，经计算为

$$U_L = \frac{\sqrt{2}}{\pi}U_2 = 0.45U_2 \qquad (6\text{-}1)$$

根据欧姆定律，可得负载的直流电流为

$$I_L = \frac{U_L}{R_L} = 0.45\frac{U_2}{R_L} \qquad (6\text{-}2)$$

（2）整流二极管参数　整流二极管的平均电流 I_{VD} 应大于负载电流 I_L，即

$$I_{VD} > I_L = 0.45\frac{U_2}{R_L} \qquad (6\text{-}3)$$

二极管最大反向工作电压 U_{RM} 应大于 $u_2(t)$ 的峰值电压 $\sqrt{2}U_2$，即

$$U_{RM} > \sqrt{2}U_2 \qquad (6\text{-}4)$$

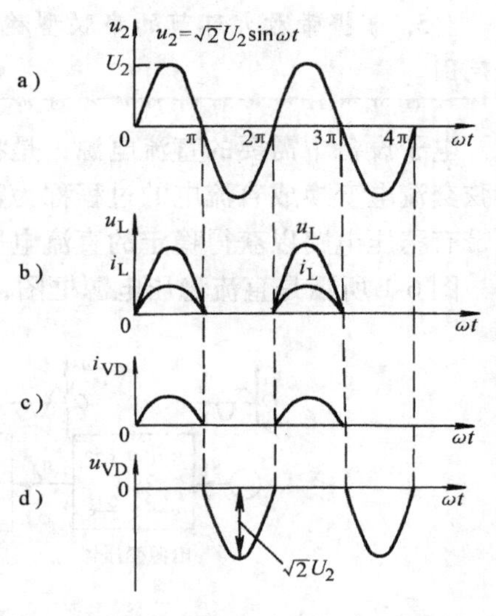

图6-3　单相半波整流波形

a）变压器T二次电压 u_2 的波形
b）负载 R_L 上的电压 u_L 和电流 i_L 的波形
c）流过二极管VD上的电流 i_{VD} 的波形
d）二极管VD上的电压 u_{VD} 的波形

【归纳】

半波整流电路虽然结构简单，但电源利用率低，整流电压脉动大，适用于小电流及对脉动要求不高的场合。

二、单相全波整流电路

1. 电路的组成和工作原理

单相全波整流电路如图6-4所示。它是由带中心抽头的变压器T和两个二极管VD1、VD2所组成。如果以变压器二次侧的中心抽头的电位为参考点，则二次电压被分成两个大

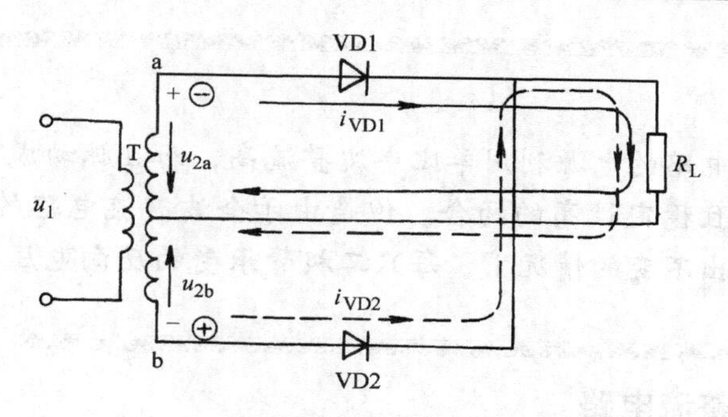

图 6-4 单相全波整流电路

小相等而相位相反的电压 u_{2a} 和 u_{2b}。

设 $u_{2a}=u_{2b}=\sqrt{2}U_2\sin\omega t$。当输入电压为正半周时，a 端为正，b 端为负。此时，二极管 VD1 因加正向电压而导通，VD2 因加反向电压而截止。电流由 a 端，经 VD1 流过负载电阻 R_L 回到参考点，于是在负载上得到半个波形的电流。其流向如图 6-4 中实线箭头所示。

当输入电压为负半周时，a 端为负，b 端为正，二极管 VD1 因加反向电压而截止，电流经 VD2 流过负载电阻 R_L 回到参考点，于是在负载上又得到了半个波形的电流，其流向如图 6-4 中虚线箭头所示。由于两个二极管轮流导通，分别为负载提供电流，而且流过负载的电流方向相同，于是在负载两端就得到了一个整个周期内都有电流通过的全波电压波形，如图 6-5i 所示。

2. 电路的主要参数

(1) 负载电压和电流　在全波整流电路中，其输出电压是半波整流输出电压的两倍，即

$$U_L=2\times0.45U_2=0.9U_2 \tag{6-5}$$

流过负载的电流为

$$I_L=0.9\frac{U_2}{R_L} \tag{6-6}$$

(2) 整流二极管参数　在全波整流电路中，两个二极管轮流导通，所以流过每个二极管的平均电流只有负载电流的 1/2，即

$$I_{VD1}=I_{VD2}=\frac{1}{2}I_L=0.45\frac{U_2}{R_L} \tag{6-7}$$

每个二极管承受的最大反向电压为

$$U_{RM}=2\sqrt{2}U_2 \tag{6-8}$$

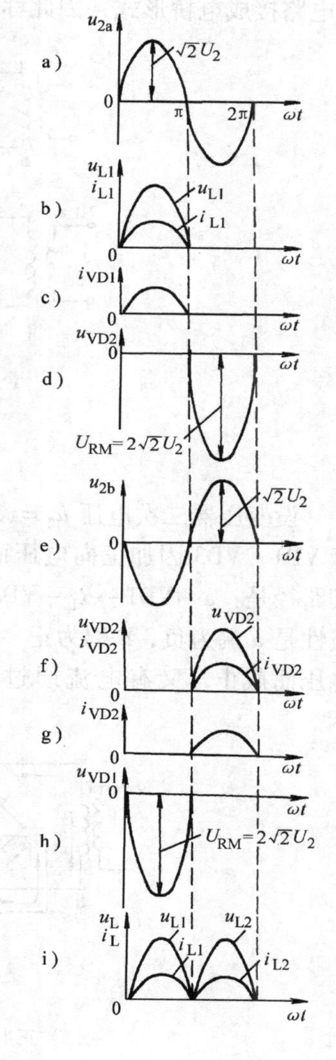

图 6-5 单相全波整流波形

【归纳】

单相全波整流电路的电源利用率比半波整流高，而且脉动成分小，适用于各种要求大负载电流而且稳定性高的场合。但是由于全波整流电路的变压器中心抽头，体积大，在直流输出不变的情况下，每只二极管承受的反向电压高，所以要选用耐压高的二极管。

三、单相桥式整流电路

1. 电路的组成和工作原理

图6-6所示为单相桥式整流电路的几种形式，它由变压器和四个整流二极管组成。由于其电路接成电桥形式，因此称为桥式整流电路。

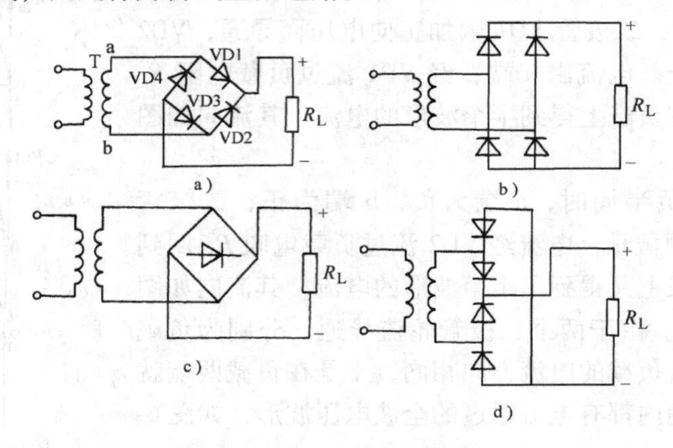

图6-6 单相桥式整流电路

设变压器二次电压 $u_2=\sqrt{2}U_2\sin\omega t$，当 u_2 为正半周时，即a端为正，b端为负时，二极管VD1、VD3因加正向电压而导通，VD2、VD4承受反向电压而截止。电流流过负载 R_L，其路径是：a→VD1→R_L→VD3→b，如图6-7a所示。当 u_2 为负半周时，变压器二次电压的极性是a端为负，b端为正，二极管VD2、VD4因加正向电压而导通，VD1、VD3承受反向电压而截止，又有电流通过负载 R_L。其路径是：b→VD2→R_L→VD4→a，如图6-7b所示。

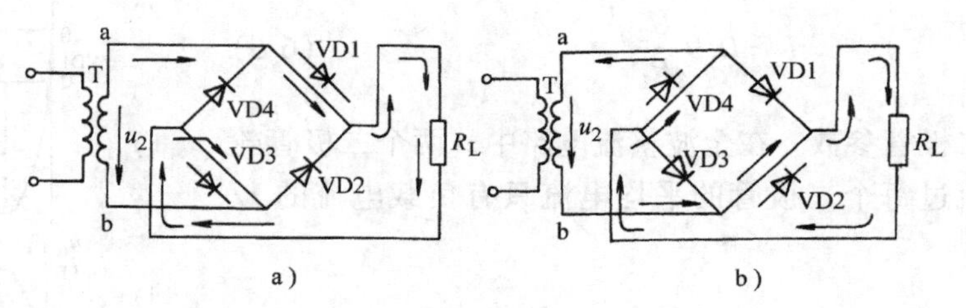

图6-7 单向桥式整流电路电流的流向

a）正半周时VD1、VD3导通 b）负半周时VD2、VD4导通

如此周而复始，在整个周期内，负载 R_L 上都有电流流过，而且方向一致，在 R_L 上就可得到全波电压。电流波形与电压波形相同，如图6-8所示。

2. 电路的主要参数

（1）负载电压和电流　桥式整流电路的负载电压波形与全波时一样，所以其平均直流电压也一样，即

$$U_L = 0.9U_2 \tag{6-9}$$

负载电流为

$$I_L = \frac{U_L}{R_L} = 0.9\frac{U_2}{R_L} \tag{6-10}$$

（2）整流二极管参数　在桥式整流电路中，因为二极管VD1、VD3和VD2、VD4轮流导通，所以流过每个二极管的电流都等于负载电流的1/2，即

$$I_{VD} = \frac{I_L}{2} = 0.45\frac{U_2}{R_L} \tag{6-11}$$

由图6-6a可知，当VD1、VD3导通时，管压降很小，可看成短路，这样VD2、VD4相当于跨接在变压器二次侧两端，承受变压器二次电压的最大值，即

$$U_{RM} = \sqrt{2}U_2 \tag{6-12}$$

同理，当VD2、VD4导通时，VD1、VD3承受的最高反向电压也是变压器二次电压最大值。

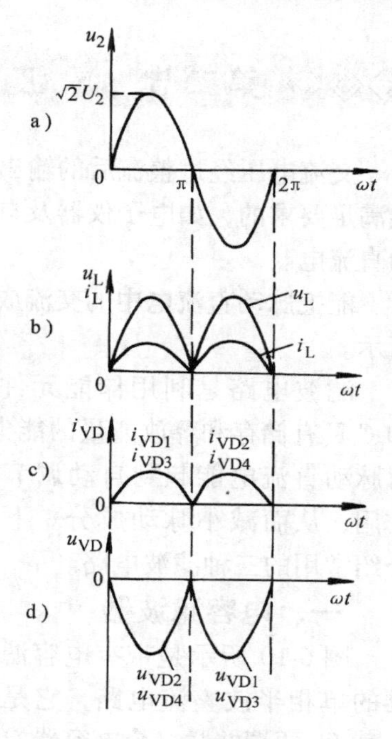

图6-8　单相桥式整流波形

【归纳】

桥式整流电路与全波整流电路相比，输出的波形一样，但由于桥式电路的变压器不用中心抽头，省去了1/2的二次绕组，使其体积减小，重量减轻，提高了利用率，而且每个二极管所承受的最高反向电压也减少了1/2，所以桥式整流电路被广泛应用。

【想一想】

桥式整流电路在负载及二极管与电源的接法上是怎样的？有哪些规律？

【例6-1】　某单相桥式整流电路的输出直流电压为110V，输出的直流电流为6A，应选择何种型号的硅整流二极管？

解　因为是桥式整流电路，所以二极管所承受的反向电压为

$$U_{RM} = \sqrt{2}U_2 = \frac{\sqrt{2}U_L}{0.9} = 1.41 \times \frac{110V}{0.9} = 172V$$

每个二极管中流过的最大电流为

$$I_{VD} = \frac{1}{2}I_L = \frac{1}{2} \times 6A = 3A$$

根据以上参数查附录B，可选用整流电流为5A，最高反向工作电压为300V的硅整流二极管2CZ57F四只。

◇◇◇ 第二节　滤波电路

交流电压经过整流后的输出电压脉动很大，对于要求电流与电压都比较平稳的负载是不能满足要求的，如电子仪器及自动控制装置等。因此必须采用滤波措施，使负载获得较平滑的直流电。

能把脉动直流电中的交流成分滤掉的电路叫做滤波电路。常用的几种滤波电路如图6-9所示。

滤波电路是利用储能元件 L 和 C 具有储存和释放能量的能力，对脉动直流电能起到自动调节的作用，从而减小脉动成分。下面介绍常用的三种滤波电路。

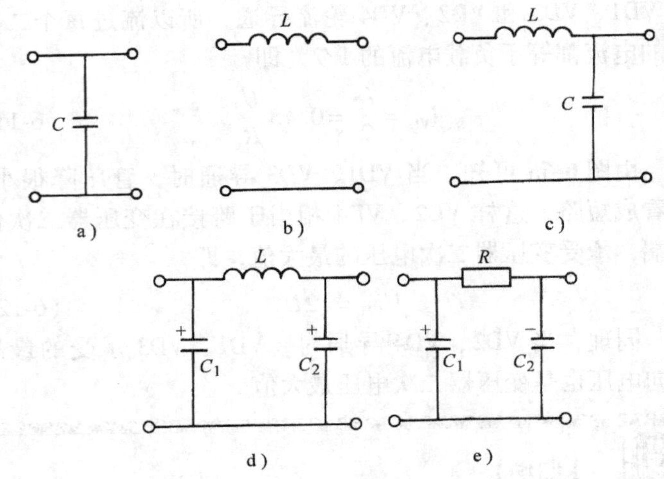

图6-9　常用的几种滤波电路
a) 电容滤波器　b) 电感滤波器　c) LC 型滤波器
d) LC Ⅱ型滤波器　e) RC Ⅱ型滤波器

一、电容滤波器

图6-10所示是带有电容滤波器的单相半波整流电路，它是在负载 R_L 两端并联一个电容器 C 构成的电容滤波器。

由图可知，当 u_2 由零向正方向增加时，二极管VD导通，此时电容器上的电压为零，u_2 就通过VD对 C 充电。

由于VD导通时管压降很小，可以忽略，充电电压 u_C 随着正弦电压升至峰值，这时 $u_C \approx \sqrt{2}U_2$。当 u_2 由最大值开始下降时，u_C 下降较慢，出现 $u_2 < u_C$，此时二极管VD因承受反向电压而截止，于是电容 C 向负载 R_L 放电。

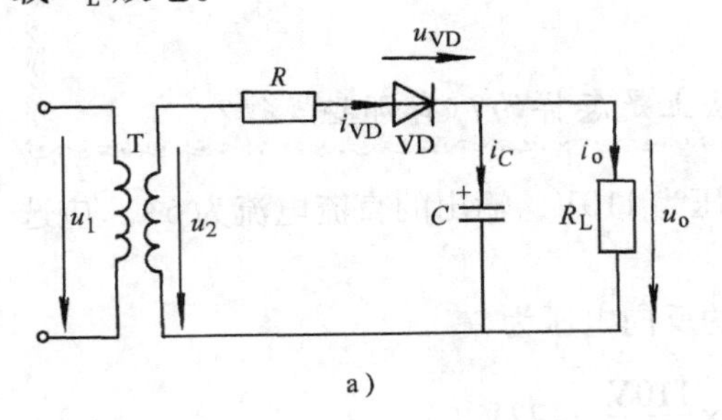

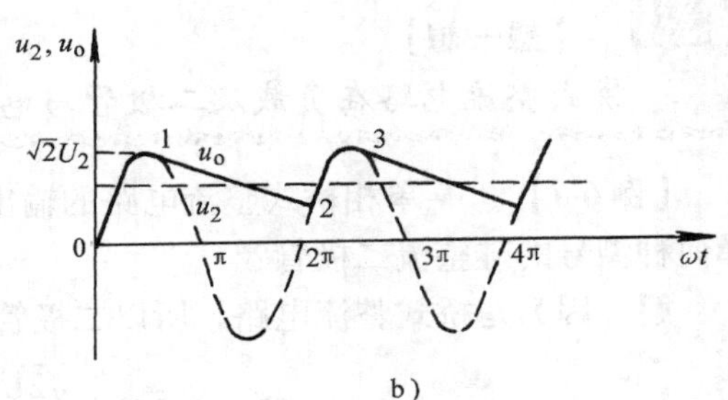

图6-10　具有电容滤波的单相半波整流电路及波形
a) 半波电路　b) 波形图

电容 C 放电很慢，一直到下一个正半周到来并出现 $u_2 > u_C$ 时为止，二极管VD又重新导电，电源再一次给负载供电，并且对电容 C 充电。当 u_2 再由峰值下降到 $u_2 < u_C$ 时，电容 C 再一次放电……如此重复，负载上得到脉动程度大为减小的，而且整流电压数值提高了的

平滑直流电。

在全波整流和桥式整流电路中，若在负载 R_L 两端并联电容就构成电容滤波电路，其工作原理同半波电路一样，其特点是在一个周期内电容器充放电两次。由于负半周也能得到利用，所以输出波形比半波整流电容滤波电路更平稳，平均电压也加大了。图 6-11 所示为具有电容滤波的桥式整流电路及其波形。

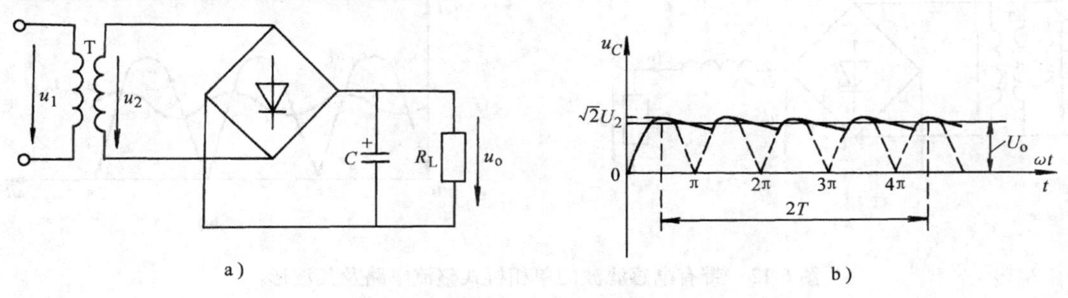

图 6-11　具有电容滤波的桥式整流电路及其波形
a）电路　b）波形

加电容滤波后，负载上电压平均值为

半波
$$U_L \approx U_2 \tag{6-13}$$

桥式和全波
$$U_L \approx 1.2U_2 \tag{6-14}$$

一般滤波电容采用电解电容器。使用时，电容器的极性不能接反，其耐压应大于实际工作时所承受的最大电压，即

$$U_C \geqslant \sqrt{2}U_2$$

放电时间常数 $\tau = RC$，τ 越大，滤波效果越好，一般选择 $\tau =（1.5 \sim 2.5）T$，其中 T 是交流电源周期，若 50Hz 的工频，T 为 0.02s。

结论　电容滤波只适用于负载变动小及小电流场合。

【例 6-2】　某一单相桥式整流电容滤波电路，其电源频率 $f = 50\text{Hz}$，负载电阻 $R_L = 120\Omega$。要求直流输出电压 $U_L = 30\text{V}$。试选择整流二极管及滤波电容。

解　（1）二极管的选择

$$I_{VD} = \frac{1}{2}I_L = \frac{1}{2} \times \frac{U_L}{R_L} = \frac{1}{2} \times \frac{30}{120}\text{A} = 0.125\text{A}$$

$$U_2 \approx \frac{U_L}{1.2} = \frac{30}{1.2}\text{V} = 25\text{V}$$

$$U_{RM} = \sqrt{2}U_2 = \sqrt{2} \times 25\text{V} = 35\text{V}$$

所以可选用二极管 2CZ53C（最大整流电流为 300mA，最高反向工作电压 U_{RM} 为 100V）。

（2）选滤波电容

可取 $R_LC = 5 \times \frac{T}{2}$，即

$$R_LC = 5 \times \frac{T}{2} = 5 \times \frac{0.02}{2}\text{s} = 0.05\text{s}$$

于是
$$C = \frac{0.05}{R_L} = \frac{0.05}{120}\text{F} = 417\mu\text{F}$$

所以选用 $C=500\mu F$，耐压为50V的电解电容。

二、电感滤波器

图6-12所示为带有电感滤波的单相桥式整流电路。它是在桥式整流电路和负载 R_L 之间串接一个铁心线圈 L 构成电感滤波器。

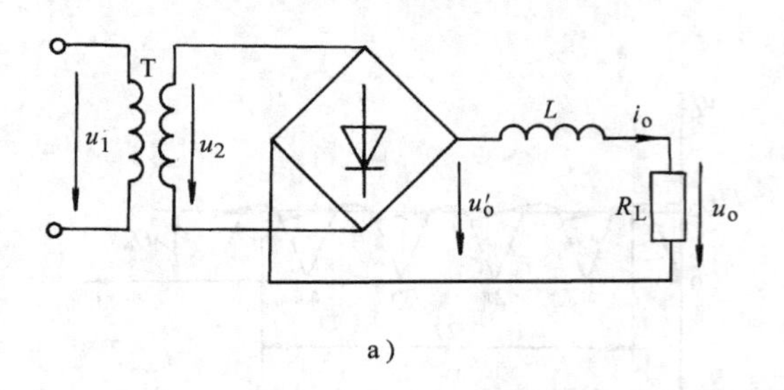

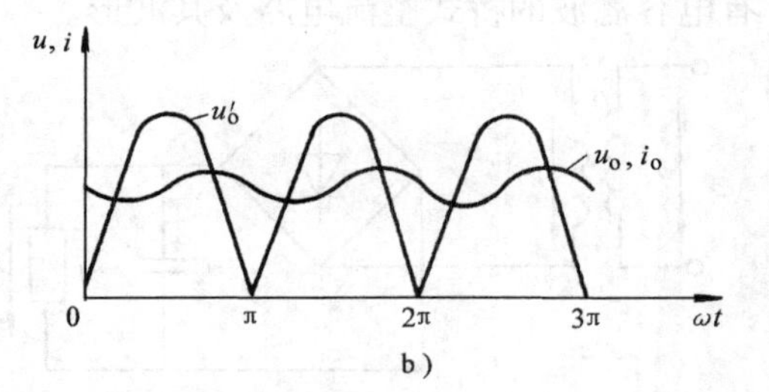

a） b）

图6-12 带有电感滤波的单相桥式整流电路及其波形

a）电路 b）波形

由于电感线圈对交流电的阻抗大而对直流电的阻抗小，因此交流成分将大部分被电感线圈阻止，而直流部分顺利通过，在 R_L 上就得到一个较平滑的直流输出电压。电感 L 越大，滤波效果越好。因此一般采用有铁心的线圈。

结论 电感滤波一般适用于负载变动大，负载平均电流较大的场合。

三、复式滤波器

复式滤波器是由两种或两种以上滤波元件组成的滤波器，其滤波效果比单纯电感或电容滤波为好。

1. *LC* 滤波器

图6-13所示为带有 *LC* 型滤波器的单相桥式整流电路。整流后输出的交流分量大部分降落在 L 上，同时再加上 C 的配合，把漏过来的交流分量进一步滤除掉，所以可得到较平滑的直流电。

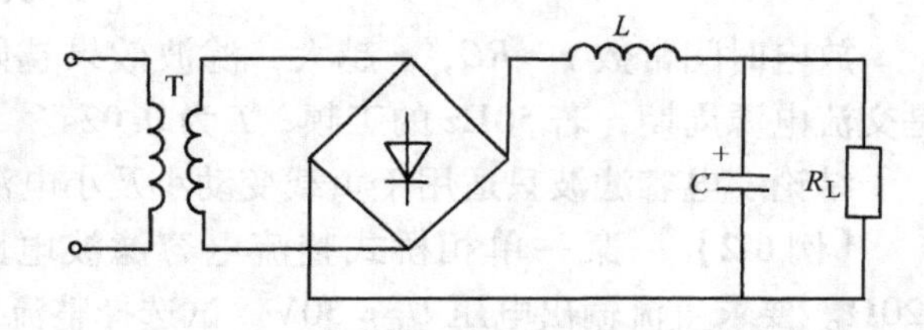

图6-13 带有 *LC* 型滤波器的单相桥式整流电路

2. π 型滤波器

图6-14a所示为 *LC*π 型滤波器。整流输出先经 C_1 滤波，再经 L 和 C_2 组成 *LC*π 型滤波器滤波，滤波效果较好。

由于 *LC*π 型滤波器接通电源瞬间产生浪涌电流，所以一般选择 C_1 的容量比 C_2 的小些。

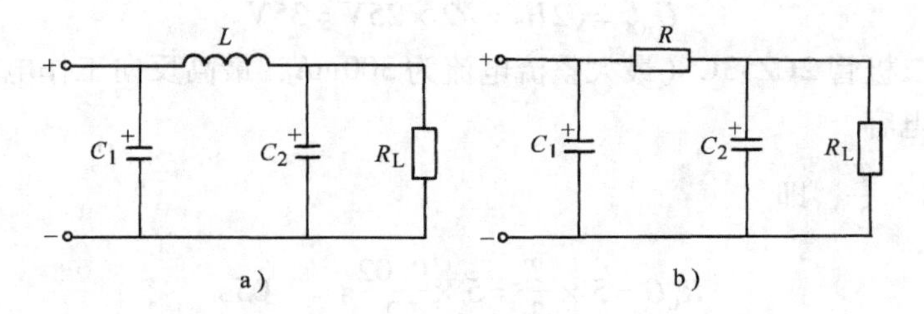

a） b）

图6-14 π 型滤波器

a）*LC*π 型滤波器 b）*RC*π 型滤波器

在负载电阻较高、电流只有几十毫安时，常用电阻 R 代替 L 构成 $RC\pi$ 型滤波器，这种滤波器更经济合理，如图 6-14b 所示。

【做一做】

试总结：滤波电感与滤波电容的接法有何不同？是如何体现电容两端的电压不能突变、电感中通过的电流不能突变的？

◇◇◇ 第三节　硅稳压管及其稳压电路

前面介绍的带滤波器的整流电路虽然结构简单、经济，但不够稳定。当电网电压波动或负载发生变化时，输出电压会随着变化。这种滤波器只适用于要求不高的电气设备，对于要求较高的电气设备要采用稳压电路。

稳压电路就是当电网电压波动或负载发生变化时，能使输出电压基本保持不变的电路。目前常用的直流稳压电路有并联型稳压电路、串联型稳压电路和开关型稳压电路。下面介绍并联型硅稳压管稳压电路。

一、硅稳压管

硅稳压管也是一种硅二极管，它的外形和小功率整流二极管相同，内部也有一个 PN 结，其正向特性和普通二极管一样，反向特性具有特殊的功能。

1. 硅稳压管的工作特性

图 6-15 所示为硅稳压管的伏安特性曲线。硅稳压管和一般二极管的伏安特性曲线基本相似，所不同的是一般二极管在反向电压较大时将会因击穿而损坏，但硅稳压管正是工作在这个反向击穿区，而且击穿区的曲线更为陡峭。在反向电压较小时，管子只有很小的漏电流；当反向电压达到某一电压 U_z 时，管子突然导通，电压即使有极微小的增加，也会引起很大的电流，这种现象称为“击穿”。U_z 叫做击穿电压（即稳定电压）。我们正是利用这个特性来进行稳压的。

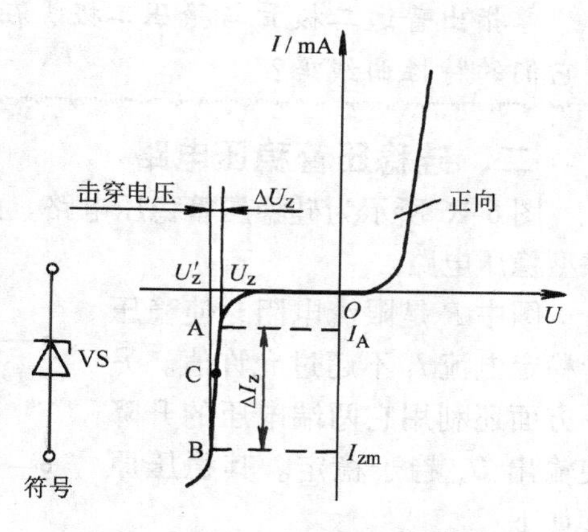

图 6-15　硅稳压管特性曲线和符号

因为稳压管是工作在反向击穿区，所以把稳压管接到电路中时，应该反接，即它的正极必须接电源的负极，而它的负极应接在电源的正极上。为了保证它能长期安全地工作在反向击穿状态，需要在电路中串接限流电阻。

2. 硅稳压管的主要参数

（1）稳定电压 U_z　这是指稳压管工作在稳定状态时，其两端的电压值（如图 6-15 中 $U_z \sim U'_z$ 范围内）。对于每个稳压管而言，只有一个稳定值 U_z，但由于同一型号的稳压管参数的差别较大，在手册中只能给出某一型号管子的稳压范围。

（2）稳定电流 I_z　稳定电流 I_z 是指稳压管正常工作的电流（如图中 C 点处的电流）。

(3) 最大稳定电流 I_{zm} I_{zm}是指稳压管的最大允许工作电流（如图中B点处的电流），超过这个电流，稳压管将因耗散功率过大而烧坏。

(4) 最大耗散功率 P_{zm} P_{zm}是指稳压管不致因过热而损坏的最大耗散功率，即 $P_{zm} \approx U_z I_{zm}$。小功率稳压管的 P_{zm}为几十毫瓦，大功率的可达几十瓦，因此大功率稳压管工作时要加散热器。

此外，还有动态电阻和温度系数等参数。动态电阻是反映稳压管性能好坏的一个参数，动态电阻越小，稳压性能越好。温度系数反映稳压管的温度稳定性，在要求温度稳定性较高的电路中，可使用具有温度补偿稳定性较高的稳压管。常用稳压管的技术参数见表6-1。

表6-1 常用稳压管的技术参数

型号	稳定电压 /V	稳定电流 /mA	最大稳定电流 /mA	动态电阻 /Ω	温度系数 /(×10⁻⁴V/°C)	耗散功率 /W
2CW54	5.5~6.5	10	38	≤30	-0.03~0.05	0.25
2CW55	6.2~7.5	10	33	≤10	0.06	0.25
2CW56	7~8.8	5	27	≤10	0.07	0.25
2CW57	8.5~9.5	5	26	≤10	0.08	0.25
2CW58	9.2~10.5	5	23	≤20	0.09	0.25
2CW59	10~11.8	5	20	≤25	0.095	0.25

【能力拓展】

指出普通二极管与稳压二极管在反向击穿特性方面有什么不同。你能分别画出它们的特性曲线吗？

二、硅稳压管稳压电路

图6-16所示为硅稳压管稳压电路。由于稳压管VS与负载电阻 R_L 并联，所以又称为并联型稳压电路。

图中 R 是限流电阻，使稳压管稳定电流 I_z 不超过允许值。另一方面还利用它两端电压的升降使输出 U_o 趋于稳定。其稳压原理如下：

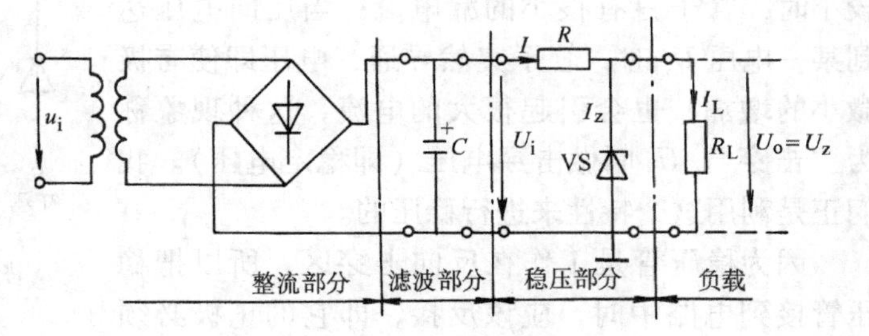

图6-16 硅稳压管稳压电路

1) 如果负载电阻 R_L 不变，当电网电压 U_i 升高引起输出电压 U_o 增加时，稳压管两端的稳定电压 U_z 增加。根据稳压管的工作特性，只要 U_z 稍有升高，稳定电流 I_z 就有明显增加。由于 $I = I_z + I_L$，当 I_z 增加时，I 也随着增加，因此电阻压降 RI 也随之增大，使得输出电压 U_o 下降，从而维持输出电压基本不变。其稳压过程可表示为

$$U_i \uparrow \to U_o \uparrow \to U_z \uparrow \to I_z \uparrow \to I \uparrow \to (IR) \uparrow \to U_z \downarrow \to U_o \downarrow$$

相反，如果电网电压 U_i 下降时，则 I_z 也下降，U_R（即 IR）下降，从而也保持了输出电

压 U_o 的稳定。

2）如果电网电压 U_i 保持不变，当负载电阻 R_L 变小，U_i 经 R 和 R_L 分压，使输出电压 U_o 下降，即 U_z 下降，引起稳压管电流 I_z 明显减小，致使 I 减小，U_R 减小。因 $U_o = U_I - U_R$，故使 U_o 得到回升。其稳压过程可表示为

$$R_L \downarrow \rightarrow U_o \downarrow \rightarrow I_z \downarrow \rightarrow I \downarrow \rightarrow U_R \downarrow \rightarrow U_o \uparrow$$

同理，如果负载电阻增大，则上述过程相反，同样使 U_o 稳定。

在硅稳压管稳压电路中，选取稳压管的稳定电压应由负载电压来决定，即 $U_z = U_o$。稳压管的最大稳定电流 I_{zm} 应比最大负载电流大两倍。

并联型稳压电路虽然结构简单，但因受到稳压管稳定电流的限制，输出电流范围较小，输出电压不可调，稳定性能差，所以只能应用在要求不高的小电流稳压电路中。当需要输出电压可调、输出电流较大、稳定性能更好时，常采用串联型稳压电路。

◇◇◇ 第四节 晶体管串联型稳压电路

一、串联型稳压原理

如图 6-17a 所示，在负载电路中串联一个可变电阻 RP。由图示可知，$U_i = U + U_o$。

只要 RP 的阻值随输入电压 U_i 的升高或降低而相应地增大或减小，就可使输出电压 U_o 不变，从而达到稳压的目的。RP 是一个电压调整器件，这种电压调整器件与负载 R_L 串联的电路，称为串联型稳压电路。在实际应用中，常采用晶体管来代替可变电阻而组成晶体管串联型稳压电路。

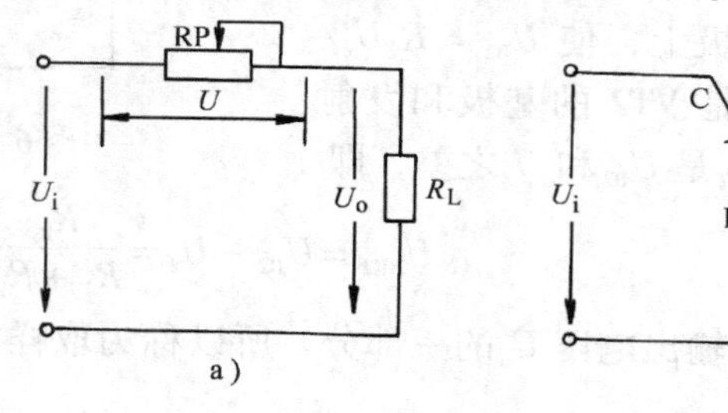

图 6-17 串联型稳压电路原理

二、简单晶体管串联型稳压电路

图 6-18 所示为简单晶体管串联型稳压电路。图中 R_1 既是 VS 的限流电阻又是调整管 VT 的偏置电阻，它和稳压管 VS 组成的基本稳压电路为调整管 VT 提供一个基本稳定的直流电压 U_z，称为基准电压。由图 6-18 可知，$U_{BE} = U_z - U_o$，$U_o = U_i - U_{CE}$。其稳压过程如下：

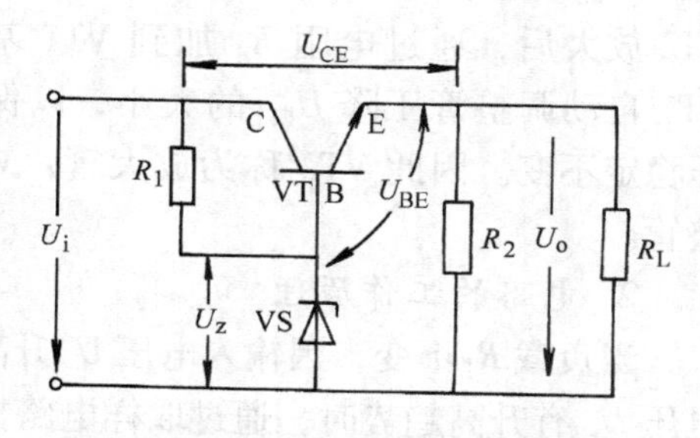

图 6-18 简单晶体管串联型稳压电路

1）当负载 R_L 不变，电源电压升高引起输入电压 U_i 增大时，有使输出电压 U_o 增加的趋势，但由于稳压管的稳定电压 U_z 不变，所以 U_{BE} 减小，引起晶体管基极电流 I_B 减小，集电极电流 I_C 也减小，使得 U_{CE} 增大，于是就使得 U_o 下降，保持输出电压 U_o 基本不变。其稳压过程可表示为

$$U_i \uparrow \rightarrow U_o \uparrow \rightarrow U_{BE} \downarrow \rightarrow I_B \uparrow \rightarrow I_C \downarrow \rightarrow U_{CE} \downarrow \rightarrow U_o \downarrow$$

相反，当输入电压 U_i 减小时，稳压过程则与上述过程相反。

2）如果当输入电压 U_i 保持不变，而负载电阻 R_L 减小引起负载电流 I_L 增大时，会使稳

压电路的输出电压 U_o 下降。由于稳压管的稳定电压 U_z 不变，当输出电压 U_o 减小时，调整管的 U_{BE} 增大，使基极电流 I_B 增大，U_{CE} 减小，从而使 U_o 基本不变。其稳压过程可表示为

$$R_L\downarrow\rightarrow I_L\uparrow\rightarrow U_o\downarrow\rightarrow U_{BE}\uparrow\rightarrow I_B\uparrow\rightarrow I_C\uparrow\rightarrow U_{CE}\downarrow\rightarrow U_o\uparrow$$

相反，当负载电阻 R_L 增大时，稳压过程则与上述过程相反。

由以上分析可知，调整管 VT 能起到调压作用的关键是：用输出电压的变动量反回去控制调整管 VT 的基极电流。

如果在调整管的控制电路中加一个放大环节，将输出电压的微小变化放大后去控制调整管，就可以大大提高稳压效果。

三、具有放大环节的串联型稳压电路

具有放大环节的串联型稳压电路至少由四部分组成：调整器件、取样电路、比较放大和基准电压电路，如图 6-19 所示。

1. 电路的组成

具有放大环节的串联型稳压电路如图 6-20 所示。图中 R_1 和 R_2 组成分压电路，其作用是把输出电压 U_o 的变化量的一部分取出来，加到直流放大管 VT2 的基极上，使 $U_{B2}=R_2U_o/(R_1+R_2)$，于是 VT2 的基极和发射极间的电压 U_{BE2} 是 U_{B2} 和 U_z 之差，即

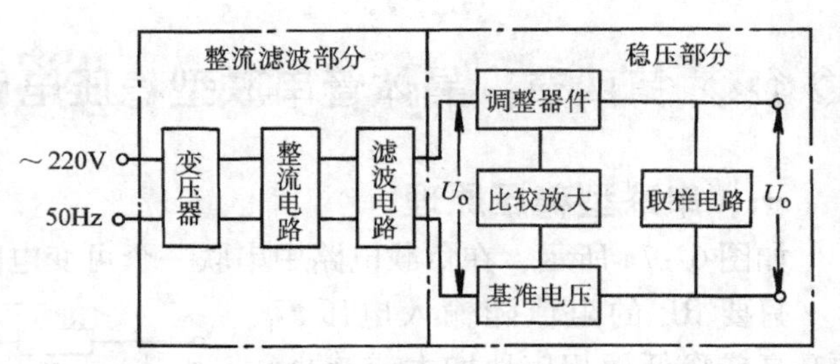

图 6-19　串联型稳压电路功能框图

$$U_{BE2}=U_{B2}-U_z=\frac{R_2}{R_1+R_2}U_o-U_z$$

因为 U_{B2} 是输出电压 U_o 的一部分，所以称为取样电压，R_1、R_2 组成的分压电路又称为取样电路。

由稳压管 VS 和电阻 R_3 组成的稳压电路给 VT2 的发射极提供了一个基准电压 U_z，取样电压 U_{B2} 和基准电压 U_z 比较后的电压差值 U_{BE2} 经 VT2 放大后，通过电阻 R_4 加到 VT1 基极上，使 VT1 自动调整管压降 U_{CE1} 的大小，以保证输出电压稳定不变。因此 VT2 称为放大管，VT1 称为调整管。

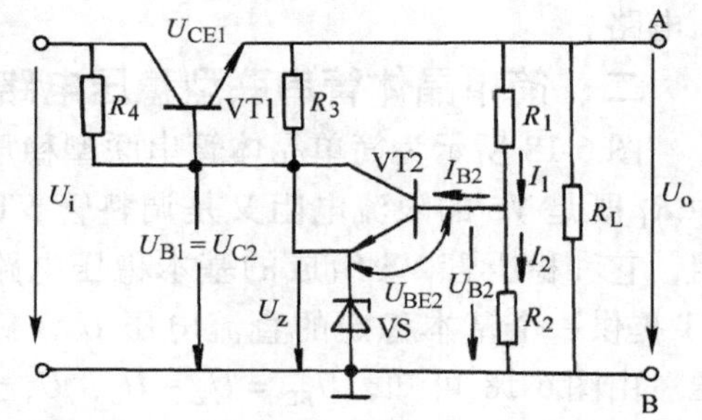

图 6-20　具有放大环节的串联型稳压电路

2. 电路的工作原理

当负载 R_L 不变，因输入电压 U_i 升高而使输出电压 U_o 有升高趋势时，通过取样电路把这个变化量加到 VT2 的基极，使 VT2 的基极电位 U_{B2} 升高，由于 U_z 固定不变，所以 U_{BE2} 将增大，导致 VT2 的基极电流 I_{B2} 和集电极电流 I_{C2} 增大，R_4 上的压降增大，因而使调整管 VT1 的基极电位下降，正向电压 U_{BE1} 将减小，基极电流减小，管压降 U_{CE1} 增大，从而使输出电压 U_o 基本不变。其稳压过程可表示为

$$U_i\uparrow\rightarrow U_o\uparrow\rightarrow U_{B2}\uparrow\rightarrow U_{BE2}\uparrow\rightarrow I_{B2}\uparrow\rightarrow$$
$$I_{C2}\uparrow\rightarrow U_{B1}\downarrow\rightarrow U_{BE1}\downarrow\rightarrow U_{CE1}\uparrow\rightarrow U_o\uparrow$$

同理，当 U_i 减小引起 U_o 有下降趋势时，通过反馈作用会使 U_o 自动上升，因此保持不

变。

当输入电压 U_i 不变，负载 R_L 变小而引起输出电压 U_o 有下降趋势时，电路将产生下列调整过程：

$$R_L\downarrow\rightarrow U_o\downarrow\rightarrow U_{BE2}\downarrow\rightarrow I_{C2}\downarrow\rightarrow U_{B1}\uparrow\rightarrow U_{BE1}\uparrow\rightarrow U_{CE1}\downarrow\rightarrow U_o\uparrow$$

由于 $U_{BE2}=R_2U_o/(R_1+R_2)-U_z$，而 U_z 是定值，U_{BE2} 也基本不变，因此在保证一定的输入电压 U_i 的条件下，稳压电路的输出电压应满足

$$U_o=\frac{R_1+R_2}{R_2}(U_{BE2}+U_z)$$

此式表明在一定条件下，U_o 与取样电阻有关，通过改变 R_1、R_2 的阻值，就可以调整输出电压的大小。

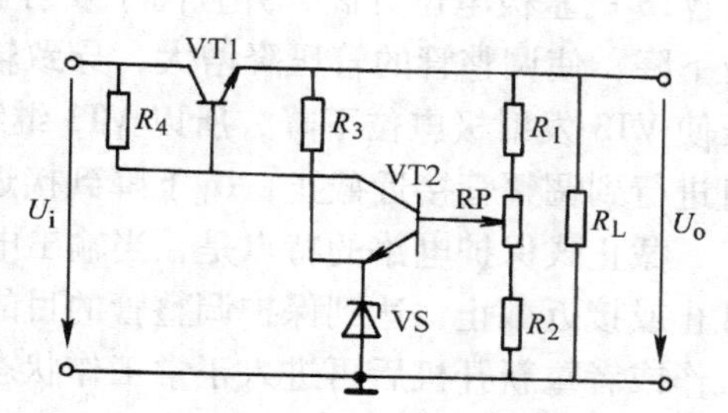

图 6-21　可调压稳压电路

如果将图 6-20 中的 R_1、R_2 分压电阻改为可变电阻 RP 分压，就成为可调稳压电路，如图 6-21 所示。通过改变电位器 RP 的滑臂，来改变取样电压的大小，从而调节输出电压的大小。当 RP 的滑臂向上滑动时，取样电压增大，通过反馈可使输出电压下降。反之，当 RP 的滑臂向下滑时，输出电压上升。

输出电压可调范围是有限的，因为取样电压等于或低于基准电压后就失去稳压作用了。当需要大范围调节时，要在电路上作进一步改进。

四、串联型稳压电路的保护措施

直流稳压电路除了包括前面讲述的四部分外，有的还考虑了保护环节。由于负载电流全部流过调整管，因此当负载短路或过载时，会使调整管因电流过大而损坏，所以必须采用快速动作的过载自动保护电路。目前常用的有限流式保护电路和截止式保护电路。

1. 限流式保护电路

限流式保护电路如图 6-22 所示。图中点画线框是采用稳压管的限流式保护电路，其中 R_0 是检测电阻。电路正常工作时，R_0 上的压降较小，稳压管 VS2 两端电压即 $U_{BE1}+R_0I_L$ 很小，VS2 处于截止状态，保护电路不起作用。当负载短路或过载时，负载电流增大到 I_{LM}，使得 $U_{BE1}+R_0I_{LM}$ 达到 VS2 击穿电压，由于 VS2 的分流作用使调整管 VT1 的基极电流大大减小，限制了集电极电流的增加而起到保护作用。

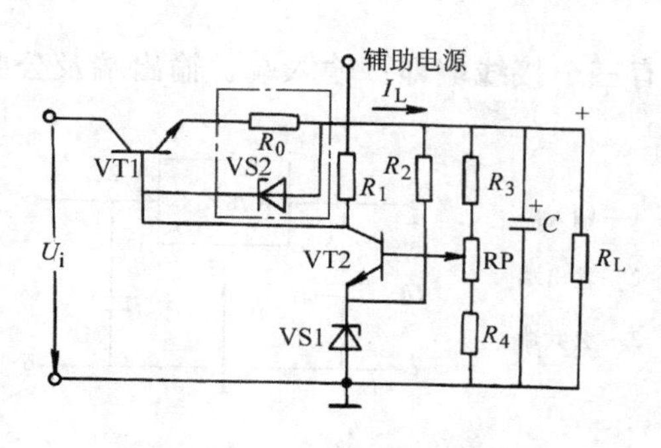

图 6-22　限流式保护电路

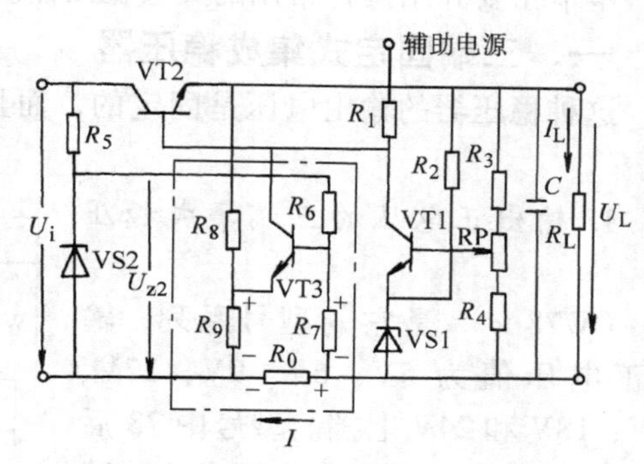

图 6-23　截止式保护电路

限流式保护电路的特点是，当负载电流超过某一定值时，保护电路开始工作，使输出电流相应下降，从而将电流限制在一定范围之内，达到保护调整管的目的。当过电流的原因排除之后，电路又自动恢复正常状态。

2. 截止式保护电路

截止式保护电路如图6-23所示。图中点画线框是指采用晶体管的截止式保护电路。U_{z2}经R_6、R_7分压，使VT3基极电压固定，选择R_8、R_9的大小使负载电流正常时，VT3截止（$U_{E3}>U_{B3}$），保护电路不起作用。当负载电流超过额定值时，检测电阻R_0上的压降增大，使VT3的基极电位升高，并且高于发射极电位，即$U_{B3}>U_{E3}$，于是VT3导通，其集电极电位下降，使调整管的管压降增大，导致输出电压U_L减小。由于U_L的减小，通过R_8、R_9分压使VT3发射极电位下降，所以VT3继续导通，促使输出电压U_L进一步下降。这个过程一直进行到调整管接近截止，U_L下降到接近于零，从而起到保护作用。

截止式保护电路的特点是，当输出电流超过额定数值时，保护电路开始工作，使调整管截止或接近截止，达到保护调整管的目的。当过流的原因排除后，稳压电路可自动恢复正常工作或者重新开机后再进入正常工作状态。

【想一想】

放大管VT2的集电极电阻R_4为什么要接到输入电压端U_i，而不接到稳定的输出端？

【试一试】

了解集成稳压器尤其是三端集成稳压器的使用方法。

◇◇◇ 第五节 集成稳压电路

集成稳压器具有体积小而质量轻、电路简单而工作可靠性高、使用及调整方便等优点，因而越来越多地被广泛应用。集成稳压器的种类很多，有可调型、固定型、串联型和并联型等，本节主要介绍两种常用的集成稳压器。

一、三端固定式集成稳压器

这种稳压器的输出电压是固定的，而且它只有三个接线端即：输入端、输出端及公共端。

1. 输出正电压的三端集成稳压器

CW78××是它的型号系列，输出正电压值为5V、6V、9V、12V、15V、18V和24V七挡。型号中78后面的两位数字表示输出电压大小，78后面有M、L或无字母时，所表示的

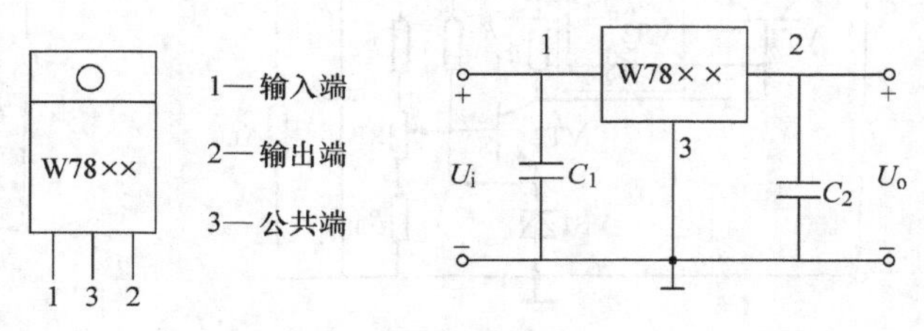

图6-24 三端固定式稳压器的外形及接线

输出电流依次为0.5A、0.1A、1.5A。

三端固定式稳压器的外形及接线如图6-24所示。

2. 输出负电压的三端集成稳压器

CW79××是它的型号系列，在输出电压挡、电流挡方面与CW78××的规定一样。例如：CWL18和CW7906这两个型号表示的含义依次是：输出电压是18V，输出电流是0.1A；输出电压是-6V，输出电流是1.5A。

三端固定式稳压器的外形及接线如图6-25所示。

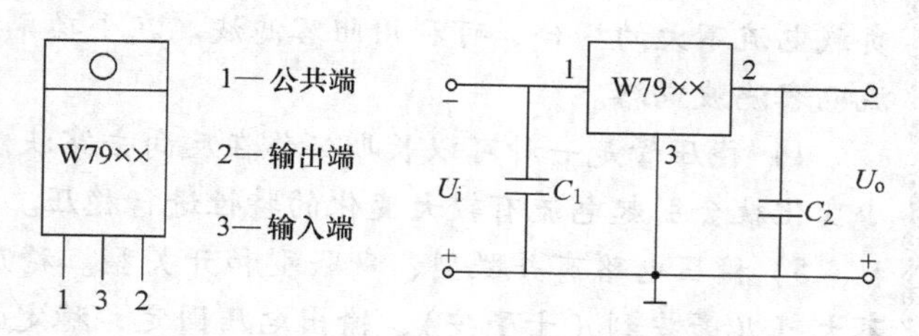

图6-25　三端固定式稳压器的外形及接线

提示：各厂家生产的产品，引脚排列各不相同，选用时要根据说明书来确定。

二、三端可调式集成稳压器

这种稳压器的输出电压可调，其稳定性比固定式的好，故应用更加广泛。下面介绍两个可调集成稳压器的接线及功能。

1. 输出正电压的可调式集成稳压器

这种稳压器有CW117、CW217、CW317系列，可通过改变电位器阻值的大小，使输出电压在1.2V～37V范围内连续调节，其接线如图6-26所示。

2. 输出负电压的可调式集成稳压器

这种稳压器有CW137、CW237、CW337系列，可通过改变电位器阻值的大小，使输出电压在-37V～ -1.2V范围内连续调节，其接线如图6-27所示。

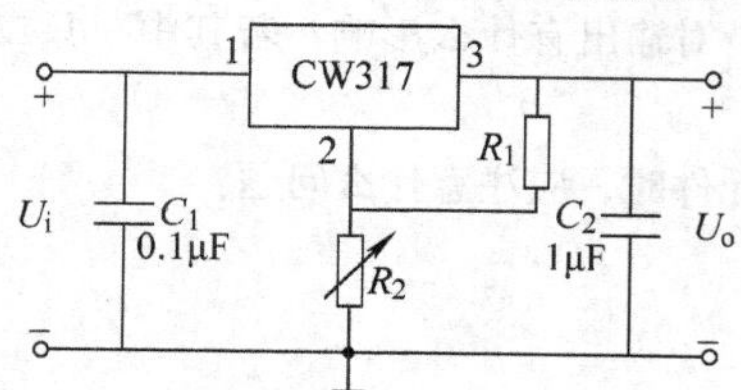

图6-26　CW317系列可调式集成稳压器的接线

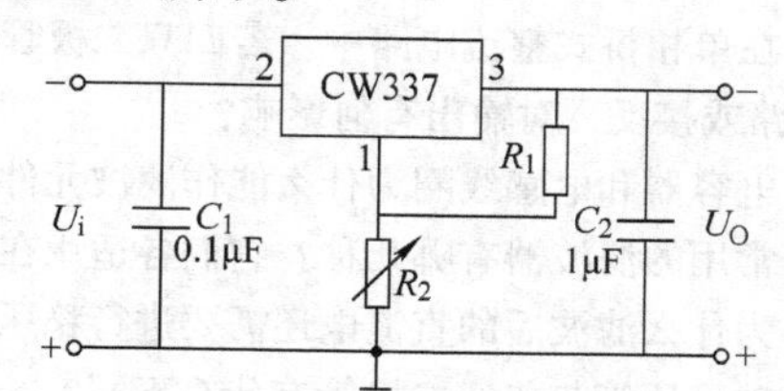

图6-27　CW337系列可调式集成稳压器的接线

【想一想】

集成稳压器输入、输出端所接的电容起到了什么作用？

小　结

1）直流稳压电源包括整流变压器、整流电路、滤波电路和稳压电路。

2）整流电路是利用二极管的单向导电性，将交流电转变为脉动的直流电。单相整流电路有半波整流电路、全波整流电路、桥式整流电路。其中单相桥式整流电路应用较广。

3）滤波电路有：电容滤波电路，适用负载电流小的场合；电感滤波电路，适用于负载电流大的场合；将两者结合起来构成的 $LC\prod$ 型滤波，能使脉动成分降到最低；在负载电流不大的场合，可利用阻容滤波。在小功率整流电路中应用最广的是单相桥式整流电容滤波电路。

4）稳压管是一种可以长期工作在反向击穿状态下的二极管，利用其只要电压有微小变化就会引起电流有较大变化的特性进行稳压。

5）稳压电路有并联型、串联型和开关型。稳压管稳压电路结构简单，在输出电流不大（几毫安到几十毫安），输出电压固定，稳定性要求不高的场合应用较广，它属于并联型稳压电路。当要求输出电流较大（几百毫安到几安），输出电压可调，稳定性高的场合，往往采用具有放大环节的串联型稳压电路。它利用晶体管作电压调整器件与负载串联，从输出电压中取出一部分，经比较放大后去控制调整管，从而使输出电压稳定，而且稳定精度较高，是目前应用较普遍的一种稳压电路。

6）集成稳压器具有体积小、性能可靠、使用方便等优点，应用广泛。它有固定式和可调式两类，各有可输出正电压和负电压两种型号。使用时应确保接线准确，切忌弄混引脚。为保证电路工作稳定可靠，还应正确接入几只电容，以使电路性能更加完善。

习 题

1. 什么是整流？为什么二极管可作为整流器件应用在各种整流电路中？

2. 在单相全波整流电路中，分别出现下列情况，试分析会出现什么问题：（1）一只二极管脱焊；（2）一只二极管极性接反；（3）变压器中心抽头处接线脱焊。

3. 在单相桥式整流电路中，若四只二极管极性全部接反了，对输出有什么影响？若其中一只二极管断开、短路或接反，对输出有何影响？

4. 电容器和电感线圈为什么能作滤波元件？用它们做滤波元件时，应注意什么问题？

5. 常用的滤波器有哪几种？它们各适用在何种场合？

6. 为什么滤波后的直流电还需要进行稳压？

7. 硅稳压管与普通二极管有什么不同？

8. 硅稳压管为什么有稳压作用？试述其工作原理。

9. 在硅稳压管稳压电路中，若限流电阻 $R=0$，能有稳压作用吗？R 在电路中起到什么作用？

10. 用电压表测量一只接在电路中的稳压管2CW54两端的电压，读数只有0.7V左右能否说明稳压管已损坏？简述理由。

11. 串联型稳压电路有哪些主要环节？简述每个环节的作用。

12. 如果要求直流输出电压为20V，求：在单相半波整流、单相全波整流及单相桥式整流这三种情况下，变压器二次电压各为多少？整流二极管承受的最高反向电压各是多少？由此可得出什么结论？

13. 在带有电容滤波的单相桥式整流电路中，变压器二次电压 U_2 为20V，用电压表测得负载两端电压有28V、24V、20V、18V及9V等五种情况，试说明每种电压所代表的电路状态。

14. 分别指出下面所给出的型号含义；

CW7815；CWM7905；CWL7824；CW117；CW337

第七章

数字电路基础

学习要点

1. 了解数字信号及数字电路的特点。
2. 了解二极管、晶体管的开关作用。
3. 掌握逻辑门电路的逻辑功能关系、逻辑功能，熟悉其逻辑符号和表达式。
4. 了解集成逻辑门电路的工作原理及主要特点。

前面我们所讨论的正弦信号是一种随时间连续变化的信号，称之为模拟信号。处理模拟信号的电子电路称为模拟电路。还有一种是脉冲信号。所谓脉冲，是指脉动、短促和不连续的意思。我们把作用时间很短的、突变的电压或电流称为脉冲。图 7-1 所示为几种常见的脉冲波形。数字逻辑电路是指输出信号与输入信号之间存在一定逻辑关系的电路，简称数字电路。数字电路具有很高的可靠性，把数字技术应用在测量中，能直观地用数字显示测试结果，而测试结果可直接输入电子计算机中。数字电子计算机就是建立在数字技术基础上的。

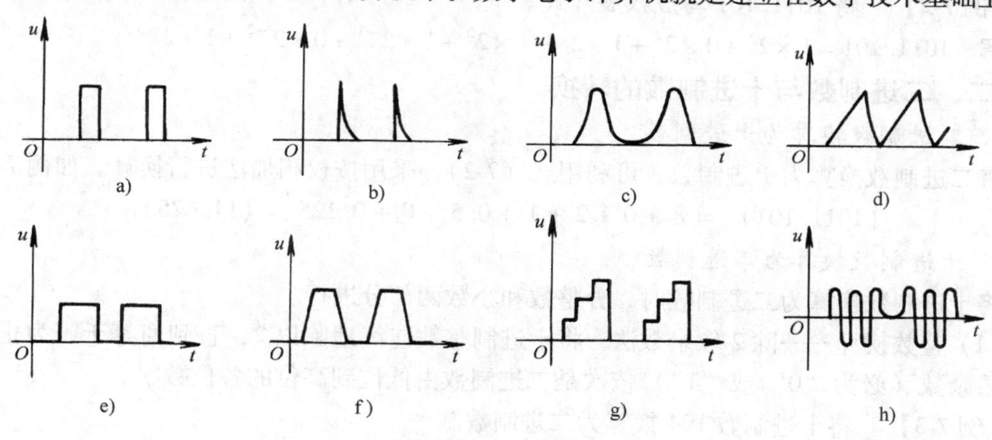

图 7-1 几种常见的脉冲波形

a）矩形波 b）尖脉冲波 c）钟形波 d）锯齿波 e）方形 f）梯形波 g）阶梯波 h）断续正弦波

本章将讨论数字电路的基础知识。

◇◇◇ 第一节 数制与数制转换

一、计数体制

1. 十进制数

十进制是我们在日常生活和生产中最常用的计数体制。在十进制数中，每一位用 0 ~ 9

十个数码之一表示，同一数码在不同位置上所表示的数值是不同的。10称为十进制数的基数，相邻位数间的关系是逢十进一或借一当十。一个有 n 位整数和 m 位小数的十进制数可用下面的权展开式表示为

$$N_{10} = K_{n-1}10^{n-1} + \cdots + K_1 10^1 + K_0 10^0 + K_{-1}10^{-1} + \cdots + K_{-m}10^{-m} = \sum_{i=-m}^{n-1} K_i 10^i \quad (7\text{-}1)$$

式中　10^i——位权；

K_i——权系数；

$K_i 10^i$——位值。

【例7-1】　将865.21写成权展开式。

解　$865.21 = 8\times10^2 + 6\times10^1 + 5\times10^0 + 2\times10^{-1} + 1\times10^{-2}$

2. 二进制数

在数字电路中，二进制数应用极其广泛。在二进制数中，每一位仅有1和0两个数码，计数基数为2，相邻位数间的关系是逢二进一或借一当二。一个有 n 位整数和 m 位小数的二进制数的权展开式为

$$\begin{aligned} N_2 &= K_{n-1}2^{n-1} + \cdots + K_1 2^1 + K_0 2^0 + K_{-1}2^{-1} + \cdots + K_{-m}2^{-m} \\ &= \sum_{i=-m}^{n-1} K_i 2^i \end{aligned} \quad (7\text{-}2)$$

【例7-2】　将1011.101写成权展开式。

解　$1011.101 = 1\times2^3 + 0\times2^2 + 1\times2^1 + 1\times2^0 + 1\times2^{-1} + 0\times2^{-2} + 1\times2^{-3}$

二、二进制数与十进制数的转换

1. 二进制数换算为十进制数

将二进制数换算为十进制数，可利用式（7-2），采用按权相加法进行换算。如例7-2中

$$(1011.101)_2 = 8 + 0 + 2 + 1 + 0.5 + 0 + 0.125 = (11.625)_{10}$$

2. 十进制数换算为二进制数

将十进制数换算为二进制数时，分整数和小数两部分进行。

（1）整数换算——除2取余数法　将十进制整数连续地除以2，直到商等于零为止，每次所得余数（必为“0”或“1”）依次是二进制数由低位到高位的各位数字。

【例7-3】　将十进制数194换算为二进制数。

解　换算过程如下：

除数	被除数/商		余数
2	194		
2	97	……	余 0 K_0
2	48	……	余 1 K_1
2	24	……	余 0 K_2
2	12	……	余 0 K_3
2	6	……	余 0 K_4
2	3	……	余 0 K_5
2	1	……	余 1 K_6
	0	……	余 1 K_7

↑ 二进制整数读写次序

因此 $(194)_{10} = (11000010)_2$

（2）小数换算——乘2取整数法　将十进制小数换算成二进制小数时，可将十进制小数

乘以 2，取整后再将余数乘以 2，一直换算到最后留下部分为 0，或者认为已达到必要精度为止。每次所取整数（必为“0”或“1”）依次是二进制小数由高位到低位的各位数字，即

$$N_{10} = 0.K_{-1}K_{-2}\cdots K_{-m}$$

【例 7-4】 将十进制小数 0.43 换算为二进制小数。

解 换算过程如下：

$0.43 \times 2 = 0.86$ ……………………………… 整数 $K_{-1} = 0$

$0.86 \times 2 = 1.72$ ……………………………… 整数 $K_{-2} = 1$

$0.72 \times 2 = 1.44$ ……………………………… 整数 $K_{-3} = 1$

$0.44 \times 2 = 0.88$ ……………………………… 整数 $K_{-4} = 0$

$0.88 \times 2 = 1.76$ ……………………………… 整数 $K_{-5} = 1$

$0.76 \times 2 = 1.52$ ……………………………… 整数 $K_{-6} = 1$

$0.52 \times 2 = 1.04$ ……………………………… 整数 $K_{-7} = 1$

$0.04 \times 2 = 0.08$ ……………………………… 整数 $K_{-8} = 0$

若换算到此为止，则得

$$(0.43)_{10} = (0.01101110)_2 + e$$

其中，e 为剩余误差，这里的 $e < 2^{-8}$。

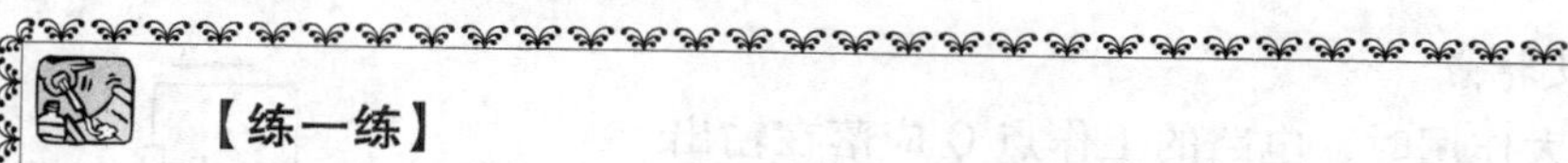

【练一练】

将下面给出的一组十进制数转变成二进制数：11；24；29；32；45。

三、码制——8421BCD 码

凡是利用四位二进制代码来表示一位十进制数码者称为二-十进制码，简称 BCD 码。8421 码是一种最常用的 BCD 码。这种编码的四位数码从左到右各位对应权值分别为 2^3，2^2，2^1，2^0，即 8，4，2，1，所以称这种编码为 8421BCD 码。它选取 0000 ~ 1001 前十种组合，表示一位十进制数，而对于后六种 1010 ~ 1111 是舍去不用的，见表 7-1。

例如 360.85 十进制数用 8421BCD 码可表示为

3	6	0	8	5
0011	0110	0000	1000	0101

表 7-1　十进制数与 8421BCD 码间的对应关系

十进制数	0	1	2	3	4	5	6	7	8	9
8421BCD 码	0000	0001	0010	0011	0110	0101	0110	0111	1000	1001

◇◇◇ 第二节　二极管与晶体管的开关特性

在自动控制的机电设备中需要反应灵敏、动作迅速的开关，传统的机械式开关已不能满足要求，而二极管的导通与截止、晶体管的饱和与截止两种状态就相当于开关的“通”、“断”状态，其变化速度很快，每秒钟可以达到 100 万次，因此利用这一特性制成的无触点开关在自动控制中得到广泛应用。

一、二极管的开关作用

由于二极管具有单向导电性，因此在数字电路中可以起到开关作用。

由二极管的伏安特性曲线可知，如果二极管加的正向电压大于死区电压，则二极管开始导通，导通时的管压降很小，其等效电路如图7-2a所示。如果给二极管加上反向电压（但不超过反向击穿电压）时，则二极管截止，反向电流（漏电流）很小，反向电阻很大。因此，截止的二极管相当于一个断开的开关，等效电路如图7-2b所示。这样用控制二极管外加电压极性的方法可以使二极管起到开关作用。

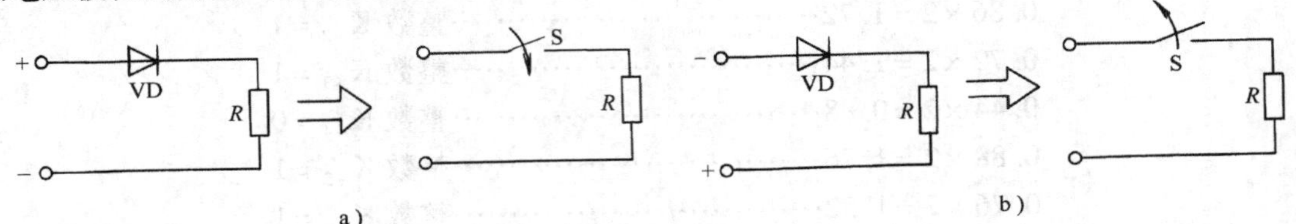

图7-2 二极管等效电路
a）正向偏置时 b）反向偏置时

二、晶体管的开关作用

在数字电路中，晶体管是最基本的开关器件之一。晶体管作为开关使用时是工作在饱和、截止两种状态。

1. 饱和导通条件及特点

当晶体管起正常放大作用时，电路的工作点Q应落在输出特性曲线的放大区内，即图7-3b中负载线上A-B之间的区域。图7-3a中，当输入正脉冲信号而且幅值逐渐增大时，晶体管的基极电流增大，其Q点将沿负载线向上移动。继续增大基极电流I_B到一定程度时，晶体管达到临界饱和点A，此时基极电流用I_{BS}表示，称为临界饱和基极电流。

晶体管达到临界饱和状态之后，如果I_B继续增大，晶体管就进入饱和状态，I_C维持一定大小而不再变化，此时的集电极电流用I_{CS}表示。因此，晶体管的饱和条件是：基极电流足够大，即$I_B \geqslant I_{BS}$。

晶体管在饱和状态时，集电极与发射极之间的电压称为晶体管饱和压降，用U_{CES}表示，U_{CES}一般只有零点几伏（硅管约0.3V，锗管约0.1V）。所以，晶体管饱和时，其集电极与发射极之间可近似看成短路，相当于开关闭合一样，且

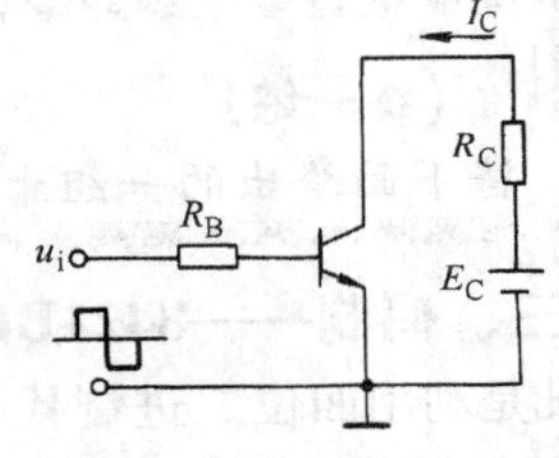

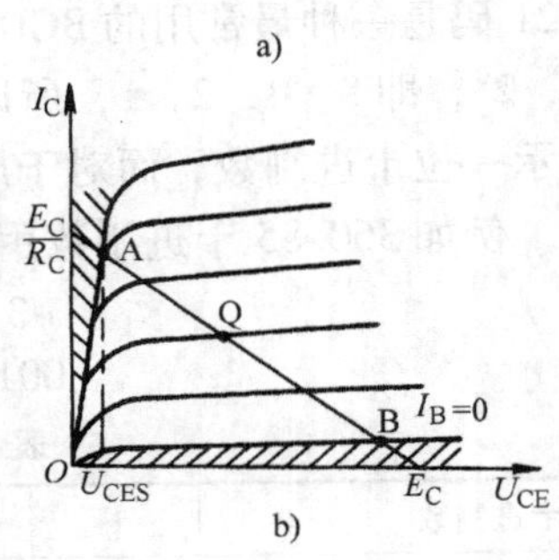

图7-3 晶体管的开关工作状态
a）放大电路 b）输出特性曲线

$$I_{BS}=\frac{I_{CS}}{\beta}=\frac{E_C-U_{CES}}{\beta R_C}\approx\frac{E_C}{\beta R_C}$$

所以，饱和条件通常可以表示为

$$I_B \geqslant I_{BS}=\frac{E_C}{\beta R_C}$$

晶体管处于饱和状态时，饱和压降小于发射结压降，即$U_{CE}<U_{BE}$，因此晶体管在饱和状态下，它的集电结和发射结都处于正向偏置，即$U_{BE}>0$，$U_{BC}>0$。

2. 截止条件及其特点

在图 7-3a 所示电路中，当输入负脉冲时，由于发射结和集电结都处于反向偏置，所以 $I_B=0$ 则 $I_C\approx0$，$U_{CE}\approx E_C$。晶体管处于截止状态，这一状态对应于图 7-3b 中的工作点 B，可以看出，晶体管的截止状态相当于开关的断开状态。

显然，晶体管的截止条件为

$$U_{BE}\leqslant0$$

综上所述，晶体管饱和时，U_{CE}很小，集电极和发射极间近似短路，相当于开关的接通；晶体管截止时，集电极和发射极间近似于开路，相当于开关的断开。

三、晶体管开关特性的改善

晶体管饱和与截止两种状态的相互转换需要一定的时间来完成。通常把晶体管由截止转变为饱和导通所需要的时间称为开通时间，用 T_{on}表示。把晶体管由饱和导通转变为截止所需要的时间称为关断时间，用 T_{off}表示。开通时间与关断时间统称为晶体管的开关时间，一般为几十到几百纳秒。不同型号的晶体管，开关时间有很大差别，其数值可从手册中查到。

晶体管的开关时间限制了晶体管的开关速度。为了缩短开关时间，改善开关特性，我们可以利用 *RC* 电路对矩形波的变换作用，来提高晶体管的开关速度。

图 7-4 所示为具有加速电容的开关电路。它在电阻 R_B上并联了一个加速电容 C_j。其加速原理是：设电路的输入信号为一个理想的矩形波，当输入信号为正跳变时，由于电容 C_j 两端电压不能突变，因此开始时如同短路一样，电流很大，即跳变信号立即传送到晶体管的基极输入端，从而向基极注入一个很大的正向基极电流，使晶体管迅速导通并进入饱和状态，从而缩短了开通时间 T_{on}。此后电容 C_j继续充电，充电结束时，电容 C_j相当于开路，电路进入稳定状态。为了使晶体管不至于进入深度饱和，要适当选择 R_B。

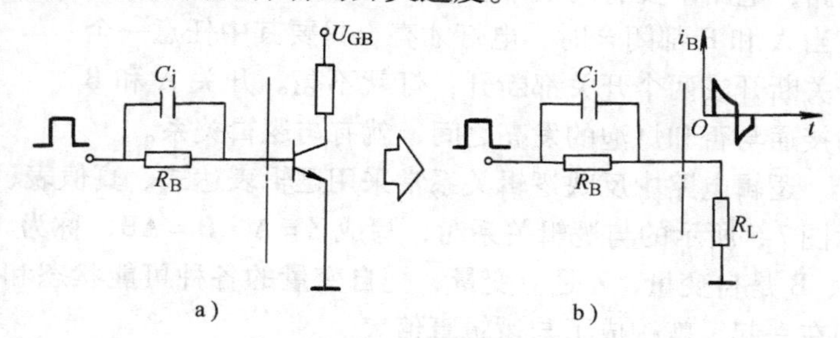

图 7-4　加速电容的作用

a）开关电路　b）等效电路

当输入信号由正跳变到零时，C_j两端的电压反向加到晶体管的发射结上，形成较大的反向基极电流，它使晶体管迅速截止，从而缩短了关断时间 T_{off}。加速电容 C_j既能提供晶体管由截止到饱和瞬间很大的正向基极电流，又能提供晶体管由饱和到截止瞬间很大的反向基极电流。因此，C_j的作用是既加速晶体管的导通过程，又加速晶体管的截止过程，从而提高了晶体管的开关速度。

◇◇◇ 第三节　基本逻辑门电路

逻辑是指条件与结果的关系。而逻辑门是指利用电子元器件实现因果逻辑关系的最基本的逻辑电路，因此也是数字电路的基本单元。随着集成电路技术的飞速发展，集成门电路在数字电路中占据主导地位。本章主要分析双极型的 TTL 与非门和单极型的 CMOS 及其组合门电路。因为分立元器件门电路具有直观、简单等特点，本节先讲述分立元器件门电路，下一节将引入集成门电路。

在逻辑电路中晶体管处于开关工作状态，传送的是脉冲信号，开关的“通”“断”，脉冲的“有”“无”，常用逻辑“1”和“0”表示。一般有两种表示方法，一种是“1”表示高电平，用“0”表示低电平，称为正逻辑；反之，如果用“0”表示高电平，用“1”表示低电平，则称为负逻辑。一般在无特殊说明的情况下，就意味着采用正逻辑。

在数字电路中，三种最基本的逻辑关系有“与”、“或”、“非”三种，下面来说明它们的含义。

一、三种最基本的逻辑关系

在数字电路中，三种最基本的逻辑关系有“与”、“或”、“非”三种，下面来说明它们的含义：

1. 与逻辑

若决定某一件事的所有条件都具备，则这件事就发生；只要有一个条件不具备，这件事就不发生。这样的因果关系称为与逻辑关系。如图7-5所示的电灯电路，电路中安有两个串联的开关A和B，显然，只有当A和B都闭合时，电灯才亮，只要其中任意一个开关断开或两个开关都断开，灯就不亮。开关A和B的接通与否和灯泡的发亮之间，就有与逻辑关系。

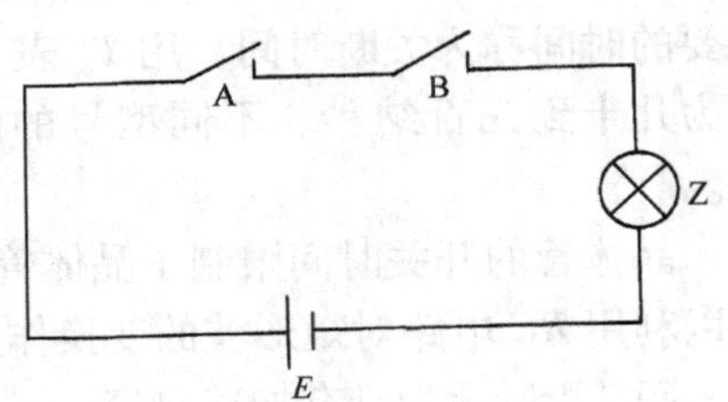

图7-5　与逻辑关系电路

逻辑电路中反映逻辑关系常采用逻辑表达式、真值表、卡诺图等方式。用逻辑表达式表示图7-5所示的与逻辑关系时，写成$Z = A \cdot B = AB$，称为“逻辑与”或“逻辑乘”。式中的A、B是自变量，Z是应变量，把自变量的各种可能状态和对应的应变量的各种可能状态排列在一起，就构成了与逻辑真值表。

表7-2是图7-5所示电路的逻辑真值表。

表7-2　与逻辑真值表

逻辑变量		逻辑函数	逻辑变量		逻辑函数
A	B	Z	A	B	Z
0	0	0	1	0	0
0	1	0	1	1	1

所谓真值表，是指用1和0表示的输入逻辑变量的各种可能取值和相应的输出应变量之间对应关系的表格。

2. 或逻辑

若决定某一事件的诸条件中只要有一个或一个以上条件具备，这件事就发生，否则就不发生。这样的因果关系称为或逻辑关系。如图7-6所示的电灯电路，电路中两个开关并联，这就构成了区别于与逻辑的另一种逻辑关系，我们称它为或逻辑关系。或逻辑表达式为$Z = A + B$，称为“逻辑或”或称为“逻辑加”。

表7-3是图7-6所示电路的逻辑真值表。

表 7-3　或逻辑真值表

逻辑变量		逻辑函数	逻辑变量		逻辑函数
A	B	Z	A	B	Z
0	0	0	1	0	1
0	1	1	1	1	1

3. 非逻辑

某事件的发生取决于某个条件的否定，即某条件成立，这件事不发生；某条件不成立，这件事反而发生。这样的因果关系称为非逻辑关系。

如图 7-7 所示，电路中 R 是限流电阻，开关 A 与电灯并联。当开关 A 断开时（“0”状态），电灯 Z 亮（“1”状态）；当开关 A 闭合时（“1”状态），电灯 Z 不亮（“0”状态）。灯和开关状态之间存在着否定或相反的逻辑关系。其逻辑真值表见表 7-4。

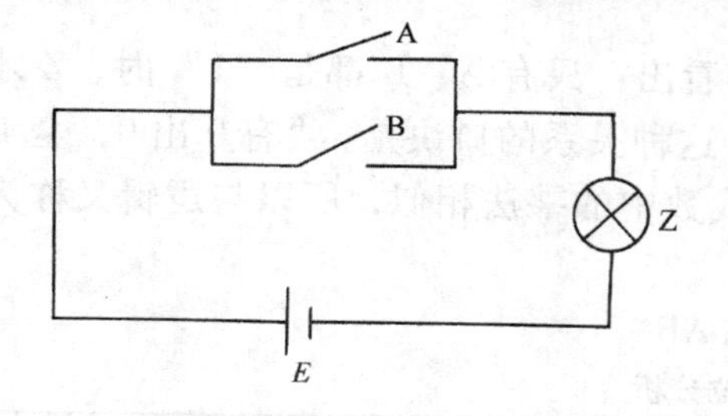

图 7-6　或逻辑关系电路

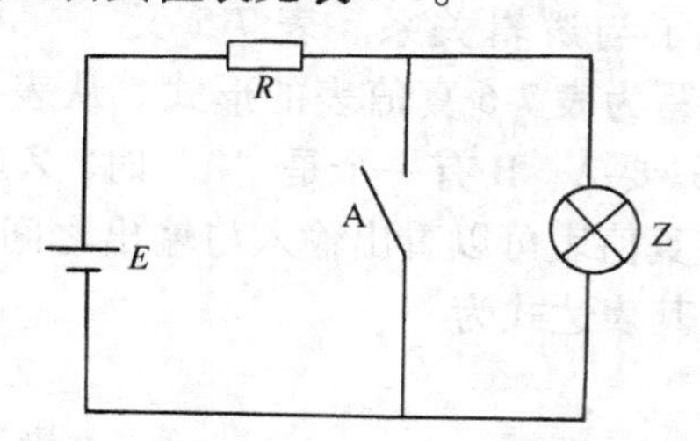

图 7-7　非逻辑示意图

表 7-4　非逻辑真值表

输入	输出
A	Z
0	1
1	0

由表中可以看出，当输入信号 A 为 1 时，输出信号 Z 为 0；当输入信号 A 为 0 时，输出信号 Z 为 1。我们把这种条件与事件间否定的因果关系称为非逻辑关系，其逻辑表达式为

$$Z = \overline{A}$$

二、三种最基本的逻辑门电路

1. 与门电路

满足与逻辑关系的电路称为与门电路。最简单的与门电路可以由电阻和二极管组成。如图 7-8 所示为二极管与门电路及其图形符号。图中与门电路共有两个输入端，每个输入端各有高、低两种电平的输入状态，设高电平为 3V，低电平为 0V，则 A、B 两个输入端共有四种不同的输入情况。

1）两个输入端 A、B 均处于低电平 0V 时，二极管 VD1、VD2 受正向电压作用而导通，如忽略二极管正向压降，则输出端 Z 的电平也被钳位于 0V。

2）若输入端 A 为高电平 +3V，B 端为低电平 0V 时，由于 VD2 两端的电位差较大而优先导通，因此 Z 点电平被钳位于 0V，这时 VD1 受反向电压作用而截止，输出端 Z 的电平仍为 0V。

3）如果B端为高电平+3V，A端为低电平0V，则输出端Z的电平也是低电平0V。

4）如果A、B端都是高电平+3V，VD1、VD2同时导通，则输出电压为高电平+3V。

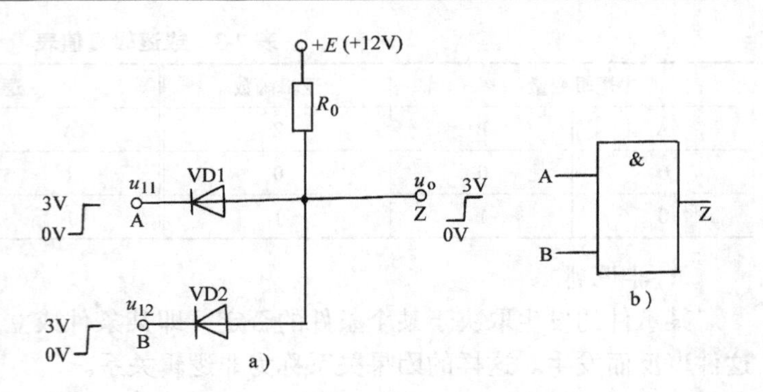

图7-8　二极管与门电路及其图形符号

a）与门电路　b）图形符号

由上述分析可得表7-5。由表7-5可见，只有两个输入端都是高电平时，输出端才是高电平+3V，只要其中有一个输入端为低电平0V，则输出端就是低电平0V。这就实现了与逻辑关系。表7-5又可以改写为表7-6真值表的形式。从表7-6中可以看出：只有A、B都是“1”时，Z才是“1”，只要A、B有一个是“0”时，Z就是“0”。这种关系的口诀是：“有0出0，全1出1”。由真值表可以看出输入与输出之间的关系和代数中的乘法相似，所以与逻辑又称为逻辑乘，其表达式为

$$Z = A \cdot B \text{ 或 } AB$$

表7-5　与门电位分析

输入电位/V		输出电位/V	输入电位/V		输出电位/V
A	B	Z	A	B	Z
0	0	0	0	3	0
3	0	0	3	3	3

表7-6　与逻辑真值表

输　入		输　出	输　入		输　出
A	B	Z	A	B	Z
0	0	0	1	0	0
0	1	0	1	1	1

数字电路中的工作信号通常是含高电平和低电平的方波，电路的工作状态及逻辑关系可以通过波形图来分析。“与门”的工作波形如图7-9所示。

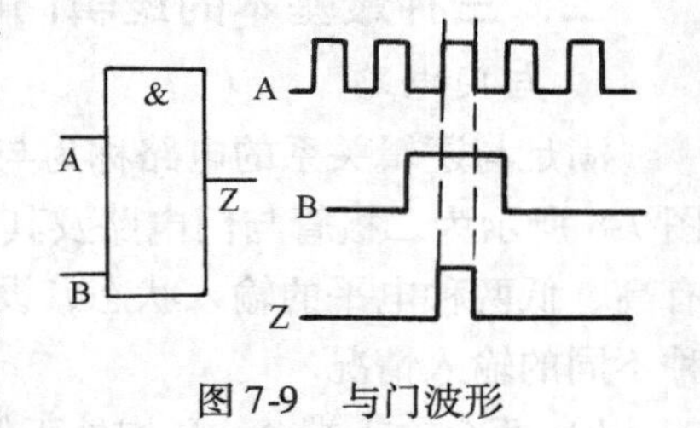

图7-9　与门波形

2. 或门电路

实现或逻辑关系或者说具有或逻辑功能的单元电路称为或门电路，最简单的或门电路可以由二极管和电阻组成。图7-10所示为二极管或门电路及其图形符号。下面分析输出信号Z与输入信号A、B之间的逻辑关系。

1）两个输入端A、B都处在低电平0V，由于二极管的负极是经过电阻R与电源负极相连接，二极管正极输入端虽为低电平，但仍高于它的负极电位，因此两个二极管VD1、VD2

同时正向导通，输出端 Z 的电平也是 0V。

2）当 A 端是高电平 +3V，B 端仍为低电平 0V 时，由于二极管 VD1 两电位差最大而优先导通，Z 点电位因此被钳制在 +3V,二极管 VD2 反向截止，输出电压为 +3V。

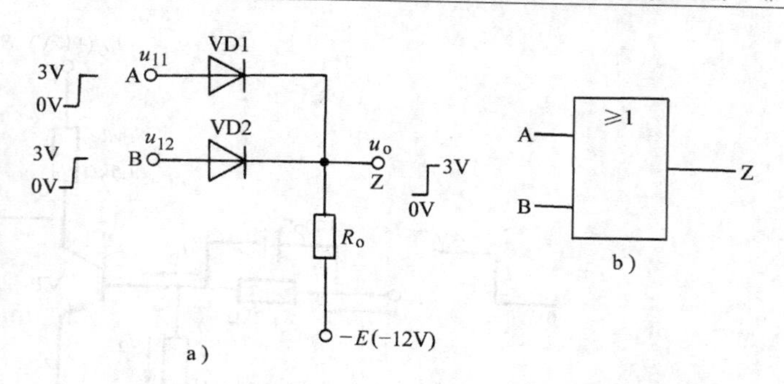

图 7-10　二极管或门电路及其图形符号
a）或门电路　b）图形符号

3）当 B 端是高电平 +3V，A 端是低电平 0V 时，输出也是 +3V。

4）输入端 A、B 都是高电平 +3V，二极管 VD1、VD2 都导通，输出也是 +3V。

由以上分析可知，两个输入端 A、B 只要有一个为高电平时，输出 Z 就是高电平，只有在输入端 A、B 都是低电平时，输出 Z 才是低电平。上述关系可用表 7-7 表示。A、B、Z 各状态之间的逻辑关系可列成表 7-8 真值表形式。

表 7-7　或门电位分析

输入电位/V		输出电位/V	输入电位/V		输出电位/V
A	B	Z	A	B	Z
0	0	0	0	3	3
3	0	3	3	3	3

表 7-8　或逻辑真值表

输　入		输　出	输　入		输　出
A	B	Z	A	B	Z
0	0	0	1	0	1
0	1	1	1	1	1

从表 7-8 中可以看出，当输入端有一个或几个为 1 时，其输出为 1，只有输入端全部为 0 时，输出 Z 才是 0。这种关系的口诀是：“有 1 出 1，全 0 出 0”。由真值表可以看出输入与输出之间的关系和代数中的加法相似，所以逻辑或的关系也叫做逻辑加，A + B 读作“A 或 B”。其表达式为

$$Z = A + B$$

图 7-11 所示是两个输入端的或门电路的工作波形。

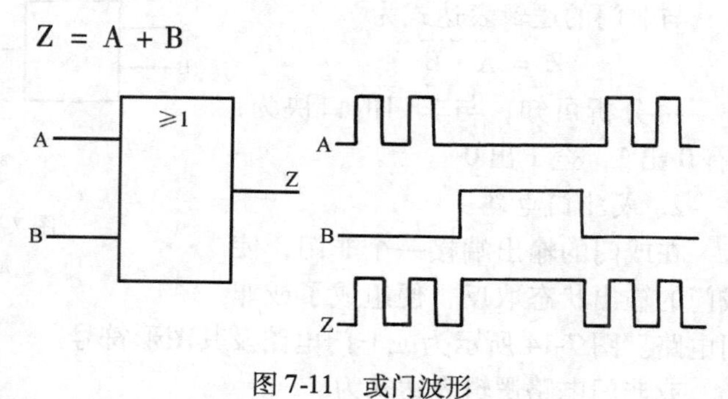

图 7-11　或门波形

3. 非门电路

满足非逻辑关系的电路称为非门电路。非门电路是一种单端输入和单端输出的门电路，它的输出端的状态总是与输入端的状态相反。

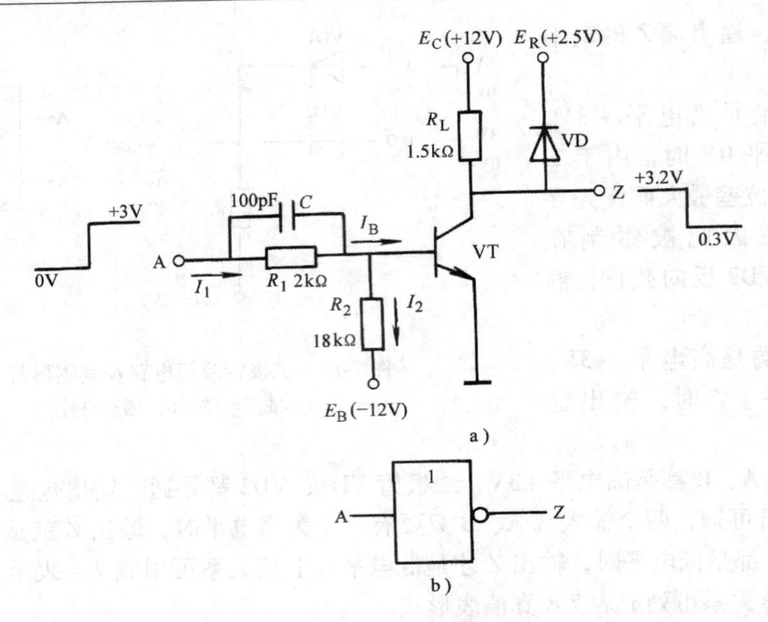

图 7-12　非门电路及其图形符号

a）非门电路　b）图形符号

图 7-12 所示为晶体管非门电路，其晶体管集电极输出电位与基极的输入电位相反，当晶体管工作在截止或饱和状态时，晶体管便构成反相器。若电路参数选择合适，当基极 A 端输入高电平时，晶体管饱和导通，集电极 Z 端便输出低电平。反之，A 端输入低电平时，晶体管因发射结反偏而截止，Z 便输出高电平。所以在数字电路中常用晶体管反相器作为非门电路，其电路及图形符号如图 7-12 所示。

在非门电路中，设有一个负电源，其作用是确保输入信号由高电平转换为低电平时，晶体管的基极受负电源作用形成负电位，使发射结处于反向偏置，晶体管能够可靠地转入截止状态。

三、复合逻辑门电路

将不同的基本逻辑门组合起来，就可以组成多种常用的复合门。

1. 与非门电路

在与门的输出端接一个非门，使与门的输出状态取反，便组成了与非门电路。图 7-13 所示为与非门电路及其图形符号。

与非门的逻辑表达式为

$$Z = \overline{A \cdot B}$$

由分析可知，与非门的口诀为：“有 0 出 1，全 1 出 0”。

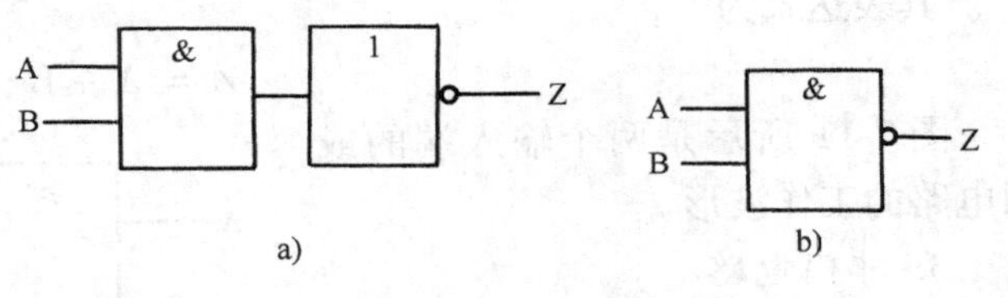

图 7-13　与非门电路及其图形符号

a）与非门电路　b）图形符号

2. 或非门电路

在或门的输出端接一个非门，使或门的输出状态取反，便组成了或非门电路。图 7-14 所示为或非门电路及其图形符号。

或非门电路逻辑表达式为

$$Z = \overline{A + B}$$

可以得到，或非门电路的口诀为：“有 1 出 0，全 0 出 1”。

3. 与或非门

与或非门电路的构成及其图形符号如图 7-15 所示。其逻辑表达式为

$$Z = \overline{A1A2 + B1B2 + C1C2}$$

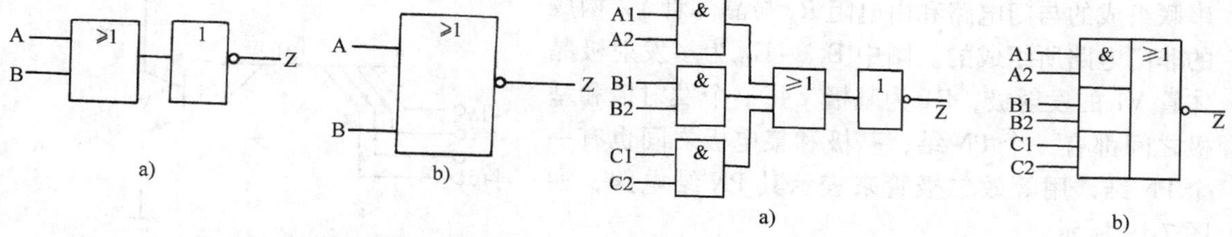

图 7-14　或非门电路及其图形符号
a）或非门电路　b）图形符号

图 7-15　与或非门电路及图形符号
a）与或非门电路　b）图形符号

4. 异或门

异或门电路的构成及其图形符号如图 7-16 所示。其逻辑表达式为

$$Z = \overline{AB + \overline{A + B}} = A \oplus B$$

5. 同或门

同或门又称为异或非门，其电路的构成及其图形符号如图 7-17 所示。其逻辑表达式为

$$Z = \overline{\overline{AB} \cdot A + \overline{AB} \cdot B} = \overline{A \oplus B}$$

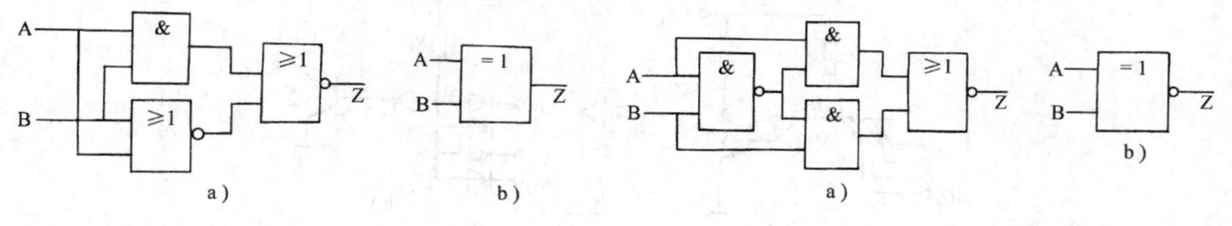

图 7-16　异或门电路及其图形符号
a）异或门电路　b）图形符号

图 7-17　同或门电路及其图形符号
a）同或门电路　b）图形符号

【做一做】

设计一种门电路，使公共汽车前、后门全部关闭后，司机见指示灯亮后方可开车。

◇◇◇ 第四节　数字集成电路简介

前面所讨论的门电路是由二极管、晶体管等分立元器件组成的门电路，本节将介绍数字集成门电路。在数字集成电路中，一个逻辑电路的所有元器件和连接线都制作在同一块硅半导体基片上，然后封装起来，引出它的输入端、输出端、电源端和地端等。由于这种电路的输入级和输出级都采用的是晶体管，所以一般称它为晶体管-晶体管逻辑电路，简称为 TTL

电路。TTL电路的种类很多，逻辑功能也各不相同，下面将重点讨论TTL与非门电路。

一、TTL与非门电路

1. 最简单的TTL与非门电路

（1）电路结构　图7-18所示为最简单的TTL与非门电路。它是由多发射极晶体管V1与电阻R_1串联组成的与门电路和由电阻R_2与晶体管V2构成的非门电路所组成的。图中E_{1A}～E_{1D}为多发射极晶体管V1的发射极，B1为基极，每一个发射极和基极之间都有一个PN结，基极和集电极之间也有一个PN结，用等效二极管来表示其PN结电路，如图7-19所示。

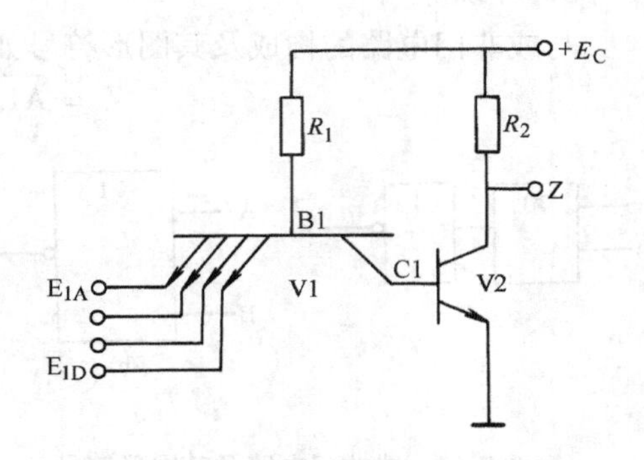

图7-18　最简单的TTL与非门电路

（2）工作原理　当与非门的输入端全是高电平（3.6V左右）时，V1的四个发射结都处于反向偏置。因为若不是反向偏置，则B1点的电位就一定高于3.6V，这时V1的集电结和V2的发射结必然导通，从而将B1点的电位钳位在1.4V。因此，当输入端全为高电平时，V1的四个发射结必定反向偏置，此时电流由E_C流经R_1、C1到V2的基极，使V2导通。适当地选择R_1和R_2的阻值，即可使V2处于饱和状态，与非门输出为低电平（0.3V左右），当输入端有一个或几个为低电平（0.3V左右）时，B1的电位被钳位在1V（0.3V+U_{BE}），V2截止，输出为高电平，约等于电源电压E_C。

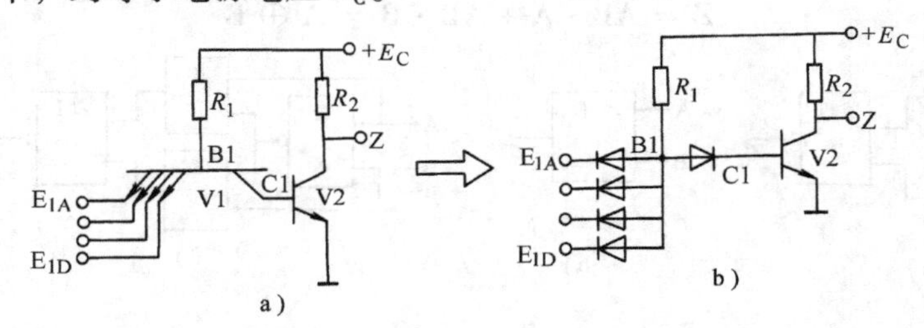

图7-19　用等效二极管表示多发射极晶体管的PN结

2. 典型的TTL与非门电路

（1）电路结构　图7-20所示为典型的TTL与非门电路及其图形符号。由图可知，该电路由五只晶体管组成，整个电路分三部分。

1）与门级。该级多发射极晶体管V1和R_1组成，完成与逻辑功能，当V2由导通转为截止时，V2基区储存电荷可经V1的集电极、发射极向低电位输入端放电，使V2很快截止。

2）倒相级。该级由V2和R_2、R_3组成。这一级的作用是从V2的发射极和集电极同时得到两个相反的信号，作为V3和V5的驱动信号。

3）输出级。该级由V3、V4、V5和R_4、R_5组成。其中V3和V4组成复合管作为V5的有源负载。V5为反相器，完成逻辑非的作用。V3、V4和V5推拉工作，在V4和V5中，总有一个导通，不论哪个导通，其输出阻抗都很低。因为V3、V4构成射极输出电路，而V5又处于深度饱和，输出阻抗也很低。因此，TTL与非门电路无论是输出高电平还是输出低电

平，都具有很低的输出电阻，所以它的带负载能力大大提高。

（2）工作原理

1）当输入端有低电平（0.3V）时，V1的基极电位被钳制在0.3V+0.7V=1V左右，所以V2、V5处于截止状态。又由于V2截止，其集电极电位接近于电源电压E_C，所以V3、V4都导通，输出端Z输出为高电平3.6V，即

$$U_Z = E_C - I_{B3}R_2 - U_{BE3} - U_{BE4}$$

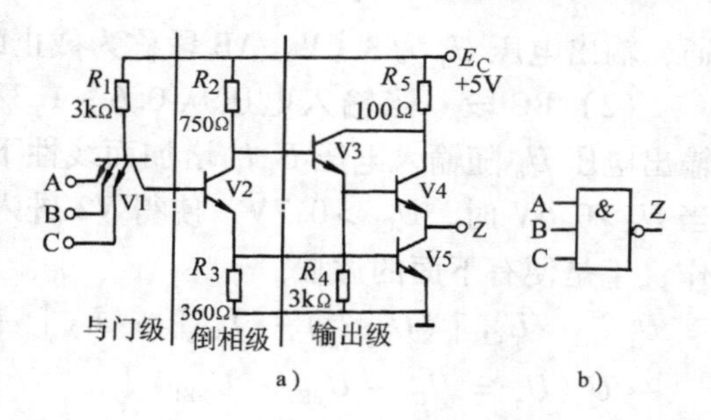

图7-20 典型的TTL与非门电路

a）TTL与非门电路 b）图形符号

因为I_{B3}很小，可以忽略不计。当$E_C=+5V$时，$U_Z=5V-0.7V-0.7V=3.6V$。由于V5截止，当接上负载后，有电流从电源经R_5流向每个负载门，这种电流称为拉电流。

2）当输入端全为高电平（3.6V）时，V1基极电位被钳制在0.7V+0.7V+0.7V=2.1V，V1的三个发射结都处于反向偏置而截止，这时V1处于“倒置”状态（即原来的发射结与集电结调换使用）。V1的基极电流I_{B1}全部流入V2基极，使V2、V5管饱和导通，所以V2的集电极电位为

$$U_{C2} = U_{BE5} + U_{CE2} = 0.7V + 0.3V = 1V$$

此点电位即为V3的基极电位，所以V3可以导通，V3发射极电位为

$$U_{E3} = U_{B3} - U_{BE3} = 1V - 0.7V = 0.3V$$

此点电位即为V4的基极电位，而V4的发射极电位U_{E4}（即U_{C5}）也约为0.3V，所以V4截止。在输出端接负载后，V5的集电极电流全部由外接负载灌入，这种电流称为灌电流。

（3）TTL与非门电路的特点

1）在TTL与非门电路中，输入为低时，输出为高；输入全高时，输出为低。该电路具有与非门的功能。

2）TTL与非门的工作状态由V5的工作状态而决定。当V5截止时，输出高电平3.6V，TTL与非门处于截止状态或称为关门状态；当V5饱和时，输出低电平0.3V，TTL与非门处于导通状态或称为开门状态。

3）TTL与非门电路中V4和V5交替工作，这种推拉式输出级可以使电源供给静态电流小，从而降低功耗。

4）TTL与非门电路与简单的与非门电路的逻辑功能完全相同，但TTL与非门电路的推拉式输出级驱动负载能力强。

3. TTL与非门的电压传输特性

电压传输特性是指TTL与非门的输出电压U_o随输入电压U_i变化的特性。

图7-21所示的即为TTL与非门的电压传输特性曲线。由图可知，电压传输特性曲线由几个转折点B、C、D把它分成四个区段：AB段是截止区，BC是线性区，CD段是转折区，DE段是饱和区。下面就这四个区段进行讨论。

（1）AB段 当输入电压由0～0.6V变化时，输出电压始终是高电平3.6V不变，电路处于关门状态。这是因为V1处于深度饱和状态，$U_{C1}<0.7V$，V2和V5截止，V3和V4导

通，输出电压 U_o 为3.6V。AB段称为截止区。

（2）BC段　当输入电压从0.6～1.3V变化时，输出电压 U_o 随输入电压 U_i 的增加而线性下降。因为当 $U_i > 0.6V$ 时，$U_{C1} > 0.7V$，使得V2进入放大区工作，于是便有下面的过程：

$$U_i\uparrow \rightarrow U_{C1}\uparrow (U_{B2}\uparrow) \rightarrow I_{B2}\uparrow \rightarrow I_{C2}\uparrow \rightarrow U_{C2}\downarrow$$

$$\rightarrow U_o(U_o = U_{C2} - U_{BE3} - U_{BE4})\downarrow$$

由于 I_{C2} 的线性增加致使 U_{C2} 和 U_o 线性下降，$U_{C1} < 1.3V$，V5截止。BC段称为线性区。

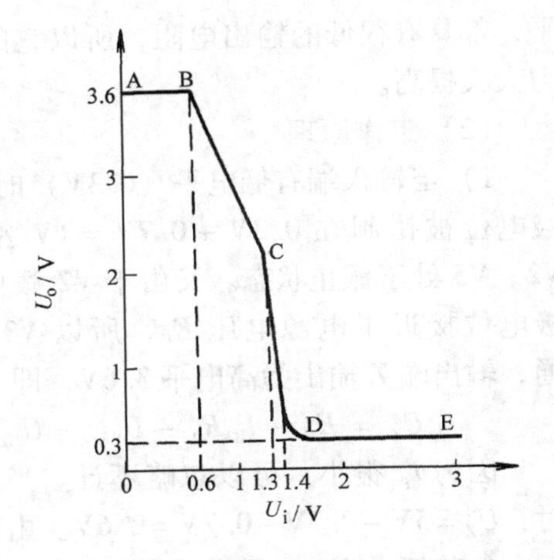

图7-21　电压传输特性曲线

（3）CD段　当输入电压从1.3～1.5V变化时，输出电压 U_o 将急剧下降为低电平，电路处于开门状态。因为当 U_i 略大于1.3V时，V2开始导通，只要 U_i 稍增加，V5很快饱和导通，使输出电压 U_o 急剧下降为0.3V。CD段称为转折区。其中CD段中点对应的输入电压称为门槛电压（又称为阈值电压），用 U_T 表示，由图7-21可知，$U_T = 1.4V$，它是V5饱和与截止的分界值。

（4）DE段　当 $U_i > 1.5V$ 以后，V5已经饱和，输出电压 U_o 为低电平0.3V不再变化。DE段又称为饱和区。

4. TTL与非门电路的主要参数

参数是衡量TTL与非门电路性质优劣的主要依据。我们了解TTL与非门主要参数的意义在于正确使用电路。下面以图7-20所示电路为例，简单介绍TTL与非门电路的主要参数。

（1）输出高电平 U_{OH}　指输入为低电平时的输出电压值。在空载情况下，当输入端有一端或全部接低电平时，输出应为高电平电压。典型电路的 $U_{OH} = 3.6V$，产品规范值 $U_{OH} \geqslant 2.7V$。

（2）输出低电平 U_{OL}　指输入全为高电平时，输出端得到的低电平值。它是在额定负载情况下测试的。典型电路的 $U_{OL} \leqslant 0.3V$，产品规范值为 $U_{OL} \leqslant 0.4V$。

（3）开门电平 U_{on}　指输出从高电平刚刚变为低电平时的最小输入电压值。它表示TTL与非门处于开门状态时，所有输入端接高电平电压的最小值。典型值为1.4V，产品规范最小值为2V。

（4）关门电平 U_{off}　指当输出从低电平到额定输出高电平 $U_{OH} = 3.6V$ 的90%时的输入电平称为关门电平。它表示TTL与非门处于关门状态时，输入端所接的低电平电压的最大值。对于典型电路，$U_{off} = 1V$，产品规范最大值为0.8V。

（5）扇出系数 N　指输出端能驱动同类与非门电路的数目。这是表示输出端带负载能力的参数。

（6）平均传输延迟时间 t_{pd}　平均传输时间是用来表示电路开关速度的参数。在TTL与非门输入端加上一个矩形波时，其输出波形也是一个矩形波。但输出波形相对于输入波形有一定的时间延迟，如图7-22所示。从输入波形上升沿的中点到输出波形下降沿中点之间的时间延迟，称为导通延迟时间 t_{rd}；从输入波形下降沿的中点到输出波形上升沿的中点之间的时间延迟，称为截止延迟时间 t_{fd}。于是平均传输延迟时间 t_{pd} 定义为

$$t_{pd} = \frac{t_{rd} + t_{fd}}{2}$$

它是衡量电路开关速度的重要参数。

在使用 TTL 与非门时，为了防止外界干扰信号的影响造成逻辑功能的错误，一般不能将未用输入端（即多余的输入端）开路（即不能悬空），而是采用将多余输入端接高电平（除开路）或者与信号输入端并联使用。

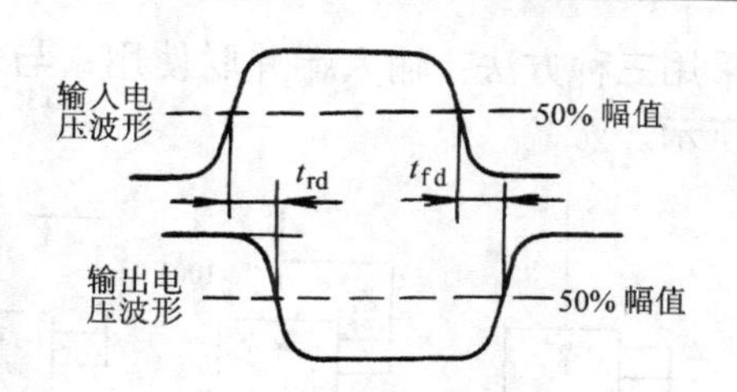

图 7-22　平均传输延迟时间的定义

二、MOS 门电路

数字集成电路的结构可分为两大类：一类由 NPN 型晶体管构成的，由于 NPN 型晶体管中多数载流子和少数载流子同时参与导电，所以称为双极型数字集成电路；另一类是由 MOS 管构成的，由于 MOS 管只有一种载流子参与导电，所以称为单极型数字集成电路。

以 MOS 管为核心器件组成的门电路称为 MOS 门电路。与 TTL 门电路比较，其主要优点是：功耗小，抗干扰能力强，体积小，生产工艺简单等；不足之处是工作速度较低，但两者的逻辑功能相同（同类门）。

1. MOS 电路的分类

MOS 管的基本结构有 N 沟道和 P 沟道两类，每一类又有增强型和耗尽型之分。按 MOS 管结构的不同又分为以下三种类型：

（1）由 P 沟道增强型 MOS 管构成的 MOS 电路　这种电路被称为 P 沟 MOS 电路，简称 PMOS 电路。这种电路出现较早，工作速度较低，生产工艺比较简单。

（2）由 N 沟道增强型 MOS 管构成的 MOS 电路　这种电路被称为 N 沟 MOS 电路，简称 NMOS 电路。这种电路目前较为常用，它的特点是工作速度快，集成度高，易于制造大规模数字电路，如存储器和微处理等。

（3）兼有 P 沟 MOS 管和 N 沟 MOS 管构成的互补 MOS 集成电路　这种电路的简称是 CMOS 电路。它具有较强的抗干扰能力，功耗小，工作速度高等特点。由于 CMOS 电路较 PMOS 电路和 NMOS 电路性能好、应用广泛。所以，这里以 CMOS 电路为例，简述 MOS 电路的合理使用。

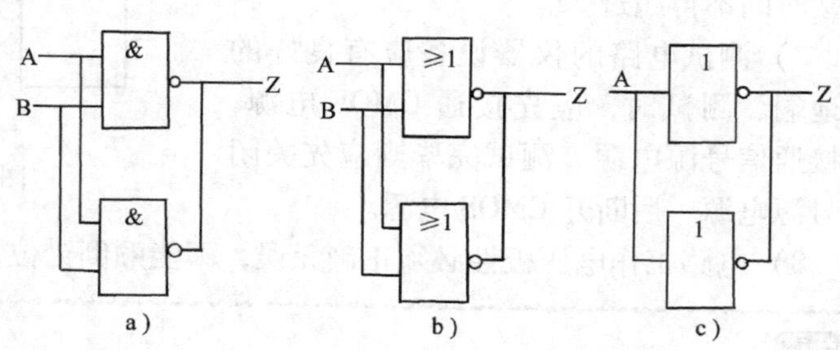

图 7-23　CMOS 电路并联使用举例
a）与非门并联使用　b）或非门并联使用　c）非门并联使用

2. MOS 电路在使用中应注意的问题

MOS 电路有许多优点，在使用中有许多独特之处，但若使用不当，也会造成损坏。

1）为了提高电路的驱动能力，可将 CMOS 电路并联使用，增加电路输出电流。图 7-23 所示为 CMOS 电路并联使用举例。

2）对多余输入端要合理安排。因为 MOS 管栅极悬空，所以 MOS 电路输入阻抗很高，一般为 10^5kΩ 以上。栅极悬空容易引起静态感应而击穿 MOS 管。另一方面，外界干扰，使电路工作不稳定。所以在使用 MOS 电路时，多余的输入端不能悬空，必须合理安排。一般采用三种方法：输入端并联使用；与 U_{GB} 直接相连；加 100kΩ 以上的保护电阻，如图 7-24 所示。

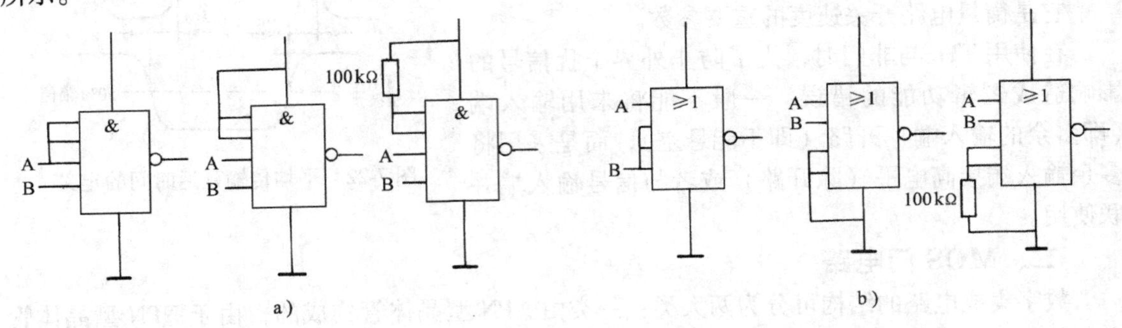

图 7-24　多余输入端的处理方法
a）与非门三种连接方法　b）或非门三种连接方法

3）将多块电路安装并联安装在一块电路板上后，单独放置时，会出现某些输入端处于悬空状态。在这种情况下，一般在这些输入端与地之间接保护电阻加以保护，如图 7-25 所示。

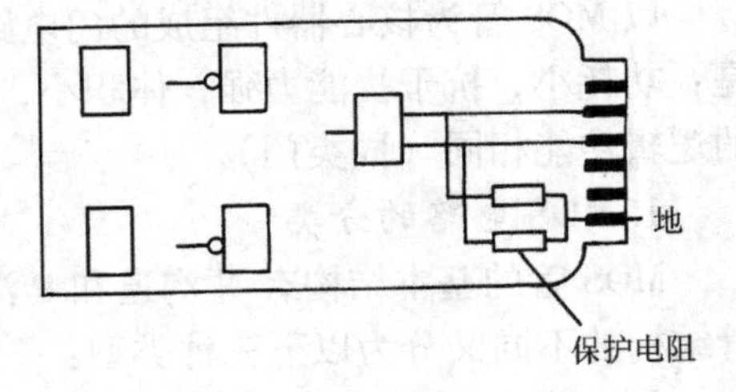

图 7-25　印制电路板上的电路保护

4）电路存放时要有屏蔽措施。例如，可用锡箔纸包裹或放在导电的屏蔽容器内，以防被静电击穿。

5）为消除噪声干扰，一般在电路的输出端或输入端外接电容 C_P，如图 7-26 所示。注意 C_P 不能超过 200pF，因为若电容太大，则充放电电流过大，容易引起电路性能变坏。

6）焊接电路时，电烙铁要良好接地，焊接时间不得超过 5s。

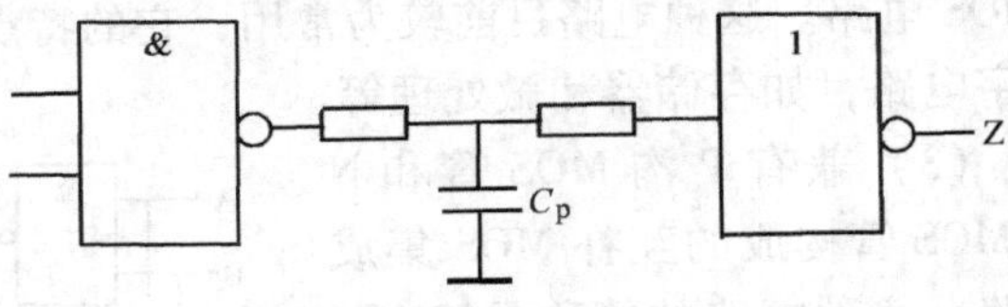

图 7-26　消除干扰措施之一

7）测试电路的仪器设备应有良好的接地端。测试时，应先接通 CMOS 电源，后接通信号源电源。测试完毕则应先关闭信号源电源，后断开 CMOS 电源。

8）电路工作电压极性必须正确无误，不能颠倒错位，否则造成电路的永久损坏。

【试一试】

了解二进制数的表示方法及同十进制间的相互转换。

小　结

逻辑门电路的共同特点是利用晶体管作为开关器件来实现各种逻辑功能。因此，本章在讨论各种逻辑门电路之前介绍了晶体管的开关特性。

1）二极管正向导通时相当于开关接通；反向截止时相当于开关断开。

2）晶体管作为开关使用则是工作在饱和与截止状态，并通过放大区进行转换。同样，晶体管饱和导通时相当于开关接通，晶体管截止时相当于开关断开。晶体管由截止到饱和存在开通时间 t_{on}，由饱和到截止存在关断时间 t_{off}。t_{on}和 t_{off}统称为晶体管的开关时间，它直接影响晶体管的转换速度。为了提高晶体管的开关速度，可设法在电路上接入合适的加速电容，其作用是增大基极正向驱动电流，加大基极反向驱散电流，从而使晶体管的开启时间和关断时间都缩短。

3）在数字电路中，可以用逻辑0和1代表电平的高低，这样可以借用电路来完成逻辑运算。

4）数字电路中常用二进制与十进制进行转换，这与人们的使用习惯及实际电路状态有关。

5）逻辑门有各种功能，最基本的是与、或、非三种逻辑关系。不管多么复杂的数字电路系统，都是由一些最简单的基本单元组成。基本门电路的逻辑符号，逻辑功能必须熟记。

6）除了三种基本逻辑门之外，还有许多复合门，如与非门和或非门，它们是在与门和或门基本门电路后面加一级非门电路所组成的复合门电路。其逻辑功能与逻辑符号也是由两者的共同特性所组成的。

7）数字集成电路比分立元器件数字电路有更多优越性。TTL与非门电路的逻辑功能是在熟记基本门电路的逻辑功能基础上进行分析的。由MOS管构成的集成逻辑门，有其独特之处，发展很快，应用很广。

习　题

1. 在题图7-1中，设二极管为理想开关，试根据输入信号波形画出相应的输出信号波形。

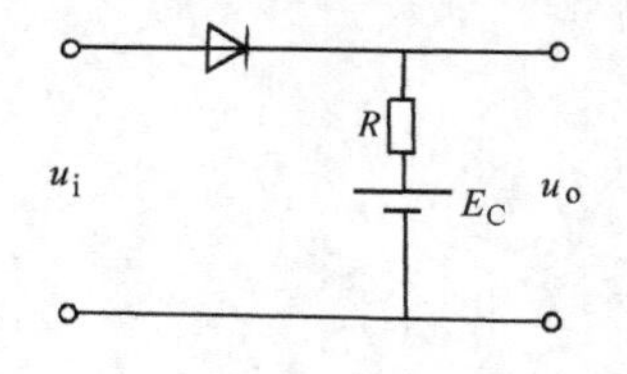

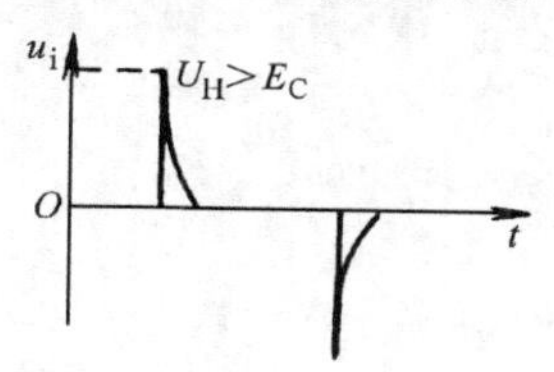

题图7-1

2. 晶体管为什么可以作为开关使用？它的截止、饱和状态各有什么特征和条件？
3. 试画出具有三个输入端的与门的逻辑符号，写出其逻辑表达式，列出真值表。
4. 试画出具有三个输入端的或门电路的逻辑符号，写出其逻辑表达式，列出真值表。
5. 试根据题图7-2所绘出的输入信号A和B的波形，作出Z=A+B及Z=AB的波形。

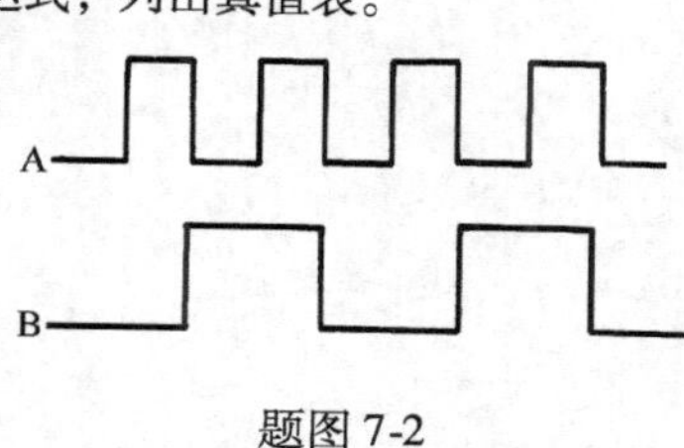

题图7-2

6. 具有两个输入端A、B的或门电路，当输入端A、B均为高电平6V（逻辑1）时，判断下面几种说法是否正确：

（1）因为Z=A+B（或门表达式），$U_A=U_B=6V$，所以输出$U_Z=U_A+U_B=6V+6V=12V$。

（2）因为Z=A+B，A=B=1，所以U_Z=A+B=1V+1V=2V。

(3) 因为 Z = A + B，A = B = 1，所以 $U_Z = 1 + 1 = 1$。

7. 试画出具有三个输入端的与非门的逻辑符号，写出其逻辑表达式，列出真值表。

8. 试画出具有三个输入端的或非门的逻辑符号，写出其逻辑表达式，列出真值表。

9. 已知 A、B 两个波形如题图 7-5，如果 A、B 为与非门的输入端，试画出与非门的输出波形。

10. 在典型 TTL 与非门电路中，其输出级 V3、V4、V5 和 R_4、R_5 组成，试说明这种输出级（与简单的 TTL 与非门相比较）的优点。

11. 在使用 MOS 电路时，对多余输入端如何处理？

12. 把下列各十进制数写成按权展开式：

896.03；－567；43.25；0.52；717

13. 把下列各二进制数写成按权展开式：

10001；0.1011；11101；1.0001

14. 将下面各二进制数换算为十进制数：

1001；0.1011；11101；1.001

15. 将下面各十进制数换算为二进制数：

34；531；13.25；0.625

第八章

逻辑代数

学习要点

1. 掌握基本逻辑运算及逻辑函数的表示方法。
2. 学会逻辑函数表示方法间的相互转换。
3. 学会应用公式法和卡诺图法对逻辑函数进行化简。
4. 掌握逻辑电路的分析方法和设计方法。

逻辑代数是研究逻辑关系的一门科学，是分析和设计数字电路的数学工具。逻辑代数虽然在形式上与普通代数有许多相似之处，然而它与普通代数有着不同的概念。逻辑代数表示的不是数量间的关系，而是逻辑关系。逻辑代数中自变量和函数的两种可能状态分别用符号“1”和“0”表示，因而又称为双值代数。逻辑代数中的“0”和“1”不代表数量的大小，而代表两种对立的状态。在这一点上可以从分析电路方面找到相似之处，如“接通”与“断开”，“高电位”和“低电位”等。因此，逻辑代数中的“0”是指逻辑“0”，“1”是指逻辑“1”。

◇◇◇ 第一节 逻辑运算

一、三种基本的逻辑运算

通过对门电路的讨论，我们已经知道，由于最基本的逻辑关系只有“与”、“或”、“非”三种，因此在逻辑代数中，相应的最基本的逻辑运算也只有三种：即逻辑与、逻辑或和逻辑非，简称“与”、“或”、“非”。各种复杂的逻辑关系一般都是由基本逻辑门进行这三种基本运算实现的，因此，掌握好三种基本运算（或称为基本关系）是掌握逻辑运算的基础。

在数字电路中，输入量（自变量）、输出量（函数）的值一般是由电平的高低来表示的，如用正逻辑赋值，则三种基本运算关系可概括如下。

1. “与”运算

输入变量只要有一个是低电平“0”，输出量即是低电平“0”；只有输入量全部是高电平“1”时，输出量才是高电平“1”。其记忆口诀为：有“0”出“0”，全“1”才“1”。

2. “或”运算

当输入变量中只要有一个是高电平“1”时，输出函数就高电平“1”；只有当输入量全部是低电平“0”时，输出才是逻辑“0”。其记忆口诀为：有“1”出“1”，全“0”为“0”。

3. “非”运算

当输入变量为高电平“1”时，输出函数就是低电平“0”；当输入变量为低电平“0”

时，输出函数就是高电平“1”。其记忆口诀为：入“1”出“0”，入“0”出“1”。

二、逻辑运算的基本定律和常用公式

逻辑代数中的公式反映了逻辑运算的基本规律，其中有些与普通代数相似，有些则完全不同。掌握好这些定律和公式，是进行逻辑运算的必要准备。

1. 基本定律

（1）常量与常量的关系

$0\cdot 0=0$　(8-1)　　$1+1=1$　(8-5)

$0\cdot 1=0$　(8-2)　　$1+0=1$　(8-6)

$1\cdot 1=1$　(8-3)　　$0+0=0$　(8-7)

$\overline{0}=1$　(8-4)　　$\overline{1}=0$　(8-8)

这些常量之间的关系，同时也体现了逻辑代数中的基本运算规则，也叫做公理，它是人为规定的。这样规定，既与逻辑思维的推理一致，又与人们已经习惯了的普遍代数的运算规则相似。

（2）常量与变量的关系

$A\cdot 1=A$　(8-9)　　$A+0=A$　(8-12)

$A\cdot 0=0$　(8-10)　　$A+1=1$　(8-13)

$A\cdot\overline{A}=0$　(8-11)　　$A+\overline{A}=1$　(8-14)

（3）与普通代数相似的定律

交换律　$A\cdot B=B\cdot A$　(8-15)

$A+B=B+A$　(8-16)

结合律　$(AB)C=A(BC)$　(8-17)

$(A+B)+C=A+(B+C)$　(8-18)

分配律　$A(B+C)=AB+AC$　(8-19)

$A+BC=(A+B)\cdot(A+C)$　(8-20)

（4）逻辑代数的特殊定律

同一律　$A\cdot A=A$　(8-21)

$A+A=A$　(8-22)

摩根定律　$\overline{A\cdot B}=\overline{A}+\overline{B}$　(8-23)

$\overline{A+B}=\overline{A}\cdot\overline{B}$　(8-24)

还原律　$\overline{\overline{A}}=A$　(8-25)

2. 常用公式

利用前面介绍的公式和规则，可以得到更多的公式。下面是一些比较常用的公式。

公式A　$AB+A\overline{B}=A$　(8-26)

公式B　$A+AB=A$　(8-27)

公式C　$A+\overline{A}B=A+B$　(8-28)

公式D　$AB+\overline{A}C+BC=AB+\overline{A}C$　(8-29)

证明

$$AB+\overline{A}C+BC=AB+\overline{A}C+(A+\overline{A})BC$$
$$=AB+\overline{A}C+ABC+\overline{A}BC$$

$$=(AB+ABC)+(\overline{A}C+\overline{A}BC)$$
$$=AB+\overline{A}C$$

推论
$$AB+\overline{A}C+BCD=AB+\overline{A}C \tag{8-30}$$

证明

$$\begin{aligned}AB+\overline{A}C+BCD&=AB+\overline{A}C+BC+BCD\\&=AB+\overline{A}C+BC\\&=AB+\overline{A}C\end{aligned}$$

式（8-29）和式（8-30）说明在一个“与或”表达式中，如果两“与”项中，一项包含了某个原变量A，另一项包含了它的反变量$\overline{A}$，而这两项的其余因子都是第三个“与”项的因子，则第三项是多余的，该项称为冗余项。公式D又称为冗余定理。

3. 三个常用的基本规则

（1）代入规则　将公式中的变量用一个函数来代替，原公式仍然成立。例如：$A+\overline{A}=1$以$B+C$代替A，则$B+C+\overline{B+C}=1$仍成立。

这样，将使常用定律、公式的适用范围大大加宽了，而且使运算更简便灵活。

（2）对偶规则　将逻辑公式的“·”变“+”、“+”变“·”，“0”变“1”，“1”变“0”，则得到原式的对偶式仍成立。例如：$F=A\cdot(\overline{B}+C)$，则F的对偶式$F'=A+\overline{B}\cdot C$仍成立。

如果两个逻辑式相等，则它们的对偶式也一定相等。例如：$A+\overline{A}B=A+B$成立，那么它的对偶式$A(\overline{A}+B)=AB$也成立。值得注意的是，在变换中函数的运算顺序不能改变。

（3）反演规则　将函数F中的“·”变“+”，“+”变“·”，“0”变“1”，“1”变“0”，原变量变成反变量，反变量变成原变量，则得到原函数的反函数$\overline{F}$。

同样应注意函数的运算顺序不能改变。例如：$F=AB+\overline{C}$，则$\overline{F}=(\overline{A}+\overline{B})\cdot C$，而不能写成$\overline{F}=\overline{A}+\overline{B}\cdot C$。

【想一想】

逻辑代数与普通代数有何区别？能否将$A+AB=A+AC$逻辑式化简为$B=C$？

三、逻辑运算的顺序规则

和一般代数一样，逻辑代数也要按照一定的先后顺序进行运算。首先进行括号内的一级运算，按照先小括号、再中括号、后大括号的顺序，然后再进行括号外一级的运算。在同级运算中要先“与”后“或”。

例如：$F=(A+\overline{BC})D+\overline{C}$，应先进行括号内$A+\overline{BC}$运算，本级内先进行$\overline{BC}$的运算，得出结果后再和A或，后进行括号外运算，即将括号内的运算结果先和D与，再和$\overline{C}$或。运算顺序也是电路的实现顺序。

◇◇◇ 第二节　逻辑函数

一、逻辑函数的基本概念

仅有两种取值的变量（即二值量）称为逻辑变量。这两种取值可以用逻辑0和逻辑1

表示。和普通代数一样，逻辑变量也用字母表示并组成代数式，如 Z = ABC 式中 A、B、C 叫做输入逻辑量，Z 称为输出逻辑变量。一般地说，如果输入逻辑变量 A、B、C、…的取值确定之后，输出逻辑变量 Z 的值也被唯一地确定了，那么我们就称 Z 是 A、B、C、…的逻辑函数，并写成

$$Z = F（A、B、C、\cdots）$$

逻辑代数是把事件结果视为因变量（函数）用 F 或 Z 表示，把影响事件的诸多因素视为自变量，用 A、B、C 等表示，按相应的因果关系组成函数式子。

二、逻辑函数的表示形式

一个逻辑函数可以有多种不同的表示方法，以满足不同的需求。常用的有真值表、表达式、逻辑图、卡诺图和时序图（又称为波形图）五种形式。因为都表示同一函数，所以各表示形式之间存在着内在联系，可以互相转换。

1. 真值表

描述逻辑函数各个变量取值组合和函数值对应关系的表格叫做真值表。

每一个输入变量有“0”、“1”两种取值，n 个变量有 2^n 个不同的取值组合，如果将输入变量的全部取值组合和相应的输出函数值一一列举出来，即可得到真值表。

真值表是由实际逻辑门经功能表赋值后得到的。例如，列写供 3 人（A、B、C）投票用的投票机的真值表，当两人或两人以上同意时，决议通过，用灯亮 F 表示。首先列出实际问题的功能表，经赋值后取得真值表，其过程见表 8-1。

真值表的特点是直观、明了，是实际逻辑问题进入逻辑代数研究的常用形式，其缺点是不便于运算和化简，当变量多时列写量大，比较繁琐。

表 8-1　由功能表求真值表

功能表					真值表			
人			灯		变量			函数
A	B	C	F		A	B	C	F
不	不	不	灭		0	0	0	0
不	不	同	灭		0	0	1	0
不	同	不	灭		0	1	0	0
不	同	同	亮	赋值	0	1	1	1
同	不	不	灭	同赋 1	1	0	0	0
同	不	同	亮	不赋 0	1	0	1	1
同	同	不	亮	亮赋 1	1	1	0	1
同	同	同	亮	灭赋 0 →	1	1	1	1

2. 表达式

用与、或、非运算符号并按运算顺序规则连接的各变量之间的关系式称为逻辑表达式，简称表达式。例如 Z =（A + B）C + D。它的特点是书写方便，形式简洁，便于进行运算和化简，与逻辑图的关系密切。

3. 逻辑图

用逻辑符号表示各变量之间关系的图称为逻辑电路图，简称逻辑图。它的特点是接近于

工程实际，不同的逻辑符号有相应的器件对应，以便制作实际的数字电路。

4. 时序图

表示各变量和函数在时间上对应配合关系的图称为时序图（又称为波形图）。只有正确地绘制出时序图，才能全面深刻地理解各变量和函数的配合关系。

5. 卡诺图

卡诺图实际上是真值表的一种特定的图形，有关内容将在第三节中加以介绍。

三、逻辑函数表示方法间的转换

1. 真值表转换为表达式

在真位表中，挑出那些使函数值为1的变量取值组合，变量值为1的写成原变量，为0的写成反变量。这样对应于使函数值为1的每一个组合都可以写出一个乘积项，只要将这些乘积项加起来，就可以得到函数的标准“与或”式。

【例8-1】 由表8-2所示的真值表，试写出其函数表达式。

表8-2 例8-1真值表

A	B	C	Z	A	B	C	Z
0	0	0	0	1	0	0	0
0	0	1	0	1	0	1	1
0	1	0	0	1	1	0	1
0	1	1	1	1	1	1	1

解 A、B、C有四组取值使Z为1，它们分别是011、101、110、111。按照变量值为1的写成原变量，为0的写成反变量的求乘积项的原则，可得四个乘积项：$\overline{A}BC$、$A\overline{B}C$、$AB\overline{C}$、ABC。将四个乘积项加起来所得的就是函数Z的表达式，即

$$Z=\overline{A}BC+A\overline{B}C+AB\overline{C}+ABC$$

验证结果可以反过来列出Z的真值表予以证明。

2. 表达式转换成真值表

一个与或表达式可以转换成一张真值表。式中的一项（原变量读1，反变量读0）为表中F=1的一行或几行（最小项对应一行，非最小项对应2^n行，其中n为非最小项中没有出现的变量的个数，非最小项中未出现的变量取值是可以任意的，所谓“最小项”即每个变量以原变量或反变量的形式在与项中仅出现一次，详细内容将在卡诺图一节中介绍），式中未出现的变量组合，其F=0。在由表达式换成真值表时，要先将表达式化成与或形式，因为真值表仅仅和与或式有直接对应关系。

【例8-2】 列出函数表达式$F=\overline{A+B+C}+\overline{\overline{A}\cdot(A+B)}$的真值表。

解 首先化简与或式 $F=\overline{A}\,\overline{B}\,\overline{C}+A+\overline{A}\,\overline{B}$。由于函数表达式中出现了A、B、C，故为三变量函数。

F的值取决于与或式各项。$\overline{A}\,\overline{B}\,\overline{C}$是最小项，对应取值000，则在表中变量取值000的对应F处填1；$\overline{A}\,\overline{B}$是非最小项，变量C没出现，所以C取任意值，则在表中对应A、B取值为0，0的所有行F处填1（已为1者不再填）；项A亦是非最小项，故在A取1，对应表中后四行F值填1，式中各项已填完，余下的F值填0，可得其真值表，见表8-3。

表8-3　例8-2真值表

A	B	C	F	A	B	C	F
0	0	0	1	1	0	0	1
0	0	1	1	1	0	1	1
0	1	0	0	1	1	0	1
0	1	1	0	1	1	1	1

◇◇◇ 第三节　逻辑表达式的化简

一个逻辑函数可以有不同的表达式形式，只有当函数式最简时，实现它所用的元器件的数量才最少，电路的成本才最低，可靠性也最高。

例如：$Z = A\overline{B} + \overline{A}B + AB$。实现此函数需用两个非门、三个与门和一个三输入的或门，共计六个门。如果利用学过的公式化简 $Z = \overline{A}B + A\overline{B} + AB = A\overline{B} + B = A + B$ 则仅需要两个输入的“或”门。因此逻辑表达式的化简是非常必要的。

一、逻辑函数的五种表达式

同一逻辑函数，可以有五种不同形式的逻辑表达式，即与或表达式、或与表达式、与非—与非表达式、或非—或非表达式和与或非表达式，其中与或表达式是基本形式。

例如：$F = AB + \overline{A}C$　　与或表达式

$= (\overline{A} + B)(A + C)$　　或与表达式

$= \overline{\overline{AB} \cdot \overline{\overline{A}C}}$　　与非—与非表达式

$= \overline{\overline{A + C} + \overline{(\overline{A} + B)}}$　　或非—或非表达式

$= \overline{\overline{A}\,\overline{C} + A\overline{B}}$　　与或非表达式

究竟使用哪种表达式，要看组成逻辑电路时使用什么型的基本门电路。逻辑表达式越简单，相应的逻辑电路也越简单，所以对逻辑函数要通过化简求得“最简”的逻辑表达式。

所谓“最简”就是在不改变逻辑关系的情况下，首先乘积项的个数应该最少，其次在满足乘积项个数最少的条件下，要求每一个乘积项中变量的个数最少。

逻辑表达式的化简方法主要有代数法和卡诺图法两种。

二、代数法化简逻辑表达式

常用的代数法化简逻辑表达式有如下几种情况：

（1）并项法　利用公式 $AB + A\overline{B} = A$，将两乘积项合并成一项，并消去一个互反的变量。

【例8-3】　$Z = ABC + A\overline{B}C$

解

$Z = ABC + A\overline{B}C$

$= AC(B + \overline{B})$

$= AC$

（2）吸收法　利用公式 $A + AB = A$ 吸收多余的乘积项。

【例8-4】　$Z = AB + ABCD$

解　$Z = AB + ABCD = AB(1 + CD) = AB$

（3）消去法　利用公式 $A + \overline{A}B = A + B$ 消去多余因子。

【例 8-5】　$Z = BC + A\overline{B} + A\overline{C}$

解

$$
\begin{aligned}
Z &= BC + A\overline{B} + A\overline{C}\\
&= BC + (\overline{B} + \overline{C})A\\
&= BC + \overline{BC}A\\
&= BC + A
\end{aligned}
$$

（4）配项法　当表达式不能直接用公式化简时，有时可利用 $A + \overline{A} = 1$，去乘某个缺少一个或几个变量的乘积项，然后将其拆成两项，再与其他项合并并化简。

【例 8-6】　$Z = AB + BC + A\overline{C}$

解

$$
\begin{aligned}
Z &= AB + BC + A\overline{C}\\
&= AB(C + \overline{C}) + BC + A\overline{C}\\
&= ABC + AB\overline{C} + BC + A\overline{C}\\
&= BC(A + 1) + A\overline{C}(B + 1)\\
&= BC + A\overline{C}
\end{aligned}
$$

需要注意一点，经代数法化简得到的最简与或表达式，有时不是唯一的。实际上，用代数法化简与或表达式时，往往需要综合运用上述几种方法，才能迅速地获得最简与或表达式。

三、卡诺图法化简逻辑表达式

利用代数法化简逻辑表达式，要求熟练掌握逻辑代数的基本公式，而且要有一定技巧。利用卡诺图法化简逻辑表达式，可以简捷直观地得到最简与或表达式。

1. 卡诺图

卡诺图就是将逻辑函数表达式中各最小项按相邻原则相应地填入一个特定的方格图内，此方格图就称为卡诺图。

（1）关于最小项

1）最小项的基本概念。“最小项”是逻辑代数中的一个重要概念。它是由几个变量组成的与项。如果每个变量或以原变量或以反变量的形式在项中出现且仅出现一次，则此与项即称为这几个变量的一个最小项。对于几个变量的逻辑函数，其全部最小项数目为 2^n。任何一个逻辑函数都可以表示成若干个最小项之和，通常称为最小项表达式。

2）最小项的性质。最小项表示了变量的一种特定组合，它们具有一些特殊的性质。表 8-4 列出了三变量 A、B、C 全部最小项真值表。

由表 8-4 可以看出最小项具有下列性质：

① 对于任意一个最小项，只有一组变量的取值使它的值为 1，而在其他组取值时，它的值都是 0；并且最小项不同，使它的值为 1 的那一组变量取值也不同。

② 任意两最小项的乘积为 0。

③ 变量在任意取值条件下，全部最小项之和总是为 1。

3）最小项编号。二变量逻辑函数的取值组合共有四种情况。若将取值为 0 的变量用反变量表示，取值为 00 时写成 $\overline{A}\,\overline{B}$，依此类推，便形成表 8-5 中的全部最小项。

因最小项 $\overline{A}\,\overline{B}$ 的取值 00，相当于十进制的 0，用符号 m_0 表示，其编号为 0；最小项 $\overline{A}B$ 的取值 01，相当于十进制的 1，用符号 m_1 表示，其编号为 1；其余类推。

表 8-4　真值表

ABC	$\overline{A}\,\overline{B}\,\overline{C}$	$\overline{A}\,\overline{B}C$	$\overline{A}B\overline{C}$	$\overline{A}BC$	$A\overline{B}\,\overline{C}$	$A\overline{B}C$	$AB\overline{C}$	ABC
000	1	0	0	0	0	0	0	0
001	0	1	0	0	0	0	0	0
010	0	0	1	0	0	0	0	0
011	0	0	0	1	0	0	0	0
100	0	0	0	0	1	0	0	0
101	0	0	0	0	0	1	0	0
110	0	0	0	0	0	0	1	0
111	0	0	0	0	0	0	0	1

表 8-5　二变量最小项编号

AB	最小项	符号	编号
00	$\overline{A}\,\overline{B}$	m_0	0
01	$\overline{A}B$	m_1	1
10	$A\overline{B}$	m_2	2
11	AB	m_3	3

同理，三变量最小项编号见表 8-6。

表 8-6　三变量最小项编号

AB	最小项	符号	编号
000	$\overline{A}\,\overline{B}\,\overline{C}$	m_0	0
001	$\overline{A}\,\overline{B}C$	m_1	1
010	$\overline{A}B\overline{C}$	m_2	2
011	$\overline{A}BC$	m_3	3
100	$A\overline{B}\,\overline{C}$	m_4	4
101	$A\overline{B}C$	m_5	5
110	$AB\overline{C}$	m_6	6
111	ABC	m_7	7

(2) 关于逻辑函数的卡诺图　根据变量的数目 n，卡诺图中小方格的数目应为 2^n 个，每个小方格对应一个最小项，卡诺图行、列坐标变量的取值是按相邻性原则组成的。“相邻性”即相邻两个小方格所表示的两个最小项，只有一个变量互反，其余变量都相同。下面介绍常用卡诺图的画法。

1）二变量卡诺图。二变量最小项数为 $2^n=4$，需要用四个小方格按相邻性原则排列起来。如图 8-1a 所示，把变量 A、B 分别标注在方格图

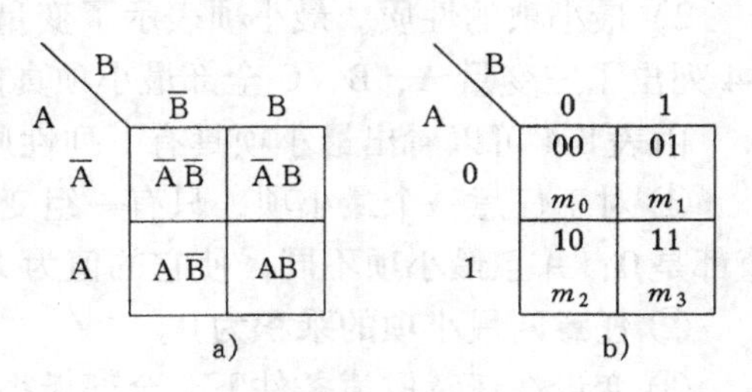

图 8-1　二变量卡诺图

的左上角斜线两边。若把原变量作为1，反变量作为0，则方格中各变量组合可视为二进制数，如图8-1b所示。

2）三变量卡诺图。三变量有 $2^3=8$ 个最小项，把三变量A、B、C分为A和BC各一组，分别标注在方格图左上角斜线两边，方阵的行坐标变量为A，第一行排 $\overline{A}$，用“0”表示，第二行排A，用“1”表示。方阵的列坐标排变量BC，四列由左至右的顺序是 $\overline{B}\,\overline{C}$、$\overline{B}C$、BC、$B\overline{C}$，分别用00、01、11、10表示。三变量卡诺图如图8-2所示。

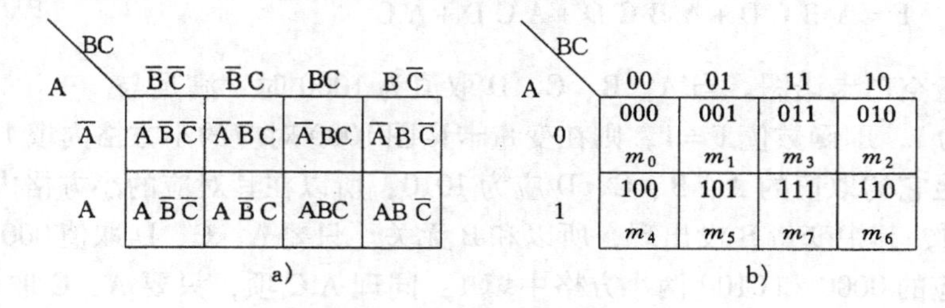

图8-2　三变量卡诺图

3）四变量卡诺图。四变量有 $2^4=16$ 个最小项。把四变量分成AB和CD两组，每组变量都是两变量，它们的取值顺序均为00、01、11、10以保证最小项的相邻性。注意方格图最上与最下、最左与最右对应的小方格也是逻辑相邻的。实际上凡与中心轴对称最小项均为逻辑相邻项。四变量卡诺图如图8-3所示。

依照同样的方法，可以画出五个及更多变量的逻辑函数卡诺图，但由于较复杂，很少使用。

2. *逻辑函数的卡诺图表示方法*

将函数值填入变量卡诺图即得到函数的卡诺图。其步骤如下：

第一步：由逻辑表达式中包含的变量数（n 个不同的字母），确定画出 n 变量空白卡诺图。

AB \ CD	$\overline{C}\,\overline{D}$	$\overline{C}D$	CD	$C\overline{D}$
$\overline{A}\,\overline{B}$	$\overline{A}\,\overline{B}\,\overline{C}\,\overline{D}$	$\overline{A}\,\overline{B}\,\overline{C}D$	$\overline{A}\,\overline{B}CD$	$\overline{A}\,\overline{B}C\overline{D}$
$\overline{A}B$	$\overline{A}B\overline{C}\,\overline{D}$	$\overline{A}B\overline{C}D$	$\overline{A}BCD$	$\overline{A}BC\overline{D}$
AB	$AB\overline{C}\,\overline{D}$	$AB\overline{C}D$	ABCD	$ABC\overline{D}$
$A\overline{B}$	$A\overline{B}\,\overline{C}\,\overline{D}$	$A\overline{B}\,\overline{C}D$	$A\overline{B}CD$	$A\overline{B}C\overline{D}$

a)

AB \ CD	00	01	11	10
00	0000 m_0	0001 m_1	0011 m_3	0010 m_2
01	0100 m_4	0101 m_5	0111 m_7	0110 m_6
11	1100 m_{12}	1101 m_{13}	1111 m_{15}	1110 m_{14}
10	1000 m_8	1001 m_9	1011 m_{11}	1010 m_{10}

b)

图8-3　四变量卡诺图

第二步：逻辑函数表达式一定是与或式，如果原表达式不是与或式，要用公式变换成与或式。

第三步：在卡诺图中，把表达式中各乘积项所包含的最小项都填上1，其余的填0，或什么都不填，就可以得到逻辑表达式的卡诺图。

【例8-7】　画出 $F=A\overline{B}+A\overline{B}$ 的卡诺图

解　因表达式包含两个变量A、B所以 $m_2 = A\overline{B}$ 和 $m_1 = \overline{A}B$ 就是两个最小项，把这两个最小项在空白卡诺图的对应格中填1，其余格填0或什么都不填，就可以得到如图8-4所示的卡诺图。

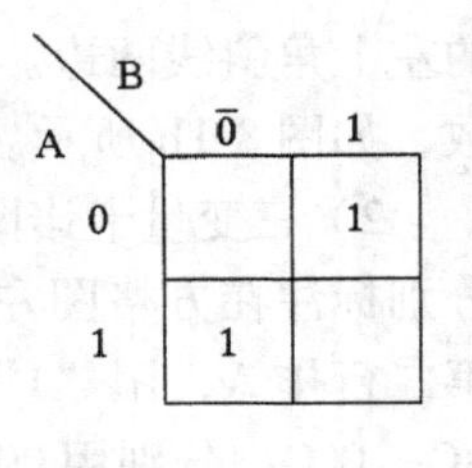

图8-4　例8-7卡诺图

【例8-8】　用卡诺图表示 $F = \overline{\overline{A\overline{B}\,\overline{C}\,\overline{D}} \cdot \overline{A\overline{B}C\overline{D}}} + \overline{A}\,\overline{C}\,\overline{D} + \overline{A}C$

解　将原表达式用公式化简成与或式为

$$F = A\overline{B}\,\overline{C}\,\overline{D} + A\overline{B}C\overline{D} + \overline{A}\,\overline{C}\,\overline{D} + \overline{A}C$$

画出四变量空白卡诺图。当A、B、C、D取值为1000时，满足与项 $A\overline{B}\,\overline{C}\,\overline{D}$ 值为1，即函数值F=1，则在变量卡诺图1000对应的小方格内填1；同理对于与项 $A\overline{B}C\overline{D}$ 满足它的取值的A、B、C、D应为1010，所以在其对应的小方格内填1。与项 $\overline{A}\,\overline{C}\,\overline{D}$ 是非最小项，其中变量B没出现，所以和B无关。只要A、C、D取值000，则有函数值F=1，可在对应的0000和0100两小方格中填1：同理 $\overline{A}C$ 项，只要A、C取值为01，则F=1，其对应的四块小方格0010、0011、0110、0111中都填1（如果重复时只填一个1也可以），填写了所有的与项，剩下的空格其函数值为0，可以不填，得到函数卡诺图如图8-5所示。

3. 用卡诺图法化简逻辑表达式

在卡诺图中相邻小方格所对应的最小项具有相邻性，即在两个相邻的小方格中除仅有一个变量"互反"外，其他变量都相同。因此在卡诺图化简逻辑函数中，利用 $AB + A\overline{B} = A$ 的公式消去互反变量，保留相同变量，使函数得到化简。

AB \ CD	00	01	11	10
00	1		1	1
01	1		1	1
11				
10	1			1

图8-5　例8-8卡诺图

（1）化简步骤

1）画出逻辑函数的卡诺图。

2）合并最小项

用卡诺图法化简逻辑函数的关键是正确合并最小项，合并的最小项一定是相邻最小项。

（2）合并最小项的规律

1）相邻两个最小项，可消去一个互反的变量，复合为一个乘积项，此乘积项由两个最小项中共有的变量组成。注意由两端组成的两个相邻小方格不能画成封闭的包围圈表示一个乘积项。

2）相邻四个最小项，可消去两个互反的变量，复合为一个乘积项，此乘积项由四个最小项中共有的变量组成。

3）相邻八个最小项，可消去三个互反的变量，复合为一个乘积项，此乘积项由八个最小项中共有的变量组成。

（3）用卡诺图法化简逻辑函数的原则

1）圈的个数尽量少。圈越少，乘积项越少，所用与门也越少。

2）圈尽量大。圈越大，消去的变量越多，所用与门输入端越少。

3）有些方格可以多次被包围，但每个包围圈至少要包含一个新项（即未被其他圈圈过的），否则它是多余的。

4）必须把全部的“1”圈完，不能漏掉某一项“1”；无相邻关系的方格，单独画成一个包围圈。

5）在对“1”圈卡诺图时，圈内不能有含“0”的项。

按上述原则化简，其结果是最简的。有时答案可能有多个，但它们都是等价最简的。将各包围圈所得到的乘积项进行逻辑加，便可得到最简与或表达式。

【例 8-9】 用卡诺图化简 $F=\overline{A}BC+A\overline{B}C+AB\overline{C}+ABC$

解 （1）画出函数 F 的卡诺图。$m_3=\overline{A}BC$，$m_5=A\overline{B}C$，$m_6=AB\overline{C}$，$m_7=ABC$ 是四个最小项，其卡诺图如图 8-6 所示。

（2）合并最小项。用环把可合并的最小项圈起来，如图 8-6a 所示。

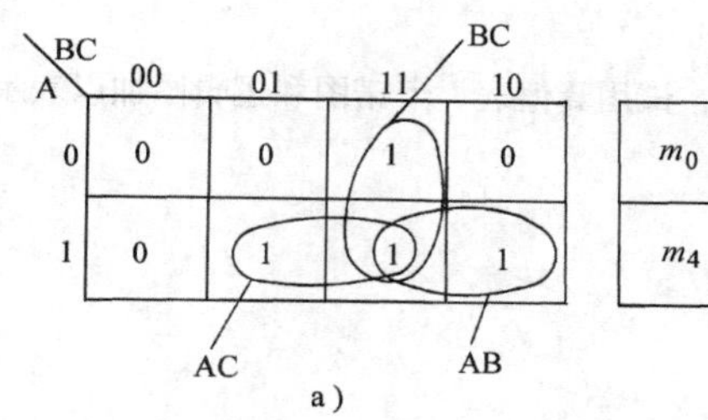

图 8-6 例 8-9 卡诺图

（3）根据圈定的各个环，写出的最简与或式为

$$F=AB+BC+AC$$

小 结

1）逻辑代数是进行逻辑运算的数学工具。三种基本逻辑运算是：逻辑乘表示“与”运算；逻辑加表示“或”运算；逻辑非表示“非”运算，又称为反运算。任何复杂的逻辑函数式都是由这三种基本运算组合而成的。

2）逻辑函数有五种表示方法，即真值表、表达式、逻辑图、卡诺图和时序图。它们各有特点，可以相互转换，按需要选择表示方法。

3）逻辑函数化简的目的是降低成本、提高工作可靠性的关键，化简的方法有两种：

① 代数法。利用逻辑代数的基本公式和常用公式等对逻辑函数进行化简。这种方法具有广泛性，运用代数法化简需要熟练地掌握公式，同时要有一定的技巧性。

② 卡诺图法。运用 $AB+A\overline{B}=A$，消去互反变量，保留相同的变量，对逻辑函数进行化简。这种方法简捷直观，容易掌握，并能确定最简，卡诺图法不适用于对多变量函数的化简，因此有一定的局限性。

习 题

1. 试作出下列逻辑表达式的真值表：

（1）$Z=AB+C$

（2）$Z = ABC + D$

2. 试画下列逻辑表达式的逻辑图：

（1）$Z = AB + CD$

（2）$Z = \overline{\overline{AB \cdot CD}}$

（3）$Z = (A + B)(C + D)$

3. 用真值表证明下列逻辑式成立：

（1）$\overline{ABC} = \overline{A} + \overline{B} + \overline{C}$

（2）$\overline{A + B + C} = \overline{A}\,\overline{B}\,\overline{C}$

（3）$A + BC = (A + B)(A + C)$

4. 用逻辑代数的基本公式证明下列逻辑式成立：

（1）$A\overline{B} + \overline{A}B = (\overline{A} + \overline{B})(A + B)$

（2）$AB + BCD + \overline{A}C + \overline{B}C = AB + C$

5. 已知某逻辑函数表达式 $Z = ABC + C\overline{D}$，试用真值表、卡诺图和逻辑图加以表示。

6. 用代数法化简下列各逻辑表达式：

（1）$Z = A + ABC + BC + \overline{B}C$

（2）$Z = \overline{A} + \overline{AB}$

（3）$Z = \overline{A}\,\overline{B}\,\overline{C} + A + B + C$

（4）$Z = A + \overline{\overline{B}} + \overline{\overline{CD}} + \overline{\overline{AD} \cdot \overline{B}}$

7. 应用代数法化简下列逻辑表达式：

（1）$F = ABC\overline{D} + ABD + BC\overline{D} + ABC + BD + B\overline{C}$

（2）$F = AD + BC\overline{D} + (\overline{A} + \overline{B})C$

（3）$F = ABC + ABD + \overline{A}B\overline{C} + CD + B\overline{D}$

8. 用卡诺图法化简题6中各小题。

9. 用卡诺图法化简题7中各小题。

10. 鼓风机A、B、C三台，只允许开两台但B、C两台不能同时开，用指示灯F显示工作情况正常。求灯F的逻辑式，并用门电路实现。

11. 三台水泵A、B、C不准全部开动，也不准都不开动，用指示灯F显示工作情况正常。求灯F的逻辑式，并用门电路实现。

12. 举重比赛规则：主裁判A及两个副裁判B、C中任一个或者全部通过才算成功，此时灯亮。试设计该电路。

第九章

基本数字部件

学习要点

1. 理解二进制数并熟悉二进制数与十进制数的相互转换方法。
2. 掌握8421BCD码，熟悉这种码制与一位十进制数之间的对应关系。
3. 熟知主从J-K触发器和D触发器的电路组成及电路特点。
4. 理解清零对寄存器和计算器正常工作的必要性。
5. 了解数码显示电路的组成及各部分电路的作用。

按照逻辑功能的不同，数字电路分为组合电路（部件）和时序电路（部件）。所谓组合电路，是指在任何时刻输出信号仅取决于该时刻的输入信号，而与电路的初始状态无关。此类电路是由若干门电路组成的。按其逻辑功能的不同，组合电路又分为编码器、译码器、数字显示电路及基本运算器等。所谓时序电路，是指其输出信号不仅取决于当时的输入信号，而且还与电路的初始状态有关。此类电路一般由组合电路和触发器组成。按其逻辑功能的不同，时序电路又分为计数器、寄存器等。

◇◇◇ 第一节 触 发 器

一、基本R-S触发器

基本R-S触发器是构成各种触发器的基本电路，它有“与非”型和“或非”型两种。图9-1a所示为与非型基本R-S触发器逻辑电路。它是将两个与非门交叉耦合构成的。触发器的两个互补输出端用Q和$\overline{Q}$代表，R、S为输入端。当Q=0和$\overline{Q}$=1时，触发器为“0”状态，简称触发器置“0”；当Q=1、$\overline{Q}$=0时，触发器为“1”状态，简称触发器置“1”。在正逻辑中，“1”代表高电平，“0”代表低电平。下面分析在两个输入端R、S为不同电平值时，触发器的工作原理。

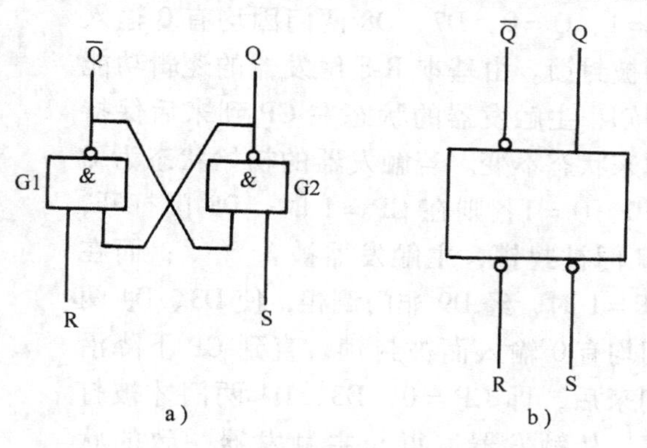

图9-1 基本R-S触发器
a）逻辑电路 b）逻辑符号

（1）R=0、S=1 因G1门有0输入，则其输出端$\overline{Q}$=1；G2门为全1输入，其输出端Q=0，此时触发器被置“0”。R端称为置0端，这是触发器的置0功能。

（2）R=1、S=0 G2门有0输入，其输出端Q=1；G1门为全1输入，其输出端$\overline{Q}$=0，此时触发器被置“1”。S端称为置1端，这就是触发器的置1功能。

(3) R=1、S=1　设触发器初始状态为“1”态，此时G1门全1输入，$\overline{Q}=0$；G2门因有0输入而使Q=1，触发器仍为“1”态；如设触发器初始状态为“0”态，则此时G2门全1输入，Q=0；G1门因有0输入，使$\overline{Q}=1$，触发器仍为“0”态。即当R=1、S=1时，触发器保持原有状态不变。这就是触发器的保持功能，即记忆功能。

(4) R=0、S=0　G1、G2两门均有0输入，使Q=1、$\overline{Q}=1$，这就破坏了触发器的逻辑关系，在R、S信号撤除后，触发器的状态很难确定。所以，R、S均为0的输入方式要避免出现，这就是基本R-S触发器的约束条件。

上述逻辑关系的变化情况见表9-1。

表9-1　基本R-S触发器状态表

S	R	Q^{n+1}	逻辑功能
1	0	0	置0
0	1	1	置1
1	1	Q^n	保持
0	0	不定	不允许

表9-1中Q^{n+1}表示触发后的电路状态。此外，从表中可知，与非型基本R-S触发器是低电平触发（或低电平有效）。为简化逻辑电路，我们用图9-1b所示的逻辑符号表示与非型基本R-S触发器。

二、主从J-K触发器

图9-2所示为主从J-K触发器的逻辑电路和逻辑符号。在图9-2a中，与非门D1～D4组成从触发器，D5～D8组成主触发器，$\overline{R}_d$和$\overline{S}_d$分别为直接置“0”和置“1”端，字母上面的“－”表示为负脉冲触发。时钟脉冲CP经过D9非门倒相，使主、从两触发器形成互补的时钟输入，可防止触发器空翻（所谓触发器空翻是指在同一个计数脉冲作用下，触发器状态变化两次或多次的现象）。下面分析主从J-K触发器的工作原理。

(1) J=1、K=0　设触发器初始状态Q=1、$\overline{Q}=0$，D7、D8两门因均有0输入而被封锁。由基本R-S触发器的逻辑功能得知，主触发器的状态在CP到来后保持原来状态不变。若触发器的初始状态为Q=0、$\overline{Q}=1$，则在CP=1时，D8门打开，D7门被封锁，主触发器被置“1”；而在CP=1时，经D9非门倒相，使D3、D4两门均有0输入而被封锁，直到CP下降沿到来后，即CP=0，D3、D4两门才被打开，从触发器取得与主触发器一致的状态，被置“1”。由此可见，无论触发器原来的状态如何，当J=1、K=0时，CP信号到来后，触发器置“1”。

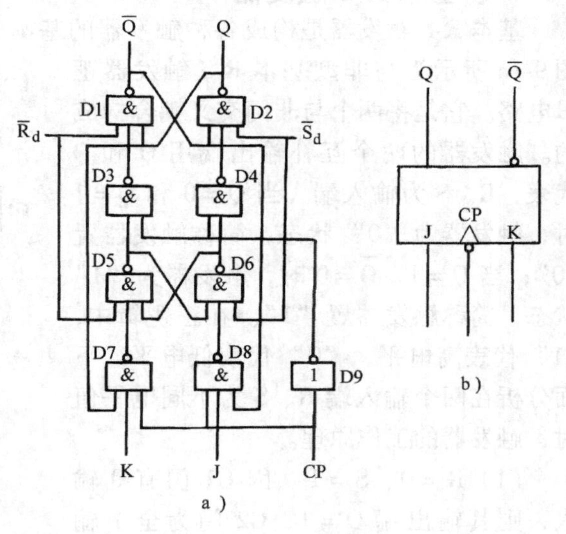

图9-2　主从J-K触发器

a）逻辑电路　b）逻辑符号

(2) J=0、K=1　设触发器初始状态为Q=0、$\overline{Q}=1$，D7、D8两门均被封锁，主触发器的状态在CP到来后保持原来的状态不变。若触发器初始状态为 Q = 1、$\overline{Q}$ = 0，则在 CP = 1 时，D7 门打开，主触发器被置“0”，从触发器在 CP = 1 期间被封锁，直到 CP 下降沿到来后，从触发器随之被置“0”。由此可见，无论触发器原来状态如何，当 J = 0、K = 1 时，CP 信号到来后，触发器置“0”。

（3）J = K = 0　此时，由于 D7、D8 两门同时被封锁，所以触发器的状态保持不变。

（4）J = K = 1　设触发器初始状态为 Q = 1、$\overline{Q}$ = 0，在 CP = 1 时，D7 门全 1 输入，则输出 0；D8 门因有 0 输入而输出 1，由表 9-1 可知，主触发器状态为“0”，在 CP 下降沿到来后，从触发器随之被置“0”。若触发器初始状态为“0”，则 D7 门输出 1，D8 门输出 0，主触发器状态为“1”，在 CP 下降沿到来后，从触发器随之被置“1”。即，在 J = K = 1 时，每来一个时钟脉冲 CP，触发器的状态就要翻转一次。主从 J-K 触发器的状态变化见表 9-2。需要注意一点：触发器的状态翻转是在 CP 的下降沿处进行的。逻辑符号中 CP 端空心小圆圈的含义就是这一点。

表 9-2　主从 J-K 触发器状态表

J	K	Q^n	Q^{n+1}	逻辑功能
0	0	0	0	保持
0	0	1	1	
0	1	0	0	置 0
0	1	1	0	
1	0	0	1	置 1
1	0	1	1	
1	1	0	1	计数
1	1	1	0	

三、D 触发器

图 9-3 所示为 D 触发器的逻辑电路和逻辑符号。这种触发器的工作状态由控制端“D”的电平来决定，在 CP 的上升沿处触发翻转。下面分析它的工作原理。

（1）CP = 0 时　由于 CP = 0，D3、D4 门被封锁，D3、D4 门都输出高电平，使 D1、D2 组成的基本 R-S 触发器保持原状态。同时，D3、D4 门的高电平还送到 D5、D6 门，使其处于开启状态，此时 D5 门输出为 $\overline{D}$，D6 门输出为 D。

（2）CP 上升沿到来时

1）当 D = 0 时，Q5 = 1，Q6 = 0，则 Q3 = 0、Q4 = 1，触发器置“0”。由于 Q3 = 0，保证了 Q5 = 1，即使 D 状态发生变化，D5 门仍输出高电平，即维持了触发器置 0 状态。

2）当 D = 1 时，Q5 = 0，D3、D6 门

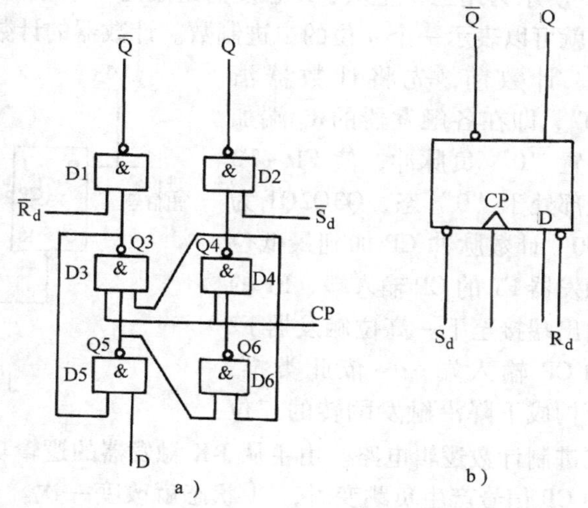

图 9-3　D 触发器
a）逻辑电路　b）逻辑符号

被封锁，Q3 = 1、Q6 = 1，此时 Q4 = 0，触发器置“1”。由于 Q4 = 0，保证了 Q6 = 1，代替了 D = 1，即使 D 状态发生变化，D6 门仍输出高电平，即维持了触发器置 1 状态。由此可见，D 触发器是在 CP 上升沿到来时，才接收 D 端信号。在此之后，即使 D 端信号改变，触发器状态也不受影响。

D 触发器的状态变化见表 9-3。图 9-2b 与图 9-3b 中 CP 端的画法不同，读者应注意。

表 9-3　D 触发器状态表

D	Q^n	Q^{n+1}	逻辑功能
0	0	0	置 0
0	1	0	置 0
1	0	1	置 1
1	1	1	置 1

◇◇◇ 第二节　计　数　器

一、计数器的分类及组成

计数器是数字电路中最常用的时序逻辑部件之一。计数器按进位制的不同，可分为二进制计数器和十进制计数器；按运算功能的不同，可分为加法计数器、减法计数器和可逆计数器；按计数过程中各触发器的翻转次序不同，可分为同步计数器和异步计数器等。触发器是组成计数器的基本单元。图 9-4 为计数器实物。

图 9-4　计数器实物

二、二进制计数器

1. 二进制加法计数器

二进制数的每一位只有 1 和 0 两个数码，而一个触发器就有“1”、“0”两个状态。图 9-5 所示为用三个主从 J-K 触发器组成的一个三位二进制加法计数器的逻辑图。用 n 个触发器就可以表示一个 n 位的二进制数。计数器的计数原理如下所述。

计数前，先将计数器清“0”，即在各触发器的 $\overline{R}_d$ 端加一置“0”负脉冲，使 F1 ~ F3 全部处于“0”态，Q3Q2Q1 为 000。计数脉冲 CP 加到最低位触发器 F1 的 CP 输入端，F1 的输出端接至下一高位触发器 F2 的 CP 输入端……依此类推，可构成下降沿触发翻转的三位二进制计数逻辑电路。由主从 J-K 触发器的逻辑功能可知，在 J = K = 1 的情况下，当计数脉冲 CP 信号产生负跳变时，F1 状态就改变一次。由于 Q1 作为触发器 F2 的时钟脉冲，则每当 Q1 发生负跳变时，F2 的状态就改变一次；Q2 又作为时钟脉冲驱动触发器 F3。如此进行下去，图 9-5 所示电路就可以实现二进制加法计数。各触发器的计数状态如图 9-6 所示。

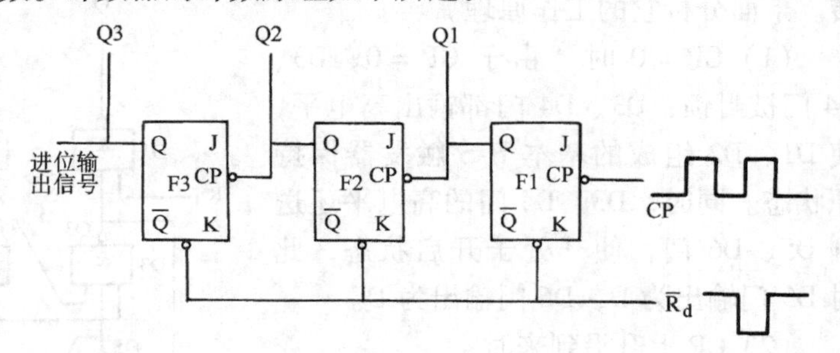

图 9-5　三位二进制加法计数器

分析状态时序图可知，当第一个计数脉冲作用后，三个触发器 F3、F2、F1 的状态由

000 变为 001；第二个计数脉冲作用后，各触发器状态由 001 变为 010；……当第七个计数脉冲作用后，F3、F2、F1 状态为 111；当第八个计数脉冲作用后，F3、F2、F1 状态变为 000。这就是说，三个触发器组成的计数器，最多可记忆 7 个计数脉冲。若需记忆 2^n-1 个计数脉冲，则需要串联 n 个触发器来构成二进制计数器。计数器不仅能记忆输入脉冲的数目，还具有分频功能。因为三个触发器的输出脉冲 Q1、Q2 和 Q3 的频率，分别是计数脉冲 CP 频率的 1/2、1/4 和 1/8，因此称之为二分频、四分频和八分频。

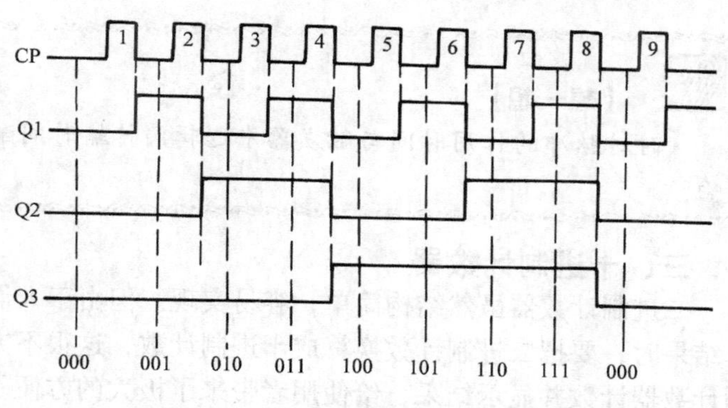

图 9-6 三位二进制减法计数器时序图

2. 二进制减法计数器

图 9-7 所示是用主从 J-K 触发器组成的二进制减法计数器的逻辑图。它与图 9-5 不同的是低位触发器 $\overline{Q}$ 端连接到高位触发器的 CP 端。减法计数过程简述如下：

计数前先清“0”，使三个触发器 F3、F2、F1 状态为 000。当第一个计数脉冲 CP 的下降沿到来时，F1 由“0”变为“1”，$\overline{Q1}$由“1”变为“0”，这个负跳变使触发器 F2 由“0”变为“1”，$\overline{Q2}$由“1”变为“0”，使触发器 F3 由“0”变为“1”，这时计数器状态为 111；当第二个计数脉冲 CP 的下降沿到来时，F1 由“1”变为“0”，$\overline{Q1}$由“0”变为“1”，产生一正跳变，它对 F2 无影响，计数器状态为 110……如此进行下去，每输入一个 CP，计数器自动减一，计数器的计数状态见表 9-4。

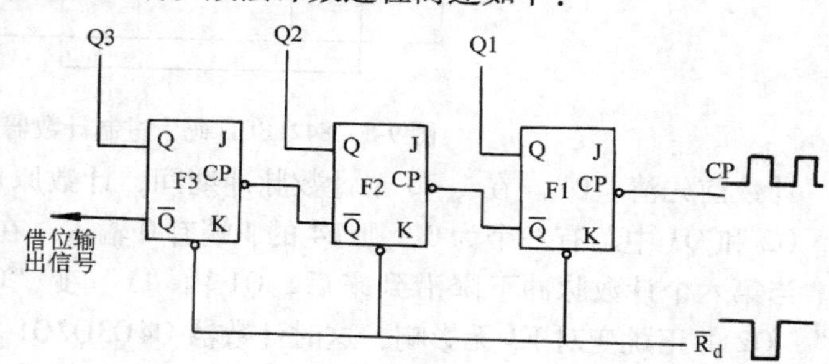

图 9-7 三位二进制减法计数器

表 9-4 二进制减法计数器的计数状态

计数脉冲 CP	触发器状态 Q3	Q2	Q1	十进制数
0	0	0	0	0
1	1	1	1	7
2	1	1	0	6
3	1	0	1	5
4	1	0	0	4
5	0	1	1	3
6	0	1	0	2
7	0	0	1	1
8	0	0	0	0

【想一想】

时钟脉冲的作用时间与触发器中逻辑门传输时间配合不好，会给触发器带来什么影响？

三、十进制计数器

二进制计数器虽然结构简单，容易实现。但由于人们对二进制数不习惯，在需要知道计算结果时，要把二进制计数换算成十进制计数，这很不方便。因此，有些场合直接利用十进制计数器计数并显示结果，给使用者带来了极大的方便。图9-8所示为用主从J-K触发器组成的8421BCD码十进制计数器的逻辑图。该电路是在四位二进制计数器基础上，令其跳过六个状态来实现十进制计数的。下面分析其计数原理。

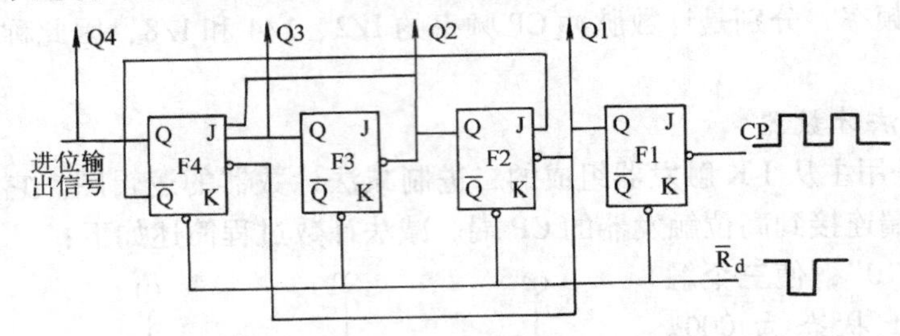

图9-8　8421BCD码十进制计数器逻辑图

计数前先清“0”。在1~5个计数脉冲期间，计数原理与二进制计数器相同，且在此期间，Q2和Q3中总有一个为0，则F4的J端有0输入，在CP的下降沿，F4为“0”。

当第六个计数脉冲下降沿到来后，Q1由“1”变“0”，这个负跳变使Q2由“0”变“1”，Q2的正跳变对F3无影响，这时计数器Q4Q3Q2Q1状态由0101变为0110状态。

第七个计数脉冲下降沿到来后，Q1由“0”变“1”，此正跳变对其他各触发器均无影响，此时计数器呈0111状态。

第八个计数脉冲下降沿到来后，F1由“1”变“0”，此负跳变使F2由“1”变“0”，Q2的负跳变又使F3由“1”变“0”，同时由于第七个计数脉冲已使F4的J端输入为1，故Q1的负跳变也使F4翻转，Q4由“0”变“1”，这时计数器变成1000状态。

第九个计数脉冲使F1翻转，Q1由“0”变“1”，Q1的正跳变对触发器无影响，计数器为1001状态。

第十个计数脉冲输入后，F1翻转，Q1由“1”变“0”，送给F2、F4的CP端一个负跳变，F2因J端有0输入，维持“0”状态不变；F4因K端为1，J端为0而翻转为“0”状态，这样计数器由1001回到0000状态，同时向高位输送一进位信号，实现了一位二-十进制的计数。

【能力拓展】

表示一位十进制数最少需要几个触发器？参考图9-5试画出五位计数器，并说明这个触发器最多能计数多少？（用十进制数表示）

◇◇◇ 第三节　寄　存　器

存放数码的逻辑部件称为寄存器。具有记忆功能的触发器都能寄存数码。一个触发器能存放一位二进制数码，若需存放 n 位二进制数码，则应使用 n 个触发器。因此，触发器是寄存器的基本单元。下面介绍两种常用的寄存器。

一、基本寄存器

基本寄存器又称为数码寄存器，图 9-9 所示是由 D 触发器组成的三位数码寄存器逻辑图和实物。由 D 触发器的逻辑功能得知，F1 ~ F3 的状态直接由 D1 ~ D3 端的电平决定。把所需要寄存的数码加在 D1 ~ D3 端，在存数指令的上升沿，F1 ~ F3 的状态被触发翻转。电路在接收数码之前，无需对寄存器清零。下面举例说明寄存器的工作过程。

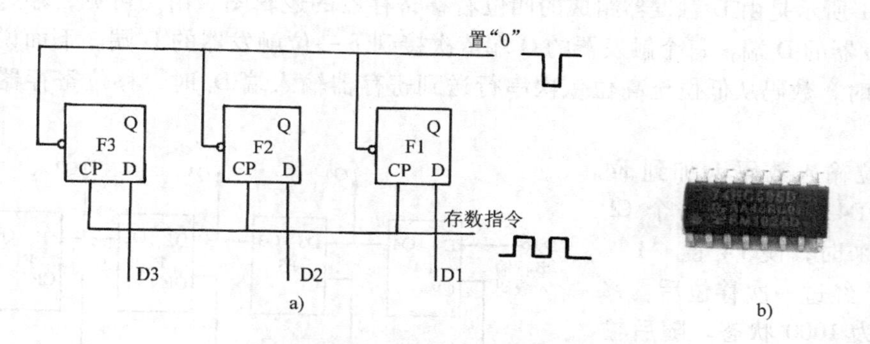

图 9-9　数码寄存器逻辑图和实物

a）逻辑图　b）实物

若寄存器要接收并寄存 011 这个数码，则在存数指令到来时，因 D1 = 1、D2 = 1，使 F1 置“1”，即 Q1 = 1，使 F2 也置“1”，即 Q2 = 1；因 D3 = 0，使 F3 置“0”，即 Q3 = 0。这样在存数指令作用下，输入数码通过 D1 ~ D3 控制端，被存入到相应的触发器中，而数码还可以从各触发器的 Q 端输出。除了用 D 触发器组成数码寄存器以外，还有用基本 R-S 触发器组成的数码寄存器，如图 9-10 所示。

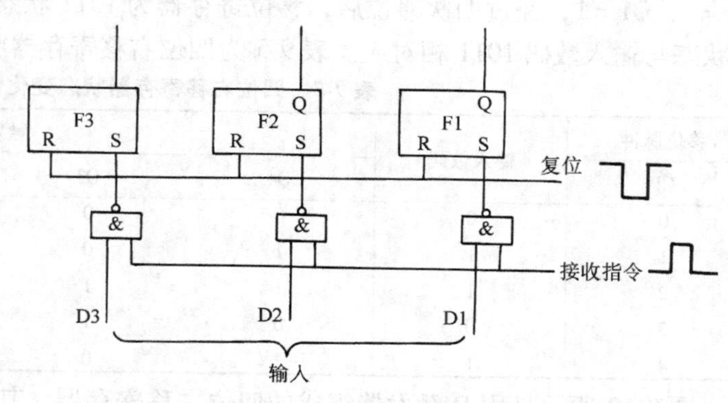

图 9-10　由基本 R-S 触发器组成的数码寄存器

对于这种寄存器来说，在接收数码之前必须要先发一个复位脉冲，使寄存器中的所有触发器全部置“0”，然后再发接收指令。如输入的数码是 110，当接收命令到来时，D3、D2、D1 信号 110 将通过各自的与非门，其中 F3 和 F2 位的与非门输出负脉冲。由基本 R-S 触发器的逻辑功能得知，这个负脉冲使 F3、F2 置“1”，而 F1 的 S 端输入的是正脉冲，使 F1 保持原来的“0”态，于是寄存器便把 110 这个数码寄存起来了。如果不对寄存器清0就接收数码，寄存器就可能出错。例如寄存器中原来存放的是101，现在要接收110新数码，因寄存器没有复位，则在接收命令下，寄存器中存放的数码将是111，即F1位出错。

比较上述两种寄存器得知，图9-10所示寄存器的控制门复杂些，而且在接收数码前需要清0，所以目前常用的寄存器多由D触发器构成。

二、移位寄存器

具有移位逻辑功能的寄存器就是移位寄存器。移位是指每当来一个移位脉冲，触发器的状态便右移或左移一位，也就是指寄存的数码可以在移位脉冲的控制下，依次进行右（或左）移位。在进行二进制加法运算、乘法运算以及二-十进制数转换时，都需要这种移位功能。可见，移位是一种重要的逻辑功能。

1. 单向移位寄存器

图9-11所示是由D触发器组成的四位右移寄存器的逻辑图。由图可见，输入数码加到最高位触发器的D端，每个触发器的Q端依次接到下一位触发器的D端。下面说明输入数码为1011时，数码从低位至高位依次串行送到寄存器输入端 D_i 时，移位寄存器的工作过程。

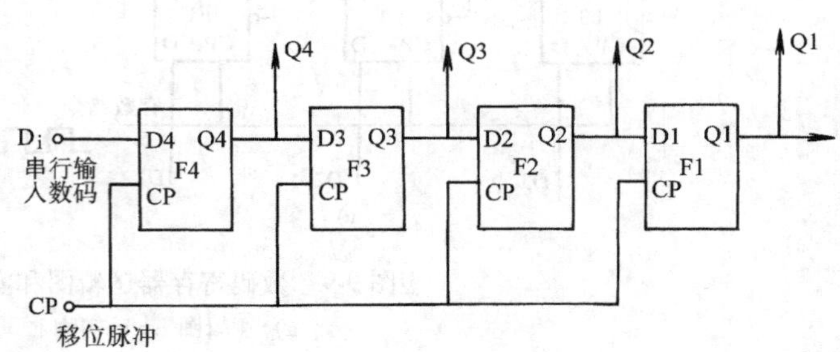

图9-11　四位右移寄存器

最低位输入数码1加到F4触发器的D4端。在第一个CP上升沿到来时，使F4置“1”，即Q4=1，经过一次移位后，移位寄存器为1000状态。随后输入的数码为1，故在移位脉冲的作用下，D4=1使F4置“1”，D3=Q4=1使F3也置“1”，则经过两次移位后，移位寄存器为1100状态。第三个输入数码为0，在CP作用下，Q4=0、Q3=1、Q2=1，则经过三次移位后，移位寄存器为0110状态。因第四个输入数码为1，则在CP作用下，Q4=1、Q3=0、Q2=1、Q1=1，经过四次移位后，移位寄存器为1011状态。四个触发器输出端Q4Q3Q2Q1的状态与输入数码1011相对应。表9-5为四位右移寄存器状态变化情况。

表9-5　四位右移寄存器状态变化情况

移位脉冲	输入数码	触发器状态			
CP		Q4	Q3	Q2	Q1
0	0	0	0	0	0
1	1	1	0	0	0
2	1	1	1	0	0
3	0	0	1	1	0
4	1	1	0	1	1

图9-12所示是用D触发器组成的四位左移寄存器，其工作原理与右移寄存器类似，读者可自行分析。

图9-13所示为并行输入-串行输出四位右移寄存器。该电路由四个D触发器组成。输入数码X4X3X2X1通过输入控制信号，经四个与非门分别加到各触发器的直接置位端，F4触

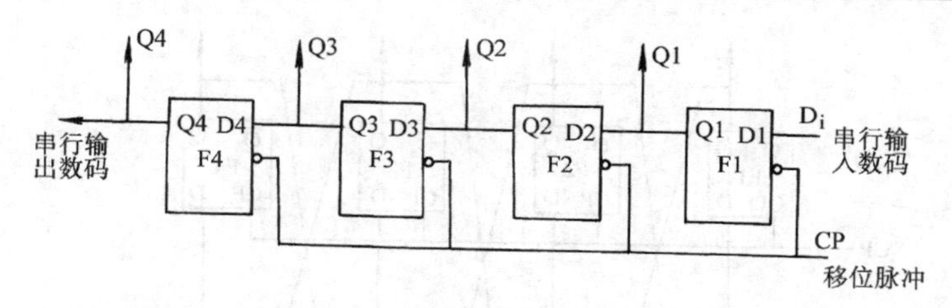

图 9-12 四位左移寄存器

发器的 D 端直接接地。数码并行输入前，先将并行输入数码 X4、X3、X2、X1 通过各自的与非门，从各个触发器的直接置“1”端存入寄存器。

设输入数码为 1011，即 X1 = 1、X2 = 1、X3 = 0、X4 = 1，在输入控制信号“1”作用下，F4 触发器的 Q4 = 1，F3 触发器的 Q3 = 0，F2 和 F1 两触发器的 Q2 = 1、Q1 = 1，四个触发器 F4、F3、F2、F1 的状态为 1011，与并行输入数码一致。当第一个 CP 信号到来时，F4 因 D 端接地而置成“0”态，同时 F4 的预置数码 1 传给 F3，F3 的预置数码传给 F2……，F1 的预置数码 1 从 Q1 端输出。以后，每来一个 CP，数码就右移一位，直到全部数码串行移出寄存器。寄存器状态变化情况见表 9-6。

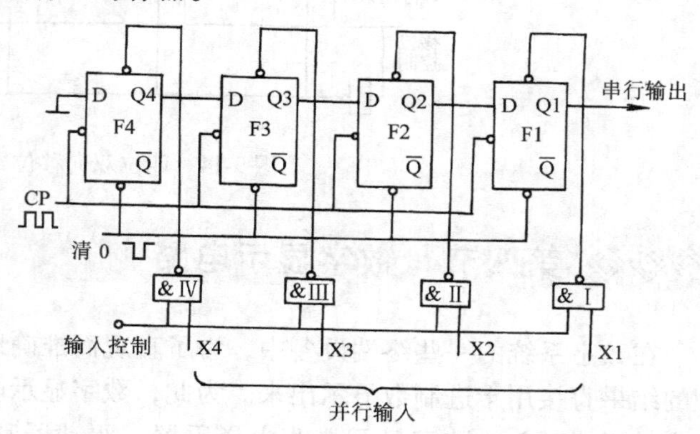

图 9-13 并行输入-串行输出四位右移寄存器

表 9-6 并行输入-串行输出移位寄存器状态变化情况

移位脉冲 CP	Q4	Q3	Q2	Q1
并行输入	1	0	1	1
CP1	0	1	0	1
CP2	0	0	1	0
CP3	0	0	0	1
CP4	0	0	0	0

2. 双向移位寄存器

图 9-14 所示为由 D 触发器构成的四位双向移位寄存器。图中除移位控制部分不同外，其余部分与四位单向移位寄存器相同。该双向移位寄存器的工作情况如下：

用移位控制信号来控制移位方向。当控制信号为 1 时，各触发器控制电路左侧的与门打开，右侧的与门封锁，串行输入数码通过或门加到 F1 的 D 端，而 Q1、Q2、Q3 分别通过或门加到 F2、F3、F4 的 D 端，在 CP 脉冲到来时，各触发器原寄存的数码向右移位。

当移位控制信号为 0 时，各触发器控制电路右侧的与门打开，左侧的与门封锁，串行输入数码通过或门加到 F4 的 D 端，而 Q4、Q3、Q2 分别通过或门加到 F3、F2、F1 触发器的 D 端，在 CP 脉冲到来时，各触发器原来所寄存的数码向左移位。

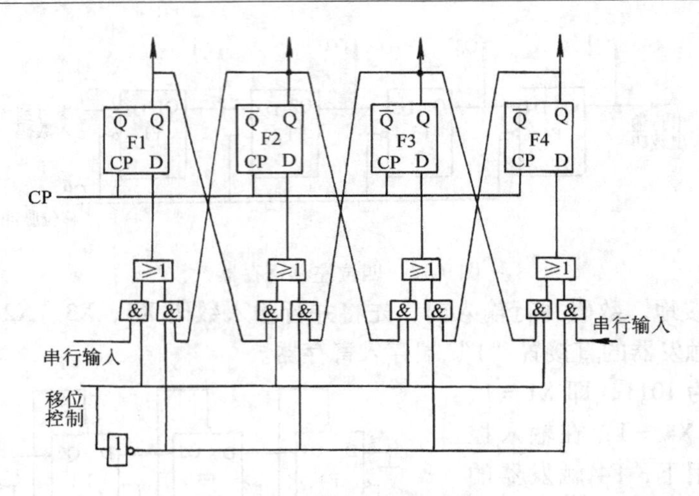

图 9-14　四位双向移位寄存器

◇◇◇ 第四节　数字显示电路

在数字系统的一些终端设备中，为了直观而准确地获得所需要的数据，需要将测量或处理的结果直接用十进制数显示出来。为此，数字显示电路应运而生，它是许多数字装置不可缺少的组成部分。数字显示电路由译码器、驱动器和显示器等部分组成，如图 9-15 所示。用来显示数字的器件就是数码显示器，简称数码管。

一、两种常用的分段数码显示器

数码的显示方式有三种，即字形重叠式、分段式和点矩阵式，其中分段显示方式较为先进，有着广阔的发展前景。所谓分段显示方式指的是：数码由分布在同一平面上的若干段发光的笔画组成。

1. 半导体发光数码管

通常我们用磷砷化镓或磷化镓等特殊的半导体材料制成 PN 结，将 PN 结用透明的环氧树脂封装即成为发光二极管。这种发光二极管掺杂浓度很高，与普通二极管一样，在正向电压作用下，PN 结变薄，致使 N 区和 P 区的多子向对方扩散，扩散到对方以后产生复合，释放出能量，这些能量大部分以光的形式释放出来，成为一定波长的可见光，清晰悦目。一般情况下 PN 结通过 3～10mA 的正向电流时，二极管就会发出光来。目前已制成能发出红、绿、黄等颜色的发光二极管。

把发光二极管中的 PN 结做成条状（或段状），用七段条状发光二极管组成七段式半导体发光数码管。图 9-16 所示为数码管的外形及引脚排列。半导体发光数码管的工作电压为 1.5～3V，工作电流为 5～25mA。它适合于集成电路直接配用，在微型计算机、数字化仪表中应用十分广泛。

半导体发光数码管直接用 TTL 集成与非门电路驱动，即将七段译码器输出端直接接到图 9-16 中相应的引脚上，而七段中哪几段亮，则由译码器相应输出电平的高低来决定。

2. 液晶数码显示器

液晶数码显示器的主要材料是液态晶体（简称液晶），它是一种介于液态和固态之间的有机化合物。在特定温度范围内，它既有液体的流动性、又有固态晶体的某些光学特性。液晶的透明度和颜色随电场、磁场、光、温度、力等外界条件的变化而变化。利用液晶的这一特点，便可做成电场控制的七段数码显示器。当无外加电场作用时，液晶分子整齐排列。此时，当外部有光线入射时，液晶没有散射作用，呈透明状态。如果在相应各段加上电压，在电场作用下，液晶中预先掺杂而形成的正离子产生定向运动，在运动过程中，使液晶分子受到碰击而旋转，破坏了分子的整齐排列，成为紊乱状态，因而对外部入射光产生散射，原来透明的液晶变成了暗灰色，显示器显示出相应的字形。当外加电压断开后，经短暂延迟，液晶又重新恢复到原来的整齐排列，字形消失。图 9-17a 所示为分段式液晶数码显示器的结构。

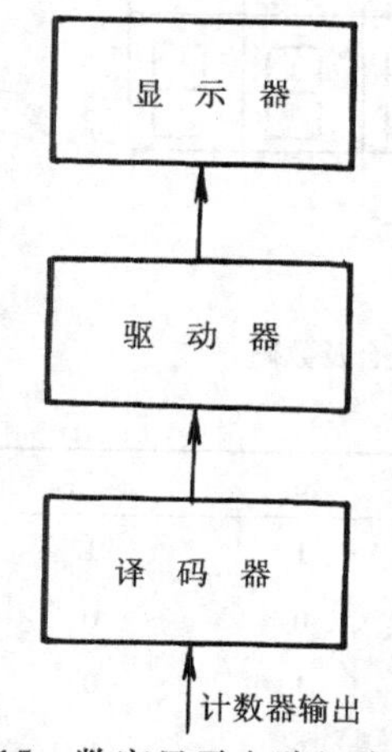

图 9-15 数字显示电路组成框图

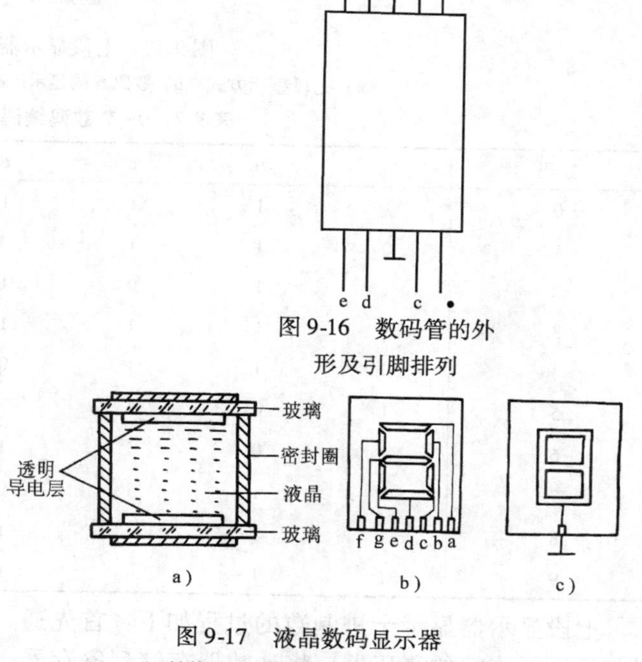

图 9-16 数码管的外形及引脚排列

图 9-17 液晶数码显示器
a) 结构 b) 正面电极 c) 反面电极

它的制作过程是：在平整度很好的玻璃上喷上二氧化锡透明导电层，刻出七段作正面电极（见图 9-17b），在另一块玻璃上对应地刻出七段作为反面电极（见图 9-17c），然后封装成间隙约 10μm 的液晶盒，灌注液晶后密封而成。若有选择地在液晶屏的某些正面电极和反面电极间加适当大小的电压，则该段所夹持的液晶产生散射效应，显示出相应的字符。液晶数码显示器具有工艺简单、结构紧凑、体形薄及工作电压低、耗电少、成本低等优点。但是，由于液晶本身并不发光，它需要借助自然光或外来光显示数码，是一种被动式显示器件。目前，在电子钟表和袖珍电子计算器中用得较多。

二、二进制译码器

1. 七段显示数码原理

在数字电路技术中，可以利用数码管显示 0 ~ 9 十个数码，采用七段显示方式，如图 9-18a 所示。图中的 a、b、c、d、e、f、g 就是数码管中被制成条状的七个 PN 结。有选择地使其中需要的段发光，就能组成十个不同的数码，例如：使 b、c 两段发光，则显示出数码 1；

再如：使a、c、d、e、f、g段均发光，则显示数码6，如图9-18b所示，其余类推。表9-7列出了通过a、b、c、d、e、f、g的组合，获得0～9十个数码的编码表。表中1表示发光段，0表示不发光段。这里是用七位二进制数码来实现编码的。

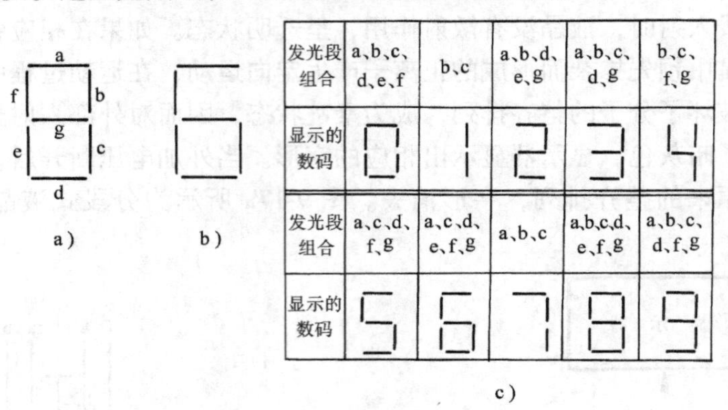

图9-18　七段显示器

a）七段显示方式　b）数码6的显示　c）段组合及数码

表9-7　0～9数码编码表

数码	a	b	c	d	e	f	g
0	1	1	1	1	1	1	0
1	0	1	1	0	0	0	0
2	1	1	0	1	1	0	1
3	1	1	1	1	0	0	1
4	0	1	1	0	0	1	1
5	1	0	1	1	0	1	1
6	1	0	1	1	1	1	1
7	1	1	1	0	0	0	0
8	1	1	1	1	1	1	1
9	1	1	1	1	0	1	1

七段显示器显示十进制数的过程如下：首先通过与显示器连接的译码器，将计数器存储到寄存器中的数字通过译码器翻译出来，然后经过驱动器点亮对应的段，从而显示出相应的十进制数码。段组合及数码如图9-18c所示。

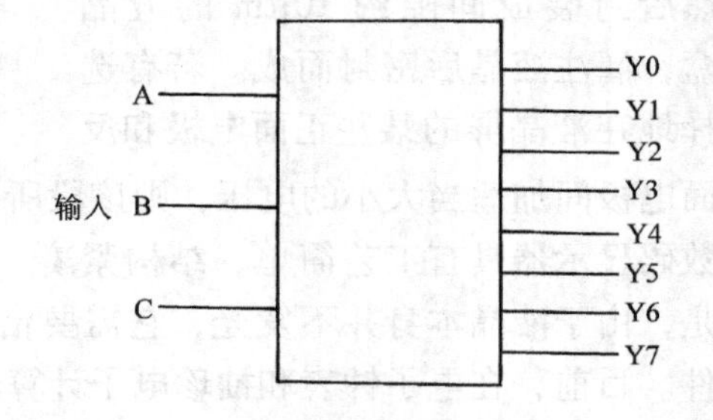

图9-19　三位译码器框图

2. 二进制译码器

二进制译码器是将具有特定含意的一组二进制代码，按其原意翻译成对应输出信号的逻辑电路。二进制译码器按其输入端和输出端数目的不同，分为2线-4线译码器、3线-8线译码器和4线-16线译码器等。二进制译码器可以用二极管与门组成，也可以用集成电路与非门组成。这里只对集成电路与非门译码器进行讨论。图9-19所示为一个三位译码器框图。

该译码器输入的是一组三位二进制代码，三位二进制数可组成八种不同的代码，这八种不同的代码又可对应八个十进制数，即 0 ~ 7。设 A、B、C 为三个输入变量，Y0 ~ Y7 为八个输出变量，则输入和输出的状态关系可用表 9-8 来表示。

表 9-8　三位译码器状态表

输入			输出							
A	B	C	Y0	Y1	Y2	Y3	Y4	Y5	Y6	Y7
0	0	0	1	0	0	0	0	0	0	0
0	0	1	0	1	0	0	0	0	0	0
0	1	0	0	0	1	0	0	0	0	0
0	1	1	0	0	0	1	0	0	0	0
1	0	0	0	0	0	0	1	0	0	0
1	0	1	0	0	0	0	0	1	0	0
1	1	0	0	0	0	0	0	0	1	0
1	1	1	0	0	0	0	0	0	0	1

由状态表可方便地写出如下逻辑式：

$$Y0=\overline{ABC}=\overline{\overline{ABC}} \qquad Y1=\overline{AB}\,C=\overline{\overline{\overline{AB}\,C}}$$

$$Y2=\overline{A}\,B\,\overline{C}=\overline{\overline{\overline{A}\,B\,\overline{C}}} \qquad Y3=\overline{A}\,BC=\overline{\overline{\overline{A}\,BC}}$$

$$Y4=A\,\overline{BC}=\overline{\overline{A\,\overline{BC}}} \qquad Y5=A\,\overline{B}\,C=\overline{\overline{A\,\overline{B}\,C}}$$

$$Y6=AB\,\overline{C}=\overline{\overline{AB\,\overline{C}}} \qquad Y7=ABC=\overline{\overline{ABC}}$$

根据上述逻辑式可画出逻辑电路，如图 9-20 所示。

译码器的工作过程如下：当输入代表十进制数 6 的二进制代码 ABC = 110 时，由逻辑式可知，只有输出端 Y6 = 1，而其他输出端均为 0。因此，仅代表 6 的 Y6 线上有输出信号。也就是说，每输入一组代码，译码器就有相应的输出端输出高电平，并以此激励驱动电路，使数码管获得较大的驱动电流而发光。

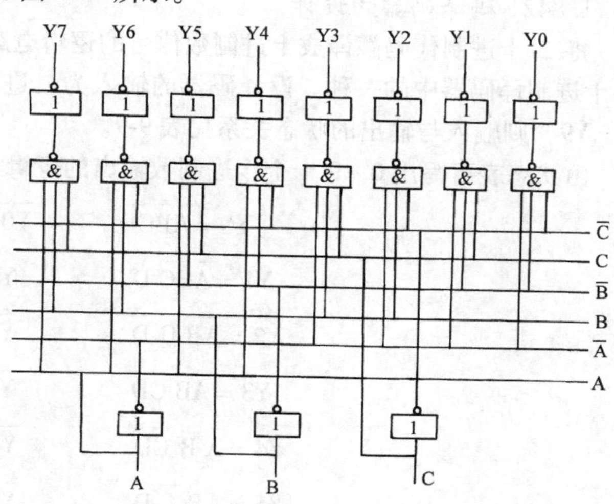

图 9-20　二进制三位译码器逻辑电路

分析图 9-20 可知，一个 n 位二进制译码器就要由 2^n 个与非门组成，每个与非门要有 n 个输入端。但是，与非门输入端最多只有 6 个，所以当二进制代码的位数多于与非门的输入端数时，门电路的数量会大大增加。在这种情况下，常采用分级译码以减少电路的数目。如对一个五位二进制代码译码时，是将这个代码分成两组，一组为三位，另一组为两位。先将这两组分别采用上面的方式译码，称为一级译码。最后把两组一级译码的输出进一步译码，称为二级译码。图 9-21 是一个五位二进制代码分级译码框图。一、二级译码输入与输出的逻

辑关系为

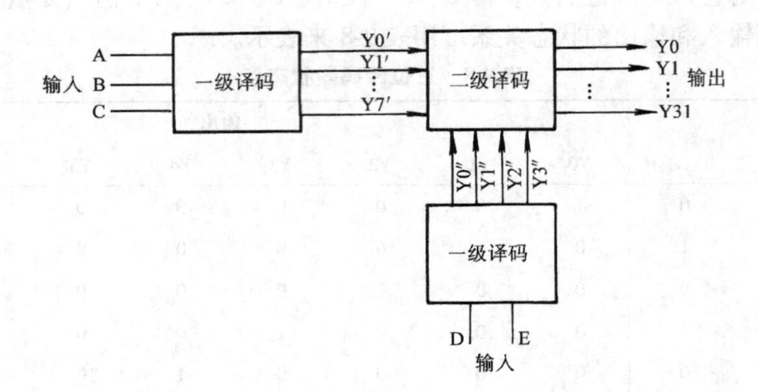

图 9-21　五位二进制代码分级译码框图

$$Y0' = \overline{ABC} \quad Y1' = \overline{AB}\,C \quad \cdots\cdots \quad Y7' = ABC$$

$$Y0'' = \overline{DE} \quad Y1'' = \overline{D}\,E \quad Y2'' = D\,\overline{E} \quad Y3'' = DE$$

$$Y0 = Y0'Y0'' = \overline{ABCDE} \quad Y1 = Y0'Y1'' = \overline{ABCD}\,E \quad \cdots\cdots$$

$$Y4 = Y1'Y0'' = \overline{AB}\,C\,\overline{DE} \quad \cdots\cdots \quad Y8 = Y2'Y0'' = \overline{A}\,B\,\overline{CDE}$$

$$\cdots\cdots \quad Y31 = Y7'Y3'' = ABCDE$$

由此可看出，分级译码是利用增加与非门的数量来减少译码器输入端数目的。

三、8421 码译码器

1. 8421 码译码器的设计

将二-十进制代码翻译成十进制数信号的逻辑电路称为二-十进制译码器。8421 译码器是二-十进制译码器中的一种。设译码器的输入为二进制代码 A、B、C、D，输出为 Y0、Y1、…、Y9，则输入与输出的状态关系见表 9-9。

由状态表可写出 0 ~ 9 十个十进制数输出的逻辑式为

$$Y0 = \overline{ABCD} \qquad \overline{Y0} = \overline{\overline{ABCD}}$$

$$Y1 = \overline{ABC}\,D \qquad \overline{Y1} = \overline{\overline{ABC}\,D}$$

$$Y2 = \overline{AB}\,C\,\overline{D} \qquad \overline{Y2} = \overline{\overline{AB}\,C\,\overline{D}}$$

$$Y3 = \overline{AB}\,CD \qquad \overline{Y3} = \overline{\overline{AB}\,CD}$$

$$Y4 = \overline{A}\,B\,\overline{CD} \qquad \overline{Y4} = \overline{\overline{A}\,B\,\overline{C}\,\overline{D}}$$

$$Y5 = \overline{A}B\,\overline{C}\,D \qquad \overline{Y5} = \overline{\overline{A}\,B\,\overline{C}\,D}$$

$$Y6 = \overline{A}\,B\,C\,\overline{D} \qquad \overline{Y6} = \overline{\overline{A}\,BC\,\overline{D}}$$

$$Y7 = \overline{A}\,BCD \qquad \overline{Y7} = \overline{\overline{A}\,BCD}$$

$$Y8 = A\,\overline{BCD} \qquad \overline{Y8} = \overline{A\,\overline{B}\,\overline{C}\,\overline{D}}$$

$$Y9 = A\,\overline{BC}\,D \qquad \overline{Y9} = \overline{A\,\overline{BC}\,D}$$

由 Y0 ~ Y9 反变量逻辑表示式可画出译码器的逻辑电路，如图 9-22 所示。

表 9-9 8421 码译码器输入与输出的状态关系

输入				输出									
A	B	C	D	Y0	Y1	Y2	Y3	Y4	Y5	Y6	Y7	Y8	Y9
0	0	0	0	1	0	0	0	0	0	0	0	0	0
0	0	0	1	0	1	0	0	0	0	0	0	0	0
0	0	1	0	0	0	1	0	0	0	0	0	0	0
0	0	1	1	0	0	0	1	0	0	0	0	0	0
0	1	0	0	0	0	0	0	1	0	0	0	0	0
0	1	0	1	0	0	0	0	0	1	0	0	0	0
0	1	1	0	0	0	0	0	0	0	1	0	0	0
0	1	1	1	0	0	0	0	0	0	0	1	0	0
1	0	0	0	0	0	0	0	0	0	0	0	1	0
1	0	0	1	0	0	0	0	0	0	0	0	0	1

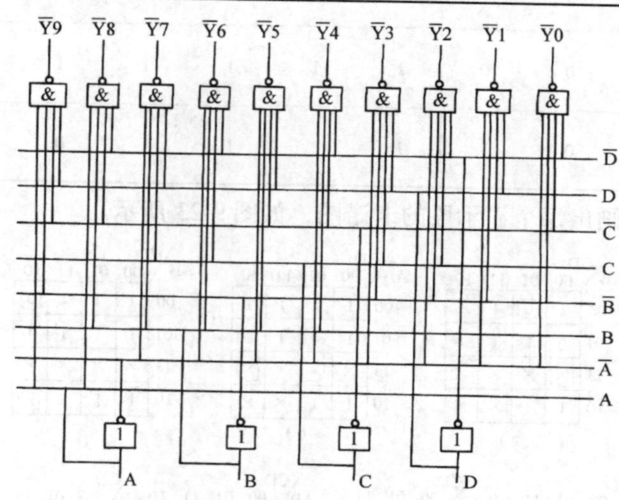

图 9-22 8421 码译码器逻辑电路

2. 8421 码译码器的应用——七段字形译码器

分段式数码管要求译码器能直接将 BCD 码翻译成显示器所需要的七位二进制代码。由 8421BCD 码的编码表和图 9-18a 所示的七段显示方式，可列出 A、B、C、D 四个输入变量和 a、b、c、d、e、f、g 七个输出变量之间的逻辑状态表，见表 9-10。

表 9-10 8421 码和七段显示逻辑状态表

十进制数	输入				输出							字型
	A	B	C	D	a	b	c	d	e	f	g	
0	0	0	0	0	1	1	1	1	1	1	0	
1	0	0	0	1	0	1	1	0	0	0	0	
2	0	0	1	0	1	1	0	1	1	0	1	

（续）

十进制数	输入 A	B	C	D	输出 a	b	c	d	e	f	g	字型
3	0	0	1	1	1	1	1	1	0	0	1	3
4	0	1	0	0	0	1	1	0	0	1	1	4
5	0	1	0	1	1	0	1	1	0	1	1	5
6	0	1	1	0	1	0	1	1	1	1	1	6
7	0	1	1	1	1	1	1	0	0	0	0	7
8	1	0	0	0	1	1	1	1	1	1	1	8
9	1	0	0	1	1	1	1	1	0	1	1	9

根据逻辑状态表画出每个显示段的卡诺图，如图9-23所示。

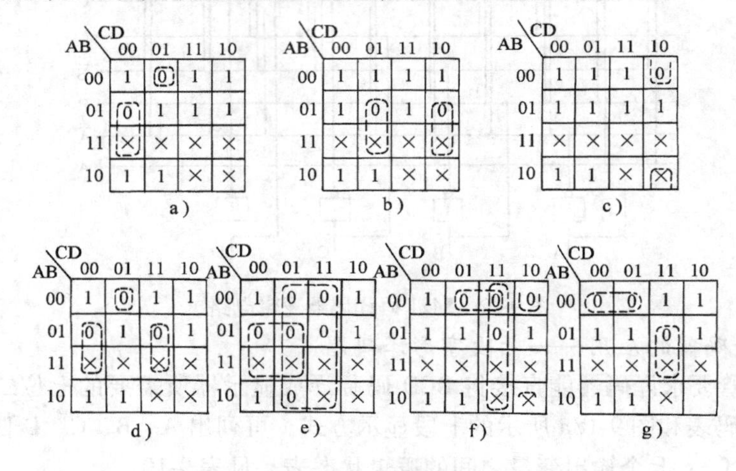

图9-23　七段显示输入-输出状态的卡诺图

卡诺图中以“1”表示亮，“0”表示暗。由于输入为8421BCD码，1010～1111六种状态未被采用，故作为约束项处理，用“×”表示。

由卡诺图可看出，0状态较少，故写出$\bar{a}$、$\bar{b}$、$\bar{c}$、$\bar{d}$、$\bar{e}$、$\bar{f}$、$\bar{g}$的逻辑表达式较简便。

$$\bar{a} = B\,\overline{CD} + \overline{ABC}\,D$$

$$\bar{b} = B\,\bar{C}\,D + BC\,\bar{D}$$

$$\bar{c} = \bar{B}\,C\,\bar{D}$$

$$\bar{d} = B\,\overline{CD} + BCD + \overline{ABC}\,D$$

$$\bar{e} = B\,\bar{C} + D$$

$$\bar{f} = CD + \bar{B}C + \overline{AB}D$$

$$\bar{g} = \overline{ABC} + BCD$$

根据上述逻辑表达式画出逻辑电路如图 9-24 所示。

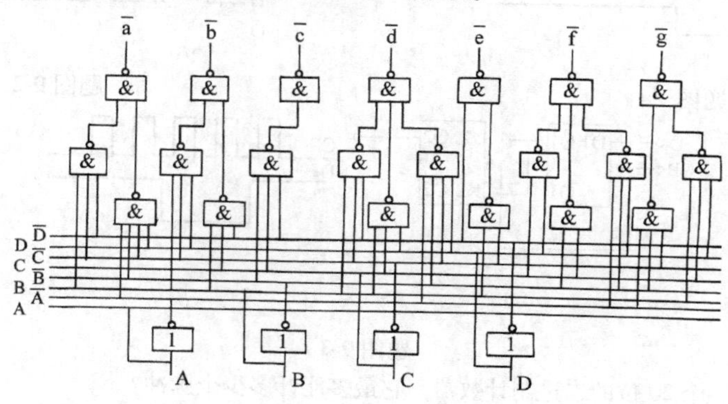

图 9-24　七段译码器逻辑电路

若输入的 8421 码为 0101，A = 0、B = 1、C = 0、D = 1，则输出端 $\bar{a}$ = 0、$\bar{b}$ = 1、$\bar{c}$ = 0、$\bar{d}$ = 0、$\bar{e}$ = 1、$\bar{f}$ = 0、$\bar{g}$ = 0。也就是说，a、c、d、f、g 五段发光，七段数码管显示出数码 “5”。

小　结

1）计数器按其进位制的不同可分为二进制计数器和十进制计数器。组成计数器的基本单元是触发器。触发器的种类很多，按逻辑功能的不同可分为基本 R-S 触发器、主从 J-K 触发器和 D 触发器等。

2）寄存器是存放数码的逻辑部件。数码寄存器和移位寄存器是两种常用的寄存器。由于一个触发器有 “1” 和 “0” 两种状态，故用一个触发器能存放一位二进制数码；而用 n 个触发器就能存放 n 位二进制数码。因此，触发器是寄存器的基本单元。

3）数码显示电路主要由译码器、驱动器和显示器这三部分组成。半导体发光数码管和液晶数码显示器是两种常用的分段数码管。译码器的任务是将输入的二进制信息代码还原为相应的数字、指令或字符等。二进制译码器和 8421 码译码器，可以通过输入与输出的状态表写出输入与输出之间的逻辑表达式，并由逻辑表达式画出其逻辑电路。

习　题

1. 何谓计数器？它有什么用途？对计数器怎样进行分类？

2. 常见的触发器有哪几种？试写出它们的逻辑符号及状态表。指出主从 J-K 触发器和 D 触发器的不同之处。

3. 什么叫做触发器的 “空翻”？它是怎样产生的？如何避免触发器的 “空翻”？

4. 若主从 J-K 触发器的初始状态为 “0”，试画出在题图 9-1 所示 CP、J、K 信号作用下，触发器 Q 端的波形。

5. 若 D 触发器的初始状态为 “0”，试画出在题图 9-2 所示 CP 和 D 信号作用下触发器 $\bar{Q}$ 端的波形。

6. 题图 9-3a 所示电路由 D 触发器和主从 J-K 触发器组成。设触发器的初始状态均为 “0”，试画出在题图 9-3b 所示 CP 和 D 信号作用下 Q1、Q2 端的波形。

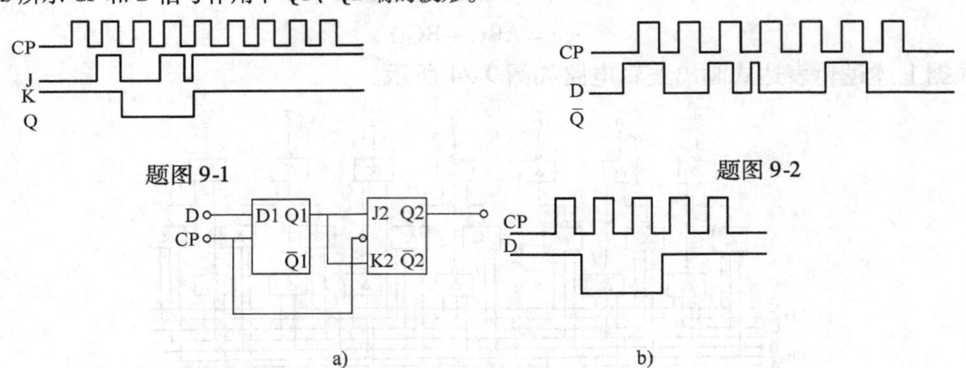

题图 9-3

7. 某数控机床用一个 20 位的二进制计数器，它最多能计多少个脉冲？

8. 试画出一个五位的二进制加法计数器。设计数开始时为“01001”状态，当最低位接收 18 个计数脉冲时，触发器 F1 ~ F5 各是什么状态？

9. 何谓寄存器？它有什么用途？常用的寄存器有哪几种？

10. 设计一个电路并画出其逻辑图。当四个输入变量 A 、B、C、D 不一致时，输出 Y 为 1。

11. 根据下面的状态表设计并画出相应的译码电路

状　态　表

输入		输出				输入		输出			
A	B	a	b	c	d	A	B	a	b	c	d
0	0	1	0	0	0	1	0	0	0	1	0
0	1	0	1	0	0	1	1	0	0	0	1

12. 分析题图 9-4 所示电路的逻辑功能。

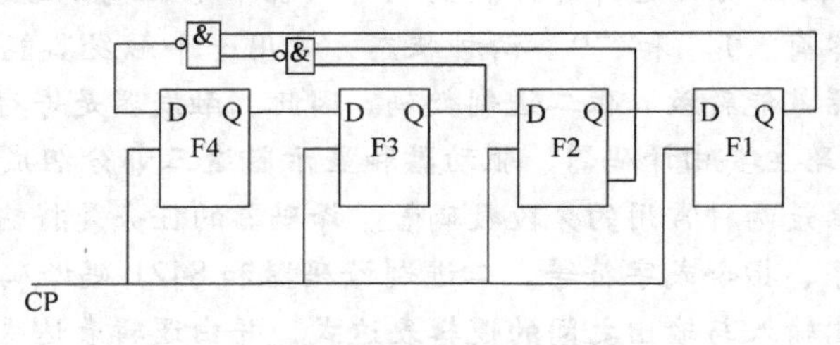

题图 9-4

第十章 晶闸管及其应用

学习要点

1. 了解晶闸管的结构，能够与晶体管区分并正确使用晶闸管。
2. 理解晶闸管的导通、关断条件，了解其主要参数、伏安特性。
3. 了解单结晶体管的构造和特性，理解由其组成的振荡电路工作原理。
4. 理解触发电路在晶闸管可控整流电路中的应用原理。
5. 明确电感性负载对可控整流电路的影响及改善方法。
6. 熟悉晶闸管的选择和使用方法。

晶闸管是硅晶体闸流管的简称。它是一种工作在开关状态下的大功率半导体器件，其主要特点是功率放大倍数很高，控制作用很强，即便是用小功率信号，也能控制大电流、高电压电路的导通或阻断。晶闸管在可控整流、逆变、变频、交流调压及无触点开关等方面，都有广泛的应用。晶闸管包括普通晶闸管、双向晶闸管、快速晶闸管等。

◇◇◇ 第一节　晶闸管简介

一、晶闸管的结构和工作原理

普通晶闸管的外形结构有螺栓式和平板式两种，如图 10-1a 所示。晶闸管有三个电极，即阳极 A、阴极 K 和门极 G。通常用字母 VT 表示晶闸管，图 10-1b 所示为晶闸管的图形符号。

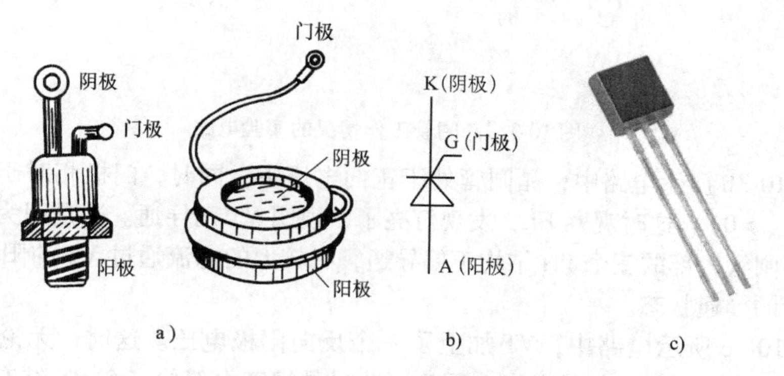

图 10-1　普通晶闸管

a) 外形　b) 图形符号　c) 实物图

螺栓式晶闸管的阳极是一个螺栓，使用时，将阳极拧紧在散热器上，另一端有两根引线，其中较粗的一根是阴极，较细的一根是门极。这种晶闸管适用于中小型容量的设备中。

平板式晶闸管的中间金属环是门极，上面是阴极，下面是阳极，而且阴极距门极比阳极近。使用时，由两个散热器把晶闸管紧紧地夹在中间，这种晶闸管用于小电流的控制。

晶闸管的内部结构如图10-2a所示。它的管芯由四层半导体P1N1P2N2构成，具有J1、J2、J3三个PN结，由最外层的P1区引出阳极A，N2区引出阴极K，中间的P2区引出门极G，即晶闸管是一种具有四层、三结、三极的半导体器件，它在结构上既不同于二极管，也不同于晶体管。

为了便于说明晶闸管的工作原理，我们可以把晶闸管用三个二极管串联来等效，如图10-2b所示；也可以用PNP型晶体管和NPN型晶体管组合而成的复合管来等效，如图10-2c所示。

为方便大家弄清晶闸管是怎样工作的，可通过图10-3所示电路演示实验来看一看。

1）给图10-3a电路中的晶闸管VT加正向电压，即$U_{AK}>0$，在门极电路中开关S断开的情况下，观察小灯泡EL，发现灯不亮，这说明$E_{1(+)}\rightarrow$VT$\rightarrow$EL$\rightarrow E_{1(-)}$未构成通路。这是因为在图10-2b所示的等效电路中，三个PN结中，J1和J3正向偏置，而J2反向偏置，所以，此时只有极小的正向漏电流通过VT，故晶闸管不导通。我们称这种状态为晶闸管的正向阻断状态。

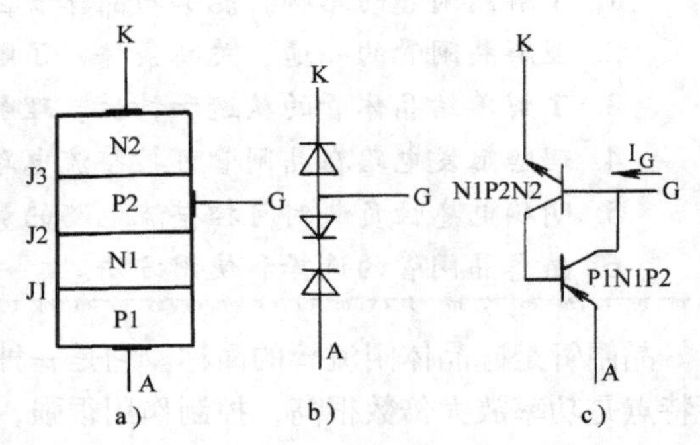

图10-2　晶闸管的内部结构及等效电路
a）内部结构　b）以二极管等效　c）以晶体管等效

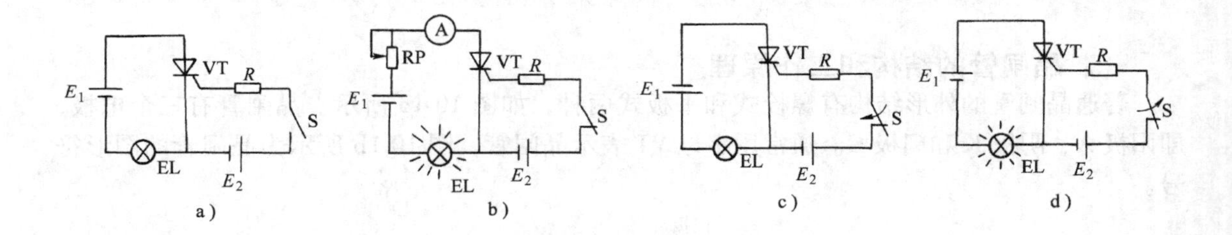

图10-3　晶闸管工作情况的实验电路

2）在图10-3b所示电路中，晶闸管处于正向电压下，同时，门极相对于阴极也加上了正向电压（$U_{GK}>0$）。这时观察EL，发现灯亮了，说明VT已导通。这是因为在两个正向电压作用下，晶闸管内部的三个PN结均正偏导通，有较大的电流通过VT的阳-阴极，称这种状态为晶闸管的导通状态。

3）在图10-3c所示电路中，VT加上了一个反向阳极电压。这时，无论门极加什么电压，发现灯都不亮，说明晶闸管关断。因为，此时晶闸管内部的三个PN结有两个或三个处于反向偏置。这种状态称为晶闸管的反向阻断状态。

4）图10-3d所示为晶闸管导通后，去掉门极电压时的电路状态。发现灯仍然亮，说明晶闸管持续导通。

总结以上实验过程，可得出晶闸管的导通条件，即

1）晶闸管阳极与阴极之间加正向电压，$U_{AK}>0$。

2）门极加适当的正向电压，$U_{GK}>0$。

一般在实际工作中，因晶闸管导通后门极已失去控制作用，故对门极加正触发脉冲电压即可。

晶闸管像整流二极管一样，具有单向导电特性，但它正向导通的可控特性却是整流二极管不具备的。

晶闸管导通后，管压降约为1V，通常可以忽略。为此，将晶闸管视为较理想的可控开关器件。

晶闸管触发导通后，门极已失去控制作用。这就是晶闸管的半控特性。如何使导通的晶闸管关断呢？我们再重回上面的演示实验看看。

在图10-3b所示电路中EL亮度正常的情况下，逐渐调节变阻器RP，观察电流表的指针变化。随着RP的增加，EL变暗，电流表的读数减小，当阳极电流降到某数值时，电流表的指针突然回到零，灯灭，说明晶闸管已关断。我们把电流表所测得的最小阳极电流称为晶闸管的维持电流，用I_H表示。总结实验过程，可得出晶闸管的关断条件，即

1）晶闸管阳极加反向电压或切除阳极电压，$U_{AK}\leqslant 0$。

2）阳极电流I_A要在维持电流I_H以下，即$I_A<I_H$。

【比较一下】

晶闸管与晶体管都有三个电极，它们在结构上有什么不同？工作状态与工作条件又有哪些区别？

二、晶闸管的伏安特性

1. 阳极伏安特性

晶闸管的阳极伏安特性是指阳-阴极间电压U_{AK}和阳极电流I_A之间的关系，如图10-4所示。图中横轴表示阳-阴极间电压，纵轴表示阳极电流。

图10-4中标出了不同门极电流下的转折电压，其中$I_{G2}>I_{G1}>I_G$，相应的$U_{B2}<U_{B1}<U_{B0}$。

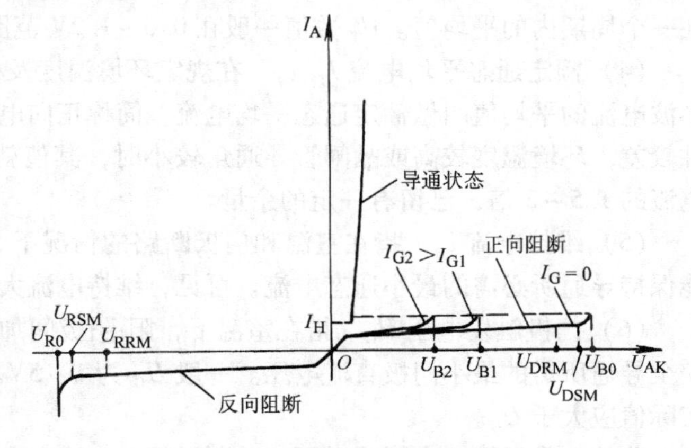

图10-4　晶闸管阳极伏安特性

当阳极电压和阳极电流均小于零时，特性曲线即为反向伏安特性。由图10-4可见，它与二极管的反向伏安特性相似。当反向电压小于反向击穿电压U_{R0}时，晶闸管处于反向阻断状态。当反向电压增加到反向击穿电压时，反向电流急剧增加，使晶闸管反向导通，并造成永久性损坏。因此，使用晶闸管时，其两端可能承受的最大峰值电压，必须小于管子的反向击穿电压，以确保管子的完好及其工作的可靠性。

2. 门极伏安特性

晶闸管的门极伏安特性是指门极与阴极之间的电压 U_{GK} 和门极电流 I_G 的关系，如图 10-5 所示。图中横轴表示门极电流，纵轴表示门-阴极间电压。

需要注意，晶闸管从正向阻断转变为正向导通，可以在两种情况下发生：一是门极未加触发电压，但阳极电压超过正向转折电压 U_{B0}，称之为晶闸管的硬开通。这种导通方法很容易造成管子不可恢复性击穿而损坏，故在正常工作时是不允许的。另一种是阳极正向电压虽然低于正向转折电压 U_{B0}，但在门极上加有适当的触发电压，使晶闸管触发导通，这恰恰是我们可以利用的晶闸管的可控单向导电性。

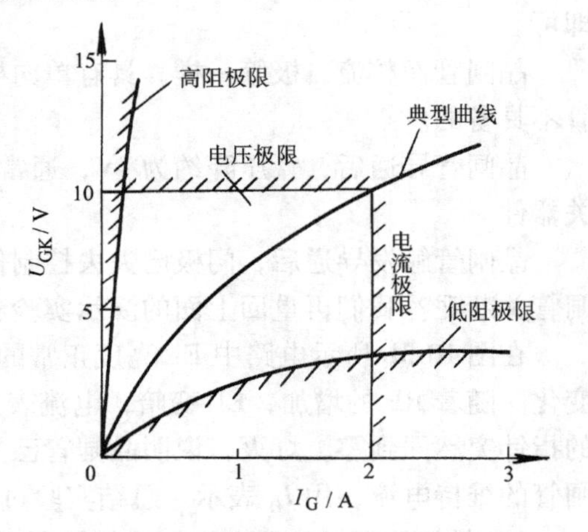

图 10-5 晶闸管控制极伏安特性

三、晶闸管的主要参数和型号

1. 主要参数

为了正确使用晶闸管，不仅需要了解晶闸管的工作原理及特性，更重要的是理解它的主要参数及意义。晶闸管的工作参数较多，实际应用时，重点考虑的有以下几项主要参数。

（1）断态重复峰值电压 U_{DRM}　指在额定结温（100A 以上为 115℃，50A 以下为 100℃）和门极断开的条件下，晶闸管处于正向阻断状态时，允许重复加在阳-阴极间的最大正向峰值电压。U_{DRM} 比正向转折电压 U_{B0} 小 100V，允许每秒重复 50 次，电压的持续时间不大于 10ms。

（2）反向重复峰值电压 U_{RRM}　指在额定结温和门极断路的条件下，允许重复加在阳-阴极间的反向峰值电压。一般情况下，其值比反向击穿电压低 100V。通常 U_{DRM} 和 U_{RRM} 数值大致相等，习惯上统称为峰值电压。

（3）通态平均电压 U_T　指在规定的环境温度和标准散热条件下，阳-阴极两端的电压降在一个周期内的平均值。U_T 数值一般在 0.6～1.2V 范围内。

（4）额定通态平均电流 $I_{T(AV)}$　在规定环境温度及标准散热条件下，允许通过工频正弦半波电流的平均值叫做额定通态平均电流，简称正向电流。它不是一个固定数值，当散热条件较差，环境温度较高或晶闸管导通角较小时，其值就要降低。一般 $I_{T(AV)}$ 为正常工作平均电流的 1.5～2 倍，已留有一定的余量。

（5）维持电流 I_H　指在室温和门极断路的情况下，晶闸管从较大的通态电流降至刚好能保持导通所必需的最小通态电流。可见，维持电流大的管子容易关断。

（6）门极触发电压 U_G　指在室温下，阳-阴极间加 6V 正向电压，使晶闸管从关断变为完全导通所需的最小门极直流电压。一般 U_G 为 1～5V。为保证可靠触发，门极触发电压的实际值应大于 U_G。

此外，晶闸管还有开通时间、关断时间、电流上升率和电压上升率等其他参数。

2. 晶闸管的型号

工频为 50Hz 的 KP 型晶闸管，型号及其含义如下：

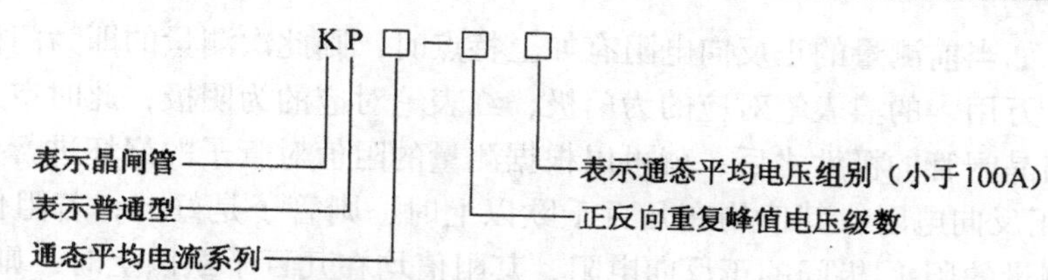

部分国产 KP 型晶闸管的主要参数见表 10-1，其通态平均电压组别见表 10-2。

表 10-1　部分国产 KP 型晶闸管的主要参数

参数 型号	通态平均电流/A $I_{T(AV)}$	断态重复峰值电压/V U_{DRM}、U_{RRM}	门极触发电压/V U_G	门极触发电流/mA I_G
KP1	1	50～1600	≤2.5	≤20
KP5	5	100～2000	≤3.0	≤60
KP10	10	100～2000	≤3.0	≤100
KP20	20	100～2000	≤3.0	≤100
KP50	50	100～2400	≤3.0	≤200
KP100	100	100～3000	≤3.5	≤250
KP200	200	100～3000	≤3.5	≤350
KP500	500	100～3000	≤4.0	≤350
KP800	800	100～3000	≤4.0	≤450
KP1000	1000	100～3000	≤4.0	≤450

表 10-2　部分国产 KP 型晶闸管的通态平均电压组别

组别	A	B	C	D	E
通态平均电压/V	$U_{T(AV)} \leq 0.4$	$0.4 < U_{T(AV)} \leq 0.5$	$0.5 < U_{T(AV)} \leq 0.6$	$0.6 < U_{T(AV)} \leq 0.7$	$0.7 < U_{T(AV)} \leq 0.8$

组别	F	G	H	I
通态平均电压/V	$0.8 < U_{T(AV)} \leq 0.9$	$0.9 < U_{T(AV)} \leq 1.0$	$1.0 < U_{T(AV)} \leq 1.1$	$1.1 < U_{T(AV)} \leq 1.2$

【练一练】

型号为 KP50—10 的晶闸管，50 表示它的通态平均电流为 50A，10 表示它的断态重复峰值电压为 10 × 100，即 1000V。那么，型号为 KP300-20D 的含义是什么？

四、晶闸管的检测

依据晶闸管的结构和其导通、关断条件，我们可以对器件进行简易测试和判断。

将万用表功能转换键置于 $R\times1\text{k}\Omega$ 欧姆挡，检查晶闸管任意两极间的正、反向电阻，并以此来鉴别晶闸管的极性及其好坏，对外形是螺栓式、平板式的晶闸管，其极性从外形上便可判断。而对一些无法从外形上判断出极性的晶闸管来说，就要分别测量阳极、阴极和门极中任意两极间的正、反向电阻。门-阴极间正反向电阻在几十欧姆至 100 欧姆，并且正反向阻值差别较小。如当前测量的正反向电阻有如上特点时，则此次测量的即为门极和阴极；测得阻值较小时，万用表的黑表笔对应的为门极，红表笔对应的为阴极，此时空余的那一极即是阳极。判别出晶闸管的极性之后，就可以根据测量的阻值对管子的好坏进行判断。若测量的阳-阴极间的正反向电阻，其值均在几百千欧以上时，则管子是好的；若阻值很小，则管子是坏的。若测量的阳-门极间的正反向电阻，其阻值均在几百千欧以上时，则管子是好的；若阻值很小，则管子是坏的。

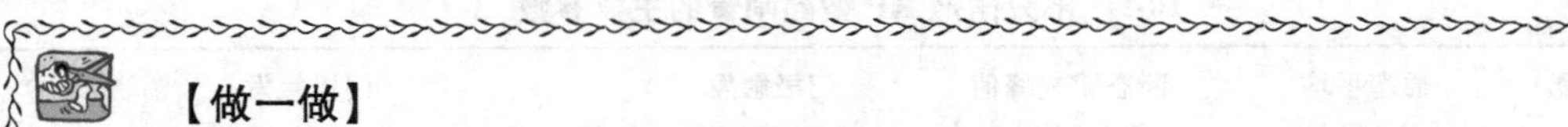

【做一做】

按图10-6所示电路连接好实验用线路，VT是已知极性的待测定晶闸管，指示灯HL的额定电压为6.3V，实验用电源采用6V直流稳压电源，也可用4节1.5V干电池串联而成。

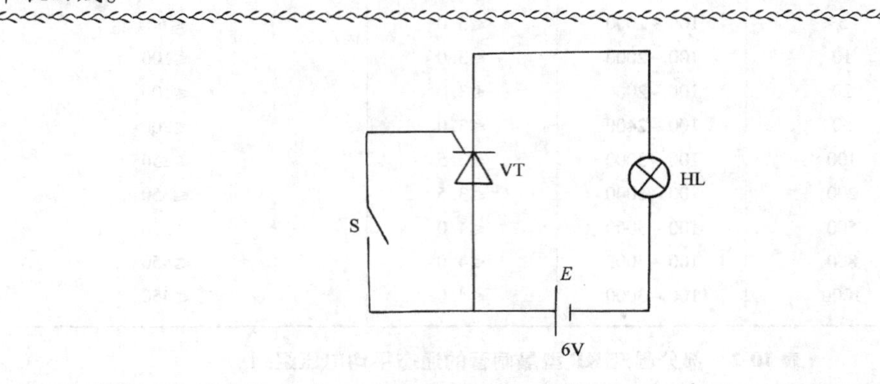

图10-6　测试晶闸管的电路

1）当开关S未合上时，HL亮与不亮，说明晶闸管的阳-阴极之间是怎样的状况？

2）当开关S闭合后，HL发光与否，说明哪个极的好坏？

3）再断开S后，观察HL发光情况说明管子的状况。

◇◇◇ 第二节　晶闸管触发电路

晶闸管的主要应用是可控整流。通过改变门极上的触发电压输出的时刻，就可以改变输出直流平均电压，针对不同的负载，可以方便地进行调整和控制。为晶闸管的门极提供触发电压的电路就称为触发电路。

一、晶闸管对触发电路的要求

为使晶闸管准确可靠地工作，触发电路必须满足下列要求：

（1）触发电压必须与晶闸管的阳极电压保持同步　同步是指触发电路都能在交流电源每周期相同的时刻送出触发脉冲电压，并触发相应的晶闸管，以保证晶闸管在每个周期内的导通角相等，使负载两端能够获得稳定不变的整流输出电压。

（2）触发电压应满足主电路移相范围的要求　为了平稳地控制输出电压，需要触发电压发出的时刻能平稳地前后移动，也就是所说的移相，以达到控制晶闸管导通角大小的目的。移相范围越大，输出电压的调整范围越大。

（3）触发信号应有足够大的电压和功率　触发电路的触发电压和触发功率都必须大于

晶闸管参数中的规定值，才能可靠地触发导通晶闸管。一般触发电压为4～10V且以脉冲形式出现。需要注意应使触发功率不超过规定值。

（4）触发电路输出的脉冲前沿要陡，宽度应满足要求　若触发脉冲前沿陡峭，就能保证晶闸管的触发时间准确，能更精确地控制晶闸管的导通。一般上升沿在10μs以下，脉冲宽度在20～50μs为宜。

（5）触发电路应具有一定的抗干扰能力　在晶闸管不需要触发时，触发电路的输出电压应小于0.15～0.2V。必要时在门极上加1～2V的负电压，以提高抗干扰能力，避免管子误触发。常见的触发电压波形如图10-7所示。触发电路的种类很多，在可控整流电路中，单结晶体管触发电路应用得最多，下面来讨论这种触发电路。

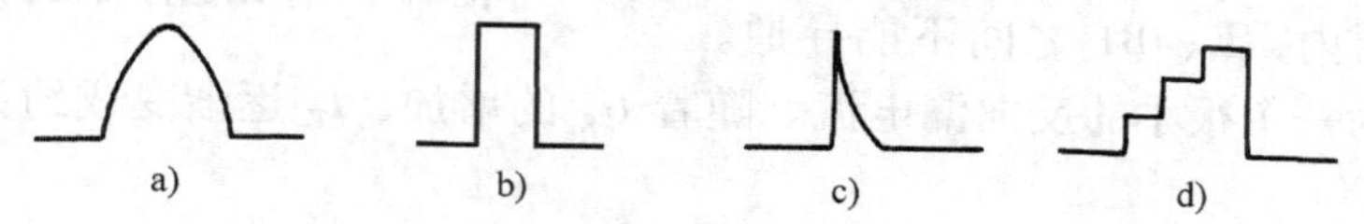

图10-7　常见的触发电压波形
a）正弦波　b）矩形波　c）尖峰波　d）阶跃波

二、单结晶体管触发电路

1. 单结晶体管的构造与特性

单结晶体管又称为双基极晶体管，它是一种特殊的半导体器件，其原理结构如图10-8a所示。图中E为发射极，B1为第一基极，B2为第二基极。整个器件装置在两面镀金的陶瓷基板上，在镀金面上焊接了一块高电阻率的N型硅基片，B1和B2两极就是从这个硅基片一侧的两端引出的。在硅片靠近B2极掺入P型杂质，形成一个PN结，由P区引出发射极E。两个基极之间的电阻为R_{BB}，$R_{BB}=R_{B1}+R_{B2}$，其值为2～15kΩ，用VD表示PN结。图10-8b、c分别为单结晶体管的等效电路和图形符号。

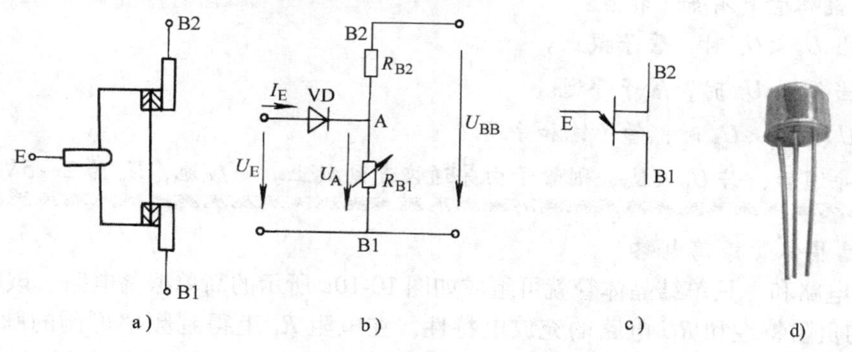

图10-8　单结晶体管
a）原理结构　b）等效电路　c）图形符号　d）实物图

单结晶体管的伏安特性是指它的发射极特性，即在基极B1、B2之间加一恒定的正向电压U_{BB}（U_{BB}的极性为B2接高电位，B1接低电位）时，发射极电流I_E与E、B1之间电压U_E的关系曲线，如图10-9所示。单结晶体管的伏安特性曲线可分为三个区，即截止区、负阻区和饱和区。

（1）截止区——ap段　当U_E为零时，图10-8b所示电路中的A点和B1之间的电压为

$$U_A = \frac{R_{B1}}{R_{B1}+R_{B2}}U_{BB} = \eta U_{BB} \quad (10\text{-}1)$$

式中 η——单结晶体管的技术参数，它与管子的结构有关，其值为0.5~0.9。

R_{B1}——可变电阻（有正的温度系数），其值随发射极电流的变化而变化。

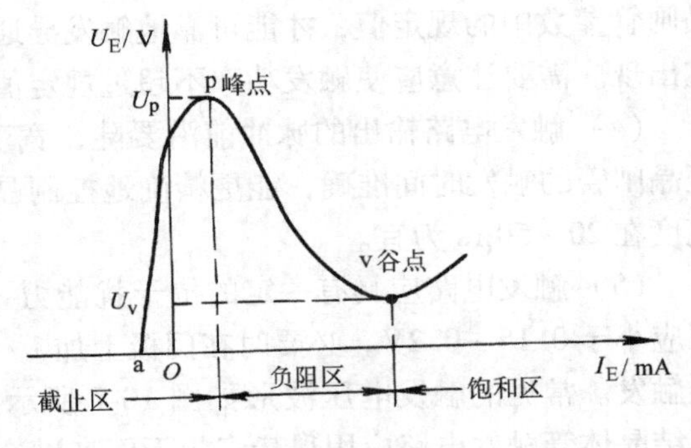

图10-9 单结晶体管的伏安特性

在$0 \leqslant U_E < U_A + U_{VD}$（$U_{VD}$为PN结的正向压降）的范围内，E、B1之间不能导通。U_E很小时，I_E为一个很小的反向漏电流。随着U_E的增加，I_E逐渐变成约为几微安的正向漏电流。

（2）负阻区——pv段 当$U_E = \eta U_{BB} + U_{VD}$时，等效二极管VD导通，$I_E$突然剧增，这个突变点称为峰点p，与p点对应的电压和电流分别称为峰点电压U_p和峰点电流I_p。显然$U_p = \eta U_{BB} + U_{VD}$。由于$R_{B1}$随着$I_E$的增加而剧减，进而引起了A点（见图10-8）电位的下降，U_E也下降，此时的动态电阻$\Delta R_{B1} = \Delta U_E / \Delta I_E$为负值。当$I_E$增大到某一数值时，$U_E$下降到最低点v，曲线上的v点称为谷点，与v点对应的电压和电流分别称为谷点电压U_v和谷点电流I_v。

（3）饱和区——v点以后的一段 谷点以后，增大I_E时，U_E略有上升，但变化不大，单结晶体管又恢复了正阻特性。

【归纳】

单结晶体管具有如下特点：

1）当$U_E < U_p$时，管子截止。

2）当$U_E \geqslant U_p$时，管子导通。

3）$U_v < U_E < U_p$时，管子饱和导通。

4）导通后，若$U_E < U_v$，则管子由导通恢复到截止。一般地，U_v为2~5V。

2. 单结晶体管振荡电路

由RC电路和一只单结晶体管就可组成如图10-10a所示的简单振荡电路。该电路利用单结晶体管的负阻特性和RC电路的充放电特性，在电阻R_1上得到频率可调的脉冲电压u_o。将u_o作为触发电压即可触发晶闸管导通。单结晶体管振荡电路的工作原理如下：

电容C上的初始电压为零。S闭合后，电源电压E_C通过R_1、R_2加在单结晶体管的两基极之间，同时又通过RP和R对电容C充电，C两端的电压$u_C = u_E$，按时间常数为$\tau = (R + \text{RP})C$的指数规律逐渐增加。当$u_E < U_p$时，单结晶体管处于截止状态，R_1两端电压u_o为零。当$u_E = U_p$时，单结晶体管进入负阻区，发射极电流由几微安漏电流剧增到几十毫安的工作电流，管子由截止状态立即转为导通状态，于是电容C以$\tau' = C(R_1 + R_{B1})$的时间常数，经过E—B1间的PN结向电阻R_1放电。由于R_1、R_{B1}均很小，故$\tau \gg \tau'$，因此电容C的放电速度很快。于是，在R_1上输出一个尖脉冲电压u_o。随着放电的进行，电容C两端的

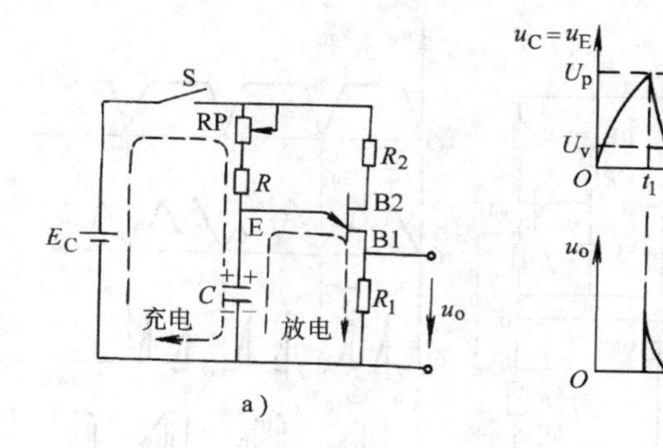

图 10-10　单结晶体管振荡电路
a）电路　b）波形

电压迅速减小，当 $u_C=u_E \leqslant U_V$ 时，流过单结晶体管的电流小于谷点电流，管子便跳变到截止区，停止向外输出尖脉冲，电路完成了一次全振荡。如此充、放电循环，在电容 C 两端就形成了锯齿波电压 u_C，而在输出电阻 R_1 上得到一个周期性尖脉冲输出电压 u_o；u_o 的频率可通过改变电位器 RP 的大小来调整。改变振荡电路的振荡周期，这样就可以改变输出脉冲电压的时间间隔。

固定电阻 R 的作用是防止当调节 RP 到零值时，单结晶体管第一次导通，由电源经管子的发射极 E 到基极 B1 的支路电流超过谷点电流，造成管子因无法关断而停振。

【想一想】

在图 10-11 中若电容 C 的充电时间常数过大，以至于在 u_{20} 一个周期内都不能完成充电，电路会出现什么情况？

3. 单结晶体管触发电路

图 10-11a 所示为单结晶体管触发电路。电路由单结晶体管振荡电路和可控整流电路两大部分组成。

单结晶体管振荡电路见图 10-11a 上半部分，正弦电压 u_1 经桥式整流、再经限流电阻 R_3 和稳压二极管 VS 削波后，产生梯形波电压 u_{V1} 作为单结晶体管的电源电压。在每一个梯形波中，电容 C 经几次充电、放电后，在 R_1 上就输出一组脉冲 u_G。用 u_G 去触发主电路中的两个晶闸管 VT1、VT2。电路中几个主要点的电压波形如图 10-11b 所示。

可控整流电路见图 10-11a 下半部分，R_1 上的脉冲电压 u_G 加在两个晶闸管 VT1、VT2 的门-阴极之间，通过调整单结晶体管振荡电路中 RP 的阻值，来改变第一个触发脉冲到来的时刻，即改变图中 α（称为触发延迟角）的大小，在控制电压 u_G 作用下，承受正向阳极电压的那一只晶闸管被触发导通，则负载 R_L 上获得大小可调的直流电压，实现了可控整流。

必须注意一点：触发脉冲与主电路要同步！上述电路是靠同步变压器 TS 的作用，触发电路与主电路接在了同一交流电源上，交流电压 u_1 和 u_2 的频率相同。在电源电压过零点时，梯形波电压 u_{V1} 也过零点，这就保证了电容 C 都能在主电路晶闸管开始承受正向阳极电压时，从零开始充电，每周产生的第一个有用的触发脉冲（“有用”指的是在晶闸管触发导通后，门极已失去控制作用，每一组触发脉冲中只有第一个脉冲起触发作用）的时刻都相

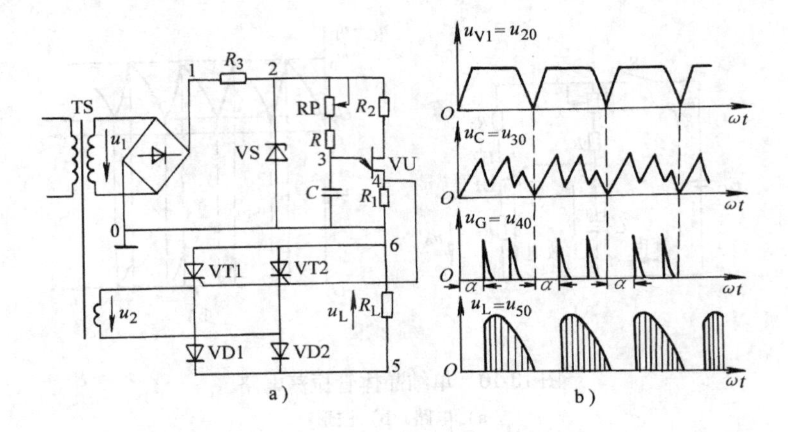

图 10-11 单结晶体管触发电路

a）电路 b）波形

同，触发电路与主电路取得了同步。

电路中触发延迟角 α 的移动范围也就是晶闸管触发脉冲的移相范围，用 θ 表示。θ 越大，整流输出直流电压 u_L 就可以在大范围内进行调整。图 10-11a 中 R_3 和 VT1 就起到了扩大触发脉冲移相范围的作用。

【能力拓展】

我们来试着分析一下图 10-12 所示的波形，是怎样扩大触发脉冲移相范围的？在触发电路整流后面设置限流、稳压削波环节 R_3 和 VT1 能起到什么作用？

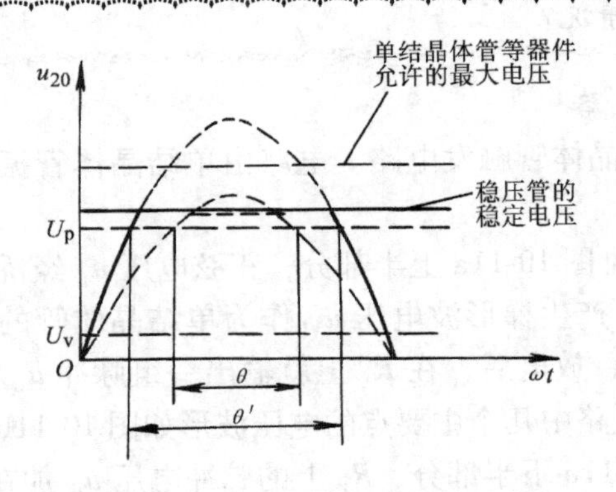

图 10-12 削波前后的移相范围

【归纳】

单结晶体管触发电路具有电路简单、调试方便、脉冲前沿陡及抗干扰能力强等优点，但电路的触发功率小，脉冲宽度较窄，而且移相范围不够宽。故这种触发电路多用于50A 以下的中小容量晶闸管单相可控整流电路。

【想一想】

在图 10-11 中若电容 C 的充电时间常数过大，以至于在 u_{20} 一个周期内都不能完成充电，电路会出现什么情况？

三、晶体管触发电路

1. 同步电压为正弦波的触发电路

图 10-13 所示为同步电压为正弦波的触发电路。电路由同步及移相、脉冲形成及整形、脉冲功放及输出等基本环节组成。电路的工作原理简述如下：

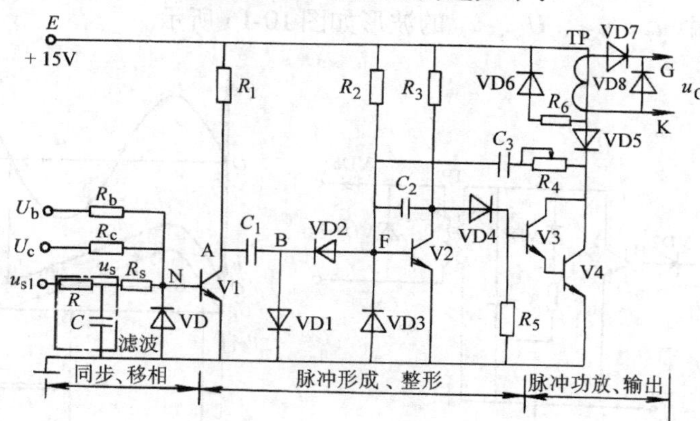

图 10-13　同步电压为正弦波的触发电路

（1）同步电压的形成　同步电压 u_s 由同步变压器的二次绕组，经 R、C 滤波后获得。

（2）移相控制　由图 10-13 可见，在 u_s 上叠加几个直流控制电压后，就可以改变晶体管 V1 的基极电位 u_N，该电路就是用来通过改变控制电压 U_c 的大小，以改变 V1 的翻转时刻，达到改变移相角的目的。这是因为 V1 由截止转换到导通的时刻，就是触发脉冲输出的时刻。这种利用 U_c 上下移动控制移相的方法称为垂直移相。

（3）脉冲的形成　V1 在 u_N 作用下从导通到截止所形成的脉冲电压 u_A，其前沿不够陡峭，波形较差，且脉冲宽度也难以控制。故 u_A 再经 V2、V3 构成的单稳电路来获得前沿陡、宽度可调的方波脉冲 u_G。其中 u_S、u_N、u_A 和 u_G 的波形如图 10-14 所示。

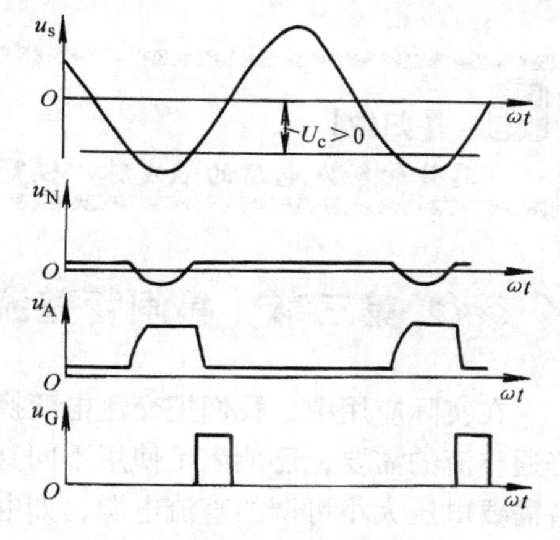

图 10-14　正弦波触发电路几个主要点的波形

2. 同步电压为锯齿波的触发电路

图 10-15 所示为同步电压为锯齿波的触发电路。电路主要由同步电压形成、移相控制和脉冲输出等部分组成。触发电路的工作原理简述如下：

（1）同步电压的形成　在同步电源电压 u_2 的正半周内，VD1 正偏导通，C_1 被很快充电，并在 u_2 达到峰值时，C_1 上的电压也相应充电到 u_2 的峰值，u_2 由峰值下降时，VD1 截止，C_1 向 R_1、L 支路放电，较大的电感使 u_{C1} 的变化接近线性。当 u_2 的下一个正半周到来后，VD1 重新导通，C_1 再次被充电。由于不断循环重复上述过程，于是在电容 C 两端便获得了一个近似的锯齿波电压。

（2）移相控制　由图 10-15 可见，直流控制电压 U_K 串入了晶体管 V 的输入回路。电压 U_K 在图中所示的极性下可能使 V 导通，而 u_{C1} 可能使 V 截止。U_K、u_{C1} 叠加后，就可以使 V 导通或截止。在 V 由截止变为导通时，脉冲变压器的二次侧便产生输出脉冲 u_G。就是说，只要改变直流控制电压 U_K 的大小，就可以改变 V 的导通与截止时刻，以完成对触发脉冲的移相控制。

（3）脉冲输出　当 U_K 大于 U_{C1} 的绝对值时，晶体管 V 导通，于是在脉冲变压器二次侧输出脉冲 u_G。电路中 u_2、u_{C1}、U_K、u_G 的波形如图 10-16 所示。

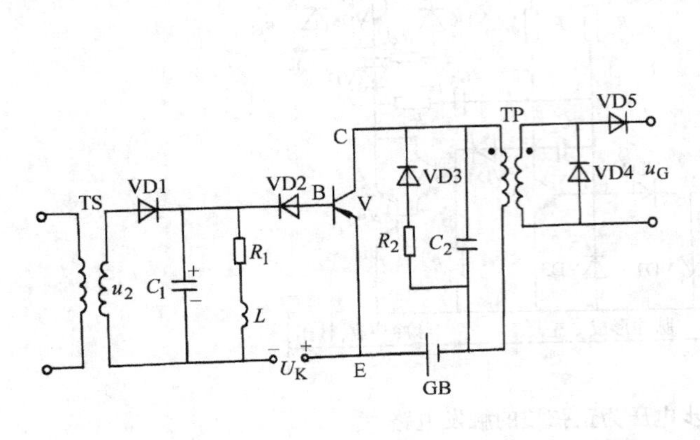

图 10-15　同步电压为锯齿波的触发电路

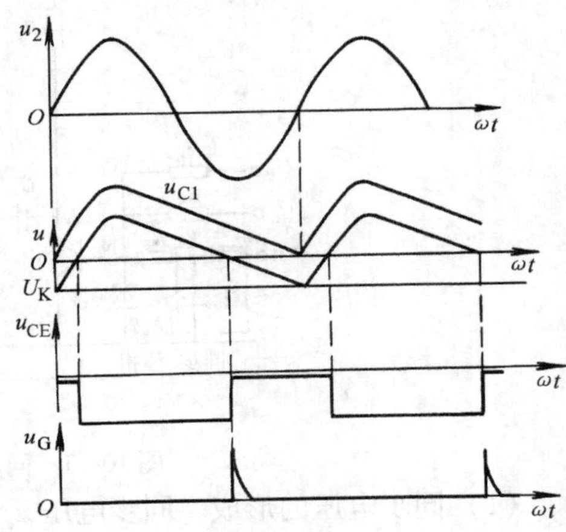

图 10-16　同步电压为锯齿波的触发电路主要点波形

【归纳】

晶体管触发电路的触发脉冲较宽，移相范围大，适用于大容量三相可控整流装置。

第三节　晶闸管整流电路

在实际应用中，我们把交流电变换成大小可调的单一方向的直流电。这样做不仅能满足普通整流的需要，还能满足使用不同直流电压等级各类用户的需要。在工业生产中，很多设备需要电压大小可调的直流电源，如电解及电镀用的直流电源、大功率直流稳压电源等，而普通整流电路是满足不了这一需要的。只要改变触发电路的触发脉冲输出时刻，就能改变晶闸管在交流电压的一个周期内导通的时间，即可在负载上获得在一定范围内变化的直流电压。

一般 4kW 以下的可控整流装置多采用单相可控整流电路。这种电路结构简单、投资少、调试维修方便。其中，单相半波可控整流电路是单相可控整流电路的基础。

一、单相半波可控整流电路

图10-17a所示为单相半波可控整流电路。该电路由晶闸管VT、负载电阻R_L、单相整流变压器TR组成。u_1和u_2是整流变压器一次侧和二次侧的正弦交流电压，晶闸管门极加上脉冲电压u_G。因负载为电阻R_L，则负载上的电压u_L和流过负载的电流i_L相位相同。

若整流变压器二次电压u_2的正方向如图10-17a所示，则在门极不加触发脉冲u_G时，无论电压u_2如何变化，晶闸管均不导通，负载上的电压、电流均为零。

若在$\omega t = 0$、2π、…、$2n\pi$时刻，引入门极触发脉冲u_G，则VT在u_2的正半周内导通，负半周内关断，电路工作情形与二极管半波整流电路完全相同。此时，负载R_L上得到的直流平均电压最大。

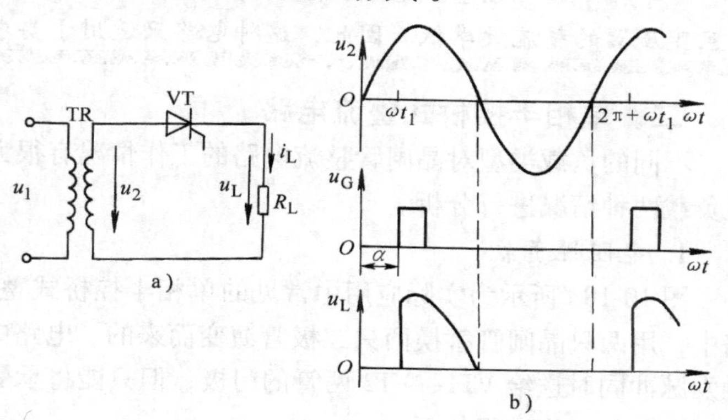

图10-17　单相半波可控整流电路
a）电路　b）波形

若在$\omega t = \omega t_1$、$2\pi + \omega t_1$、…、$2n\pi + \omega t_1$时刻，引入门极触发脉冲u_G，则VT在u_2正半周的$\pi - \omega t_1$电角度内导通。若不计晶闸管的管压降，负载R_L两端可获得变压器二次电压u_2，同时，有与u_2同相位的电流流过负载。在u_2的负半周内，晶闸管因承受反向阳极电压而关断，负载R_L上无输出。如果改变门极触发脉冲的输入时刻，负载上得到的电压波形就会随之而改变，这样就能控制负载上输出电压u_L的大小。

晶闸管在交流电的一个周期内导通的电角度称为导通角，用字母θ表示。单相半波可控整流电路输出电压的大小与触发延迟角α有关，计算时可按下式进行

$$U_L = 0.45U_2 \frac{1 + \cos\alpha}{2} \tag{10-2}$$

式中　U_2——变压器二次电压的有效值。

负载上通过的平均电流为

$$I_L = \frac{U_L}{R_L} \tag{10-3}$$

晶闸管两端承受的最高正、反向电压为变压器二次电压的峰值$\sqrt{2}U_2$。

【例10-1】　有一电阻性负载要求一直流电源，电压平均值为60V，负载大小为10Ω。若这个直流电源由单相半波可控整流电路构成，由220V交流电网供电时，试计算晶闸管的导通角和晶闸管中通过的电流平均值。

解　由式（10-2）和式（10-3）得

$$60 = 0.45 \times 220 \times \frac{1 + \cos\alpha}{2}$$

$$\cos\alpha \approx 0.21 \qquad \alpha \approx 78°$$

导通角$\theta = \pi - \alpha = 180° - 78° = 102°$。

因晶闸管与负载串联，所以晶闸管中通过的电流平均值与流过负载的电流平均值相等，

即

$$I_{VT} = I_L = \frac{U_L}{R_L} = \frac{60}{10}A = 6A$$

【归纳】

单相半波可控整流电路虽然调整方便，但电路的输出电压较小，电压波形较差，而且变压器的整流效率低。因此，这种电路只适用于要求较低的小容量可控整流设备。

二、单相半控桥式整流电路

不同的负载类型对晶闸管整流电路的工作情况有很大影响。下面就电阻性负载和大电感性负载两种情况进行分析。

1. 电阻性负载

图 10-18a 所示为实际应用中常见的单相半控桥式整流电路。它就是在单相桥式整流电路中，用两只晶闸管替换两只二极管演变而来的。电路中两只晶闸管采取“共阴极”接法，触发脉冲同时送给 VT1、VT2 两管的门极，但只能将承受正向电压的那只晶闸管触发导通。

电路的工作过程如下：

1）在 u_2 的正半周内，$V_a > V_b$，触发脉冲 u_G 未到来之前，四只管子均截止；当触发脉冲 u_G 到来时，VT1、VD2 因承受正向偏置电压而导通，因此有电流从 a 端流经 VT1—R_L—VD2 回到 b 端，直到 u_2 过零时，VT1 关断，切断电流流通路径。

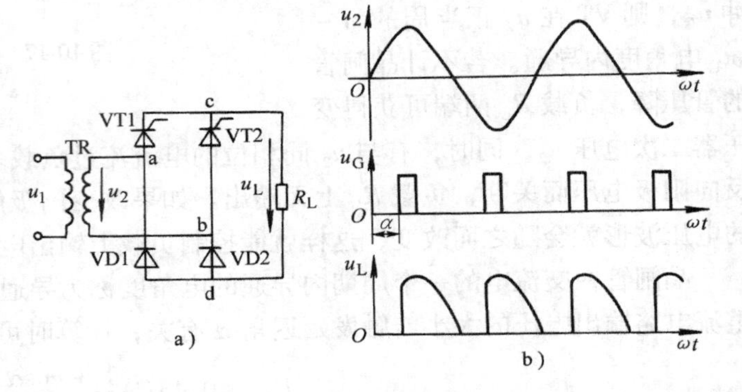

图 10-18 单相半控桥式整流电路
a）电路 b）波形

2）在 u_2 的负半周内，$V_b > V_a$，用相同的触发延迟角 α 触发晶闸管，触发脉冲 u_G 未到来之前，四只管子均截止；当触发脉冲 u_G 到来时，VT2、VD1 因承受正向偏置电压而导通，因此有电流从 b 端流经 VT2—R_L—VD1 回到 a 端，直到 u_2 过零时，VT2 关断，切断电流流通路径。这样，在 u_2 的一个周期内，负载两端输出电压 u_L 的波形是与单相半波可控整流电路中电压 u_L 波形相同的两块，见图 10-18b 中 u_L 波形所示。输出电压 u_L 的平均值为

$$U_L = 0.9U_2 \frac{1+\cos\alpha}{2} \tag{10-4}$$

每只晶闸管中的电流平均值 I_{VT} 和整流二极管中的电流平均值 I_{VD} 均为负载平均电流 I_L 的 1/2，即

$$I_{VT} = I_{VD} = \frac{1}{2}I_L = \frac{U_L}{2I_L} \tag{10-5}$$

晶闸管可能承受的最大正反向电压均为 $\sqrt{2}U_2$。

【例 10-2】 在单相半控桥式整流电路中，已知输入电压 $U_2 = 220V$，$R_L = 10\Omega$，输出直

流电压平均值的调整范围是0～185V。试计算输出最大平均电流I_{LM}及晶闸管导通角范围。

解 输出最大平均电流I_{LM}为

$$I_{LM}=\frac{U_{LM}}{R_L}=\frac{185}{10}A=18.5A$$

由式（10-4）得

$$\cos\alpha=\frac{2U_L}{0.9U_2}-1=\frac{2\times185}{0.9\times220}-1$$

$$\alpha\approx30^\circ$$

因此，$\theta=\pi-\alpha=150^\circ$

晶闸管导通角范围是0°～150°。

2. 电感性负载

在图10-19a所示的电路中，由于电感线圈具有力图保持其电流不变的特性，即电流要增大时，电感线圈中产生一个与电流方向相反的自感电动势，以阻止电流的增大；反之，在电流要减少时，电感线圈中产生与电流同方向的自感电动势阻止电流的减小。

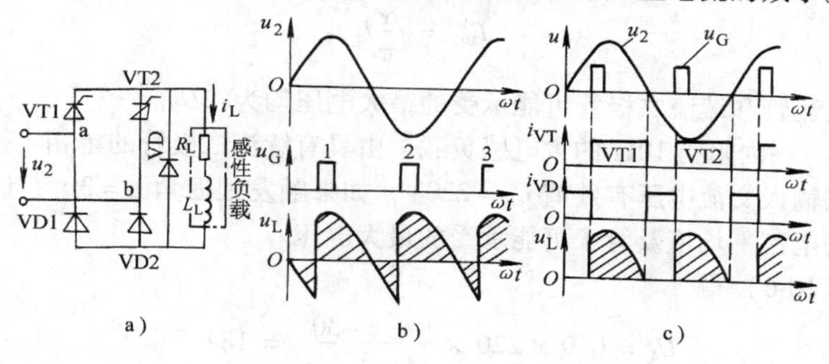

图10-19 感性负载的单相半控桥式整流电路

a）电路 b）波形（无VD） c）波形（有VD）

在u_2过零点变负时，由于自感电动势的作用，有可能使已经导通的晶闸管持续导通，若电感量足够大，则电感线圈中所储存的磁场能量将维持到触发脉冲u_{G2}的到来。于是，在负载上将出现负值电压u_L，其波形如图10-19b所示，负载上负值电压的出现，使负载两端电压平均值减小。因此，要在电感性负载的两端并联释放磁场能量的回路，就能使晶闸管在电源电压过零时关断，以避免负值电压的出现，并使输出电流更平稳。

图10-19a所示为接有续流二极管的单相半控桥式整流电路。VD即可提供释放电感线圈所储存的磁场能量的回路。由于在晶闸管关断期间，感性负载两端的自感电动势通过VD而自成回路，故称VD为续流二极管。VD的正确接法是：“共阳极”接法为整流管的正极与VD的正极相连接；“共阴极”接法为晶闸管的阴极与VD的负极相连接。

电路的工作过程简述如下：

为了便于分析，将感性负载分成电阻R_L和电感L_L两部分。当u_2为正半周时，整流二极管VD2正偏导通，在触发脉冲u_G的作用下，晶闸管VT1导通，$u_L\approx u_2$（忽略管压降的条件下）。当u_2过零变负时，负载中L_L两端的自感电动势使续流二极管VD导通，负载电流i_L经VD而续流，晶闸管VT1此时承受反向阳极电压而关断。因VD导通，使输出电压$u_L\approx0$。

在 u_2 的负半周内，VD1 为正向偏置，在 u_G 的作用下，VT2 导通，电流从 u_2 的 b 端经 VT2、R_L、VD1 回到 a 端，续流二极管因承受反向电压而关断。同理，在 u_2 负半周过零变正、直到下一个触发脉冲到来之前，VD 管导通，负载电流经 VD 而续流，晶闸管 VT2 因承受反向阳极电压而关断。如果负载中的电感量足够大，则电路中的负载电流 i_L 可视为一水平线。电路中的若干电压，电流波形如图 10-19c 所示。分析波形可知，输出电压和输出电流的平均值为

$$\begin{cases} U_L = 0.9U_2\dfrac{1+\cos\alpha}{2} \\ I_L = \dfrac{U_L}{R_L} \end{cases} \tag{10-6}$$

两只晶闸管中的电流平均值 I_{VT} 及两只整流管中的电流平均值为

$$I_{VT} = I_{VD} = \frac{\pi-\alpha}{2\pi}I_L = \frac{\theta}{2\pi}I_L \tag{10-7}$$

续流二极管中的电流平均值为

$$I_{VD} = \frac{\alpha}{\pi}I_L \tag{10-8}$$

晶闸管、整流管和续流二极管可能承受的最大电压均为 $\sqrt{2}U_2$。

【例 10-3】 一内阻为 10Ω 的大电感负载，由具有续流二极管的单相半控桥式整流电路供电。整流电路输入交流电压有效值 $U_2=220\text{V}$，如果触发延迟角 $\alpha=30°$，试计算晶闸管和续流二极管中的电流平均值及管子可能承受的最大电压。

解 由式（10-6）得

$$U_L = 0.9\times220\times\frac{1+\cos30°}{2} = 184.7\text{V}$$

$$I_L = \frac{184.7}{10}\text{A} = 18.47\text{A}$$

由式（10-7）得晶闸管中的电流平均值为

$$I_{VT} = \frac{\pi-\alpha}{2\pi}I_L = \frac{180°-30°}{360°}\times18.47\text{A} = 7.7\text{A}$$

由式（10-8）得续流二极管中的电流平均值为

$$I_{VD} = \frac{\alpha}{\pi}I_L = \frac{30°}{180°}\times18.74\text{A} = 3\text{A}$$

电路中管子可能承受的最大电压为 $220\sqrt{2}\text{V}$。

【归纳】

综上所述，在相同 u_2 的条件下，单相半控桥式可控整流电路比单相半波可控整流电路的输出电压高，且电压脉动小，整流变压器的效率也高。另外，由于桥式可控整流电路的电源变压器二次侧交替流过两个大小相等、方向相反的电流，所以没有直流磁化问题。续流二极管既提供了一个释放磁场能量的回路，还能避免晶闸管失控现象的出现（晶闸管该关断而不能关断的现象称为失控）。

三、三相半波可控整流电路

单相可控整流电路适用于中小容量的整流设备。随着负载容量的增大，会影响三相交流电网负载的平衡。为此，中型以上的可控整流装置，通常都采用三相可控整流电路。图 10-20a 所示为三相半波可控整流电路。

电路中三相变压器二次电压 u_{2U}、u_{2V}、u_{2W} 分别引到了三只晶闸管 VT1、VT2 和 VT3 的阳极，三只晶闸管的阴极连在了一起并接到负载的一端，负载的另一端接到三相整流变压器二次侧的中性点 N 上而形成回路。三相交流电压 u_{2U}、u_{2V}、u_{2W} 的波形如图 10-20b 所示。下面针对电路在电阻性负载时的工作情况作简单分析。

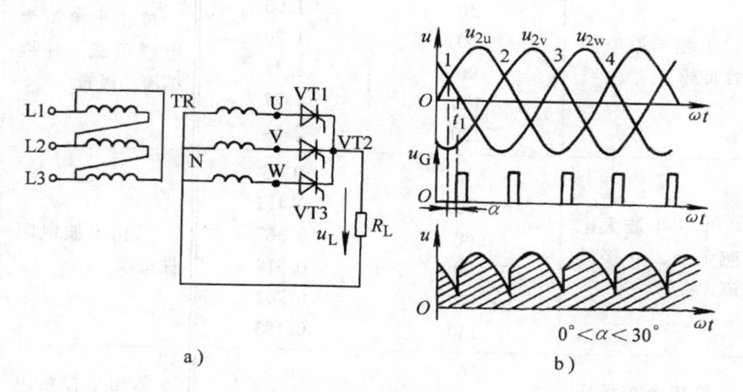

图 10-20　三相半波可控整流电路

a）电路　b）波形

由晶闸管的导通条件可知，三相触发脉冲的相位间隔必须与三相电源相电压 u_{2U}、u_{2V}、u_{2W}的相位差一致，即均为 120°。图 10-20b 所示波形中的 1、2 及 3 点是相邻相电压波形的交点，这些点就是三相半波可控整流的自然换相点。所以三相半波可控整流电路的触发延迟角 α 必须从自然换相点算起。因自然换相点距相电压波形原点为 30°，则每一相中 α 移相的最大范围是 0° ~ 150°。当触发延迟角 $0° \leqslant \alpha < 30°$时，输出电压为三相相电压正的包络线（$\alpha = 0°$时），或有些缺损的三相相电压正的包络线（$\alpha < 30°$时），读者可根据图 10-20b 所示波形自行分析。在 $30° < \alpha \leqslant 150°$时，输出电压波形断续。

综上所述，三相半波可控整流电路中，晶闸管的最大导通角为 $2\pi/3$，移相范围为 0° ~ 150°，晶闸管承受的最大正反向电压是线电压的峰值，即$\sqrt{6}U_2$。输出电压的脉动程度较小，输出直流电压的平均值比单相可控整流电路有所提高。

四、晶闸管的选择和使用

1. 晶闸管的选择

晶闸管承受的正反向电压与电源电压、触发延迟角、电路形式及负载类型有关。考虑到电源电压的波动及抑制后的过电压，可按下面的经验公式估算晶闸管的额定电压 U_{VTN}，即

$$U_{VTN} = (2 \sim 3)U_{VTM} \quad (10\text{-}9)$$

式中　U_{VTM}——器件实际承受的最大电压。

晶闸管的过载能力较差，考虑到电路的各种过电流因素，选择晶闸管的额定电流 I_{VTN}应留有余量，一般可按下式估算即

$$I_{VTN} = (1.5 \sim 2)KI_L \quad (10\text{-}10)$$

式中　I_L——负载平均电流，K 为计算系数，见表 10-3。

2. 晶闸管的使用

单只晶闸管的容量是有限的，为满足生产上对大电流、高电压变流装置的需要，可将几

表 10-3 可控整流主电路形式、触发延迟角与计算系数的关系

可控整流主电路形式	触发延迟角 α/(°)	计算系数 K	可控整流主电路形式	触发延迟角 α/(°)	计算系数 K
单相半波电阻性负载	0	1.00	单相半控桥大电感负载，并接续流二极管	0	0.45
	30	1.06		30	0.413
	60	1.20		60	0.367
	90	1.41		90	0.319
	120	1.77		120	0.261
	150	2.54		150	0.183
单相半波大电感负载，并接续流二极管	0	0.45	三相半波电阻性负载	0	0.373
	30	0.413		30	0.40
	60	0.367		60	0.471
	90	0.319		90	0.591
	120	0.261		120	0.846
	150	0.183			
单相半控桥电阻性负载	0	0.5	单相半控桥电阻性负载	90	0.707
	30	0.53		120	0.885
	60	0.6		150	1.27

只同型号、同规格的晶闸管串联使用，以增大变流装置的输出电压；将同型号的晶闸管并联使用，以增大变流装置的输出电流。考虑到同型号的晶闸管其特性不可能完全相同，若对晶闸管进行简单的串、并联，会引起电压或电流的不均匀，严重时可能会使晶闸管损坏。所以将晶闸管串、并联使用时，必须采取均压和均流措施。使用中对晶闸管还要采取必要的过电流、过电压保护措施。此外，还需注意以下几点：

1）严禁用绝缘电阻表来检查晶闸管的绝缘情况。

2）在安装或更换晶闸管时，要十分重视晶闸管与散热器的接触面状态和拧紧程度。

3）门极因其过载能力差，也应有适当保护措施。

【动动手】

选择两只同型号的晶闸管，将其反向并联后与一用电器串联，接在220V、50Hz交流电源上，晶闸管触发电路用同一电源。试画出主电路并说明该电路的功能。

◇◇◇ 第四节 快速晶闸管和双向晶闸管

伴随晶闸管变流技术的迅猛发展，目前已生产出各种类型的晶闸管，以适应特殊用途的需要。

一、快速晶闸管

1. 晶闸管的电压、电流上升率

我们知道，普通晶闸管的导通和关断时间较长，允许的电压、电流上升率较小。这是因为在阻断状态下的晶闸管J2结面相当于一个电容。若突然加到晶闸管上的正向电压上升率太大，将引起充电电流过大，使晶闸管误导通；另外，晶闸管在触发导通的初始阶段，其内部电流集中在门极附近，随后导通区逐渐扩大，直到PN结全部导通为止。若晶闸管开通时

电流上升率过大，会使内部电流来不及扩散到全部 PN 结结面，导致在门极附近的 PN 结因电流密度过大而毁坏。因此，对晶闸管的电压、电流上升率要有一定的限制。在频率较高的场合下，普通晶闸管的使用受到了限制。

2. 快速晶闸管及其型号

快速晶闸管的结构和图形符号等都与普通晶闸管相同，但其特殊的制造工艺手段，能将门极制成栅形。因扩展了初始导通面积，使管子的导通时间由普通管的几十微秒减小到 8μs 以下，大大地提高了晶闸管的开关速度，有效地改善了管子的开关特性。目前，快速晶闸管广泛应用在中频逆变器和直流斩波器中。近年来制造出的管子，其工作电流可达几百安，反向耐压达上千伏，功率容量也提高了。管子的开通时间快到 1～2μs，关断时间能达几微秒，电流上升率达几百安/微秒，电压上升率也达几百伏/微秒。

快速晶闸管的型号及命名方法如下：

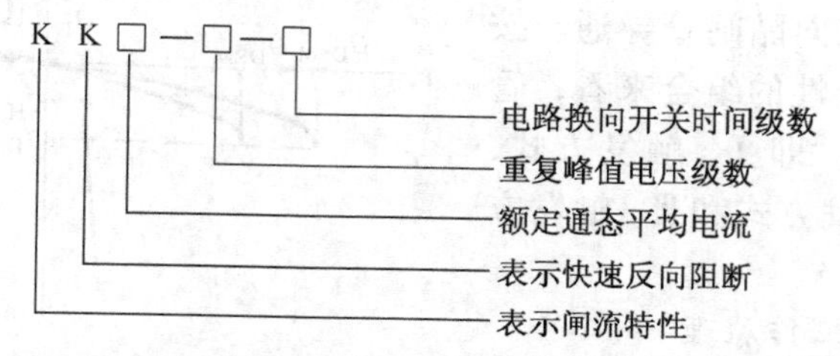

例如：KK200—5—1 表示这是一只具有闸流特性的快速晶闸管，其额定通态平均电流为 200A，重复峰值电压为 500V，电路换向开关时间为 1 级（不大于 1μs）。

二、双向晶闸管

1. 基本结构与图形符号

双向晶闸管是集成在一块硅单晶片上的、具有公共门极的一对反向并联普通晶闸管的派生物。其结构与图形符号如图 10-21 所示。图中，N4 区和 P1 区的表面用金属膜连通，构成双向晶闸管的一个主电极 A1，N2 区和 P2 区的一部分用金属膜连通后引出另一主极 A2，N3 和 P2 区的一部分用金属膜连通后引出公共门极 G。从外部看，双向晶闸管有三个引出端，G 和 A2 从器件的同一侧引出，器件的另一侧只有一个引出端 A1。

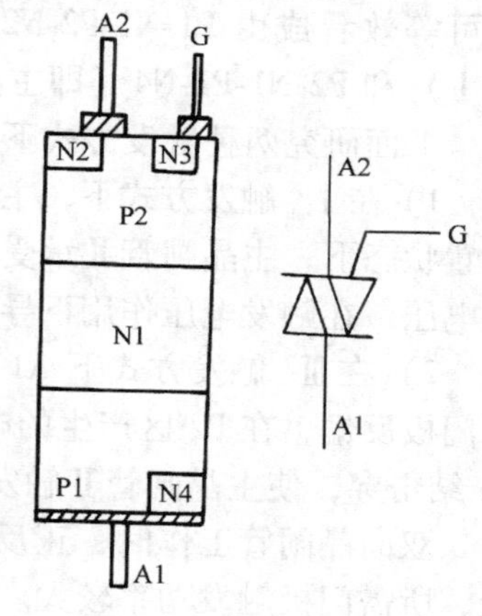

图 10-21　双向晶闸管的结构与图形符号

双向晶闸管的型号及命名方法如下：

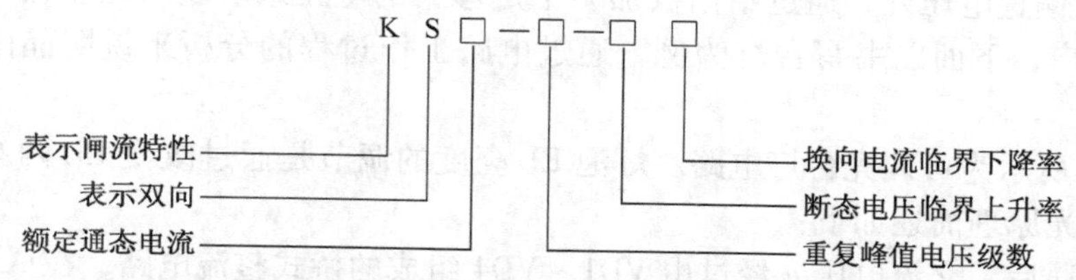

例如：KS200—10—21 表示这是一只具有闸流特性的双向晶闸管，其额定通态电流为 200A，断态重复峰值电压为 1000V，断态电压临界上升率为 2 级（不小于 200V/μs），换向

电流临界下降率为1级（不小于1A/μs）。

注意：因双向晶闸管常用在交流电路中，故额定通态电流用交流有效值表示，而普通晶闸管的额定电流是以正弦半波平均值表示的。

2. 伏安特性

双向晶闸管的伏安特性如图10-22所示。它与普通晶闸管伏安特性的不同点是：双向晶闸管具有正反向对称的伏安特性曲线；正向部分定义为第一象限特性，反向部分定义为第三象限特性。

3. 双向晶闸管的触发方式

分析双向晶闸管的结构可知，管子的主端子在不同极性下，均具有导通和阻断的能力。门极电压相对于主端子无论是正是负，都有可能控制双向晶闸管导通。按照门极极性和主端子极性的组合来看，管子的触发方式有四种，即Ⅰ₊触发方式、Ⅰ₋触发方式、Ⅲ₊触发方式和Ⅲ₋触发方式。

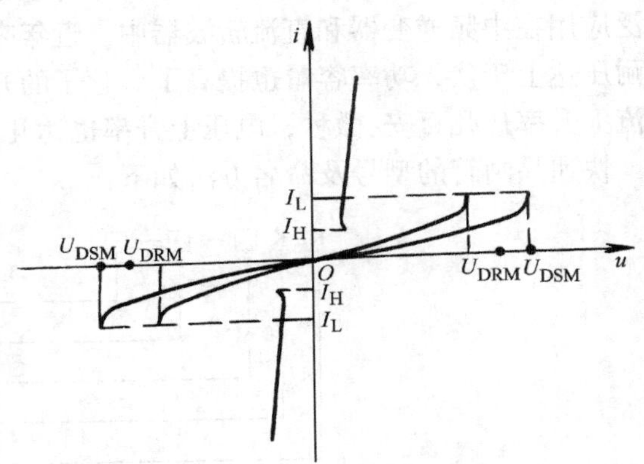

图10-22 双向晶闸管的伏安特性

4. 双向晶闸管的工作原理

由图10-21可以看出，一只双向晶闸管可等效看成由P1-N1-P2-N2（即主晶闸管Ⅰ）和P2-N1-P1-N4（即主晶闸管Ⅱ）构成的一对反向并联的晶闸管。

下面研究两种触发方式下的工作情况：

1）在Ⅰ₊触发方式下，主端子A1相对于A2为正偏，门极G相对于A2为正偏。在这种偏置状态下，主晶闸管Ⅱ承受反向电压，无论门极极性如何均不导通；而主晶闸管Ⅰ承受正向电压，在触发电压作用下导通。这是一种常规触发方式，灵敏度较高。

2）在Ⅲ₋触发方式下A1（－）、A2（＋）、G（－）、A2（＋），则主晶闸管Ⅰ关断，因门极反偏，在P2区产生的电流由晶体管N3-P2-N1注入的载流子集中在N1区，导致N1-P1结击穿，使主晶闸管Ⅱ触发导通。

双向晶闸管工作时，正反两个方向的触发灵敏度不同，其中Ⅲ₊触发方式的灵敏度较低，所需门极触发功率较大。所以，实际使用时，选用Ⅰ₊和Ⅲ₋或Ⅰ₋和Ⅲ₋的组合。

三、晶闸管的应用举例

我们可以把晶闸管理解为一个受控制的二极管，它的单向导电性是可控的，即在具有阳-阴极之间正向偏置电压外，通过给门极加一个足够大的电压来实现可控整流。晶闸管变流技术的应用很广，下面以书写台灯为例，通过电路工作过程的分析来说明晶闸管的具体应用。

图10-23a所示为可调光台灯电路。灯泡EL亮度的调节是通过改变EL两端电压的大小来实现的。调光原理简述如下：

当电路接通后，交流电压u经过由VD1～VD4组成的桥式整流电路，在A、K两点之间产生一个全波脉动直流电压u_{AK}。u_{AK}经R_1降压后，作为单结晶体管触发电路的电源。在电阻R_3上可获得尖脉冲电压u_{R3}。u_{R3}加到晶闸管VT的门极使其导通，晶闸管的管压降小于

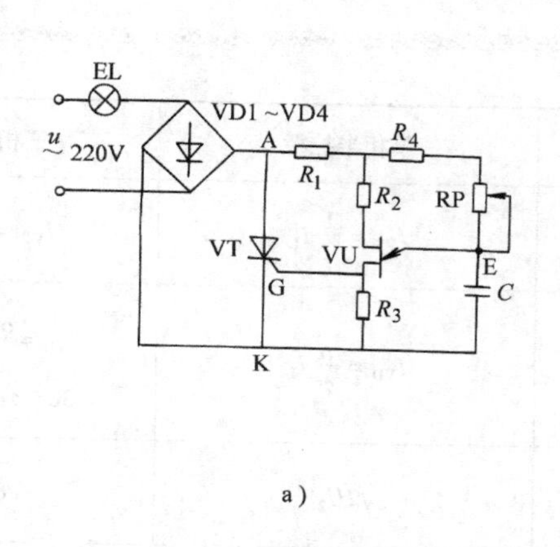

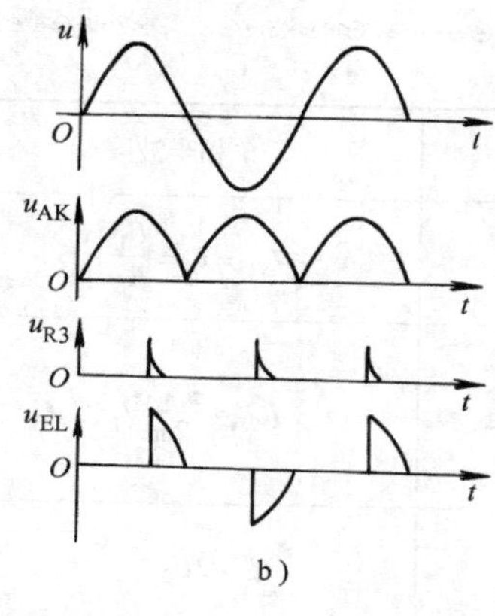

图 10-23　可调光台灯电路

a）原理　b）波形

1V，灯泡 EL 因接通交流电源而发光，EL 两端电压近似为电网电压 u。而由于晶闸管导通后，其管压降小于 1V，触发电路因此而停止工作。当 u 过零时，晶闸管自动关断。在下一个脉冲电压 u_{R3} 到来时，晶闸管再次导通，至 u 过零时关断……如此反复，在 EL 两端便可获得大小随触发延迟角 α 而改变的交流电压，EL 的亮度也就可以调节了。电路中的 u、u_{AK}、u_{R3}、u_{EL}波形如图 10-23b 所示。分析波形可知：触发延迟角 α 越大，EL 两端电压越小，灯越暗；反之，α 越小，灯越亮。$\alpha=0$ 时，$u_{EL}\approx u$，EL 正常发光；$\alpha=\pi$ 时，$u_{EL}=0$，EL 不发光。图 10-23a 所示电路，通过调节 RP，使 EL 两端电压在 0～220V 范围内变化，从而有效地控制了书写台灯的亮暗程度，达到了调节光线的目的。

小　结

1）晶闸管具有单向导电的可控性。晶闸管具有正向阻断能力，在阳-阴极间加上正向电压后，还必须在门-阴极间加正向触发电压，才能使晶闸管导通。门极在晶闸管导通后便失去控制作用，故触发电压常常是脉冲电压。若使导通的晶闸管关断，必须将阳-阴极间电压降低，使通过晶闸管的阳极电流小于维持电流，或给阳-阴极间加上反向电压。

2）利用晶闸管单向导电的可控性，用晶闸管部分或全部替换整流电路中的二极管，即可实现可控整流。可控整流电路分为单相和三相两类，而单相半波可控整流电路是可控整流电路的基础。可控整流是通过改变触发延迟角 α 来实现对输出电压的调整和控制。表 10-4 为几种常见可控整流电路的比较。

表 10-4　常见可控整流电路的比较

可控整流主电路	单相半波	单相半控桥	三相半波
输出电压平均值 U_L	$U_L=0.45U_2\dfrac{1+\cos\alpha}{2}$	$U_L=0.9U_2\dfrac{1+\cos\alpha}{2}$	$U_L=1.17U_2\cos\alpha$ $0°<\alpha\leqslant30°$ $U_L=0.675U_2\left[1+\cos\left(\dfrac{\pi}{6}+\alpha\right)\right]$ $30°<\alpha\leqslant150°$

（续）

可控整流主电路	单相半波	单相半控桥	三相半波
晶闸管中电流平均值 I_{VT}	$I_{VT}=I_L=\frac{U_L}{R_L}$	$I_{VT}=\frac{1}{2}I_L$	$I_{VT}=\frac{1}{3}I_L$
感性负载下续流二极管中电流平均值 I_{VD}	$I_{VD}=\frac{\pi+\alpha}{2\pi}I_L$	$I_{VD}=\frac{\alpha}{\pi}I_L$	$I_{VD}=\frac{\alpha-30°}{120°}I_L$ $30°<\alpha\leqslant 150°$
晶闸管承受的最大反压	$\sqrt{2}U_2$	$\sqrt{2}U_2$	$\sqrt{6}U_2$
晶闸管最大导通角	π	π	$\frac{2}{3}\pi$
移相范围	$0\sim\pi$	$0\sim\pi$（阻性） $0\sim\frac{\pi}{2}$（感性）	$0\sim\frac{5\pi}{6}$（阻性） $0\sim\frac{\pi}{2}$（感性）

需要注意一点：三相半波可控整流电路中的触发延迟角 α 是从自然换相点算起的。

3）晶闸管变流技术中很重要的组成部分就是晶闸管的触发电路。利用单结晶体管的负阻特性和 RC 充放电特性而组成的单结晶体管触发电路，是最简单而又常用的一种触发电路。此外，还有同步电压为正弦波和锯齿波的晶体管触发电路。虽然触发电路形式很多，但它们大多都是由同步、移相、脉冲形成和输出等基本环节组成。

4）根据负载要求计算出晶闸管的电压、电流值，并以此为依据来选择晶闸管的型号，即

$$U_{VTN}=(2\sim 3)U_{VTM}$$
$$I_{VTN}=(1.5\sim 2)KI_L$$

在工作电压和电流很大的情况下，可将同型号的晶闸管串、并联运行，但必须有均压和均流措施。因晶闸管的门极过载能力差，必须给晶闸管施加过电压和过电流保护。

5）新型晶闸管随着变流技术的迅速发展而被大量的开发和利用。如在中频逆变器和直流斩波器中使用的快速晶闸管，以及用于交流开关、交流调压设备中的双向晶闸管，它们都是特殊的晶闸管。

习　题

1. 晶闸管与二极管、晶体管在结构上有哪些主要区别？

2. 晶闸管的导通条件是什么？导通后晶闸管电流的大小取决于什么？

3. 晶闸管导通后去掉门极电压，为什么还能继续导通？维持晶闸管导通的条件是什么？怎样才能由导通变为关断？

4. 如果流过晶闸管的阳极电流上升率太高，对器件会造成什么后果？如果阳极正向电压上升率太高，会引起什么后果？

5. 晶闸管对触发电路有什么要求？

6. 单结晶体管的伏安特性是怎样的？

7. 触发电路的基本组成部分有哪些？各部分的作用是什么？

8. 画出单结晶体管触发电路，分析工作原理并绘制波形图。

9. 晶闸管单相桥式半控整流电路如题图 10-1 所示。试回答下列问题：

（1）电路由哪几部分组成？各起什么作用？

（2）用什么办法使输出电压升高？

（3）如果去掉稳压管 VS，电路会出现什么问题？

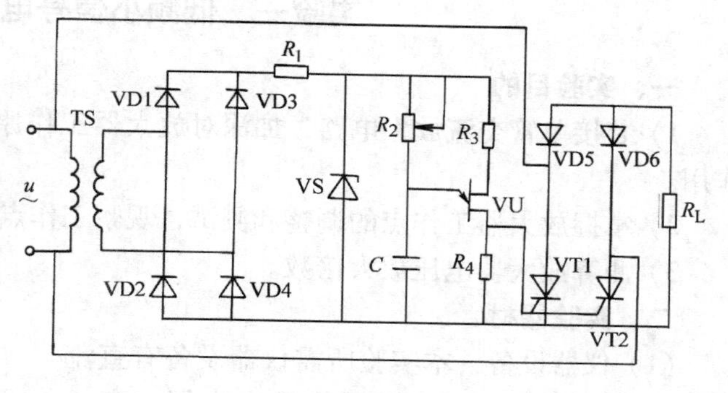

题图 10-1

（4）能不能在整流电路后边加滤波器？为什么？

10. 电感性负载对晶闸管整流有何影响？续流二极管起什么作用？

11. 如何用万用表的欧姆挡去判断一个三端半导体器件是晶体管还是单结晶体管？

12. 在单结晶体管组成的触发电路中，直流电源为什么要采用稳压管两端的梯形波？

13. 晶闸管直接串联或并联运行可能出现什么问题？如何解决？

14. 画出电阻性负载单相半波可控整流电路及晶闸管两端电压 u_{VT} 和负载上电压 u_L 的波形，在一定触发延迟角 α 下，说明电路可控整流的特点。

15. 单相半波可控整流电路的负载 $R_L=5\Omega$，交流电源电压有效值为 220V。触发延迟角 $\alpha=60°$ 时，输出电压及晶闸管中的电流平均值各是多少？

16. 一单相半控桥整流电路的输出电压在 0～45V 连续可调。已知输入电压有效值 U_2 为 100V，求移相范围。

17. 有续流二极管的单相半控桥整流电路，其输入电压为 220V，感性负载的内电阻 $R_L=10\Omega$，触发延迟角 α 在 0°～120°范围内变化。试求输出直流电压的调节范围并选择晶闸管的型号。

18. 一单相半波可控整流电路中，负载是内阻为 2Ω 的大电感，电路的输入电压有效值为 220V，触发延迟角 $\alpha=30°$，接有续流二极管。试求：（1）晶闸管及续流二极管中的电流平均值。（2）晶闸管及续流二极管可能承受的最大电压各是多少？

19. 画出单相半控桥整流电路在 $\alpha=60°$ 时，以下情况的 u_L 及 u_{VT} 的波形：（1）电阻性负载；（2）大电感负载不接续流二极管时；（3）大电感负载接续流二极管时。

20. 单相半波、半控桥及三相半波可控整流电路中，若负载电流都是 40A，晶闸管中电流平均值各是多少？

21. 双向晶闸管有什么特点？主要用途有哪些？

22. 题图 10-2 所示为一种时间继电器电路。试说明该电路的工作原理。

23. 题图 10-3 所示为晶闸管交流调压电路。当 u_2 为正弦波且 $\alpha=45°$ 时，分别绘出 u、u_{VT}、i_{VT1} 和 i_{VT2} 的波形。

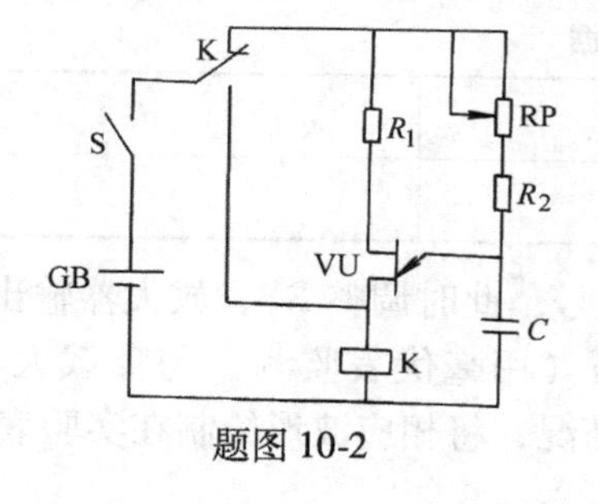

题图 10-2

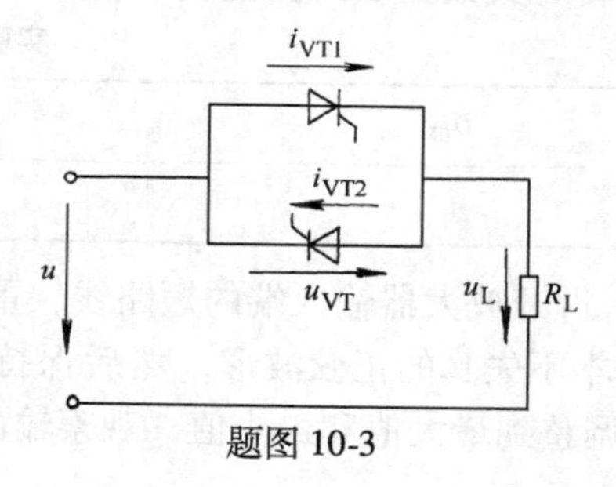

题图 10-3

实验一　低频小信号电压放大器

一、实验目的

1）装接单管交流放大电路，加深对放大器工作原理的理解，熟悉各元器件在电路中的作用。

2）掌握放大器工作点的调整和测试，观察工作点对放大电路工作性能的影响。

3）测算放大器电压放大倍数。

二、实验器材

（1）仪器设备　本实验所需仪器设备有直流稳压电源（0～36V）、低频信号发生器、毫伏表、示波器、万用表和实验电路板。

（2）元器件　3DG6晶体管一只；电解电容器10μF/10V两只，100μF/10V一只；电位器470kΩ一只；电阻器1kΩ、2.7kΩ、3.3kΩ、5.1kΩ、5.6kΩ各一只，10kΩ两只。

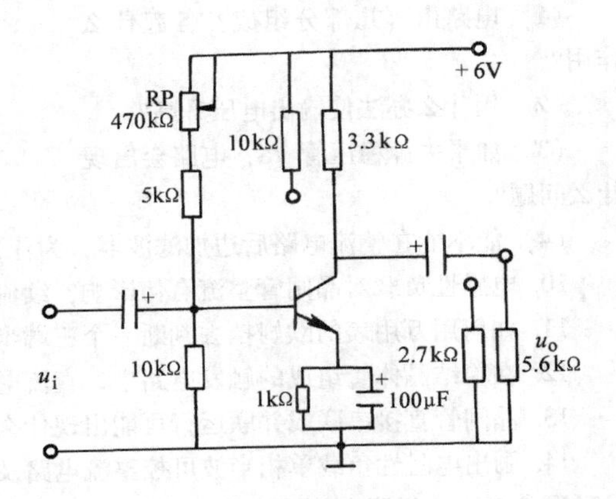

实验图1-1　小信号电压放大器

三、实验内容和步骤

1）按照实验图1-1装接小信号电压放大器，安装完毕后反复核对电路与晶体管、电解电容器的极性是否正确无误，然后将测量仪器按照实验图1-2进行连接，经老师检查无误后可通电试验。

2）待仪器进入稳定状态后，调整稳压电源的输出电压为6V，信号发生器频率为1kHz，输出信号电压为10mV，集电极电阻取3.3kΩ，负载电阻取5.6kΩ。

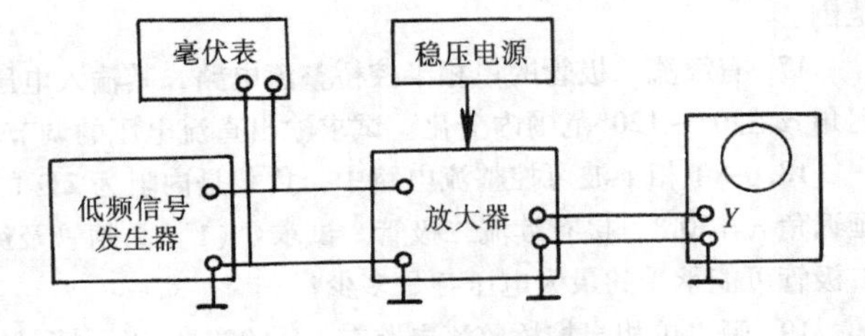

实验图1-2　测量仪器仪表的连接

3）调整静态工作点。缓慢调整低频信号发生器的输出电压，从示波器上仔细观察放大器输出电压的波形。当 u_i 增大到某一数值后输出波形会出现失真，此时调整上偏置电阻RP的数值，使输出波形恢复为正弦波形，然后再增大 u_i，又发现输出波形失真，再重复上述步骤，直到输出波形幅值最大而基本不失真为止，这时放大器的工作点是最合适的。

4）测量静态工作点。断开信号源，将放大器输入端对地短路，用万用表测出 U_{CE}、U_{BE} 及 I_C，将有关数据填入实验表1-1。

实验表1-1　测试数据

U_{CE}	U_{BE}	I_C

5）拆开放大器输入端的短路线，重新接入输入信号，此时调整RP，放大器输出信号仍保持基本不失真的正弦波形，然后保持输入信号电压（用毫伏表监测）与负载大小不变，将RP调整到最大值和最小值，观察输出波形的变化情况，将相应波形绘制在实验表1-2中。

实验表 1-2　测试波形

RP 调定值	470kΩ	0
输出波形	u_o O t	u_o O t

6）测算放大器的电压放大倍数。将放大器调回到合适的工作点，输入 1kΩ、10mV 低频信号，用示波器观察其输出波形基本不失真，用毫伏表测量输入和输出电压，并根据 $A_u = U_o / U_i$ 测算放大器的电压放大倍数；然后将晶体管集电极电阻换为 10kΩ，测量输入和输出电压；再将集电极电阻换为 3. 3kΩ，将负载电阻换为 2. 7kΩ，测量输入和输出电压。将上述结果填入实验表 1-3 中。

实验表 1-3　测试数据

测算条件	$R_C = 3.3\text{k}\Omega$ $R_L = 5.6\text{k}\Omega$	$R_C = 10\text{k}\Omega$ $R_L = 5.6\text{k}\Omega$	$R_C = 3.3\text{k}\Omega$ $R_L = 2.7\text{k}\Omega$
U_i			
U_o			
A_u			

四、实验报告

1）测定直流工作点，将实验数据填入实验表 1-1 中。

2）测算电压放大倍数，将实验数据填入实验表 1-3 中。

3）根据电压放大倍数实测结果说明放大器输出电阻和负载电阻变化对电压放大倍数的影响。

五、讨论题

1）为什么按实验步骤 3）调试的工作点是最佳直流静态工作点？

2）在实验步骤 5）中，RP 调整到最大值时和最小值时的波形失真是什么类型的失真？

实验二　直流放大器

一、实验目的

1）熟悉长尾式差动放大电路的组成及特点。

2）学会长尾式差动放大电路的装接方法。

3）掌握长尾式差动放大电路的调整与测试。

4）观察差动放大电路对零点漂移的抑制情况。

二、实验电路

差动放大电路如实验图 2-1 所示。

三、实验器材

（1）仪器设备　本实验所需仪器设备有毫伏表一只（10mV ~ 100V）、直流稳压电源（+12V）、信号发生器和数字式电压表。

（2）元器件　3DG6 型晶体管两只；电位器 680Ω 一只，220kΩ 两只；电阻器 470kΩ、

18kΩ、68kΩ、12kΩ 各两只，4.7kΩ 一只。

四、实验内容和步骤

1）按实验图 2-1 安装好元器件。

2）调整静态工作点。将 1、2 两输入端与地短接后，接通电源；调节 RP1 和 RP2，使 A、B 两点电位相等，即 $\Delta U_o=0$；然后，测量各点电压并填入实验表 2-1 中。

3）在输入端 1、2 间输入 200mV、1kHz 的正弦波信号，信号发生器的接地线与 2 相接，改变输入电压值，测量 ΔU_o，填入实验表 2-2 中，并计算 A_u。

4）观察零点漂移。使电源电压产生 ±2V 的变化，测量输出端 A、B 两点电位及 ΔU_o 的变化情况；对晶体管 VT1 加热，测量输出端 A、B 两点电位及 ΔU_o 的变化情况。

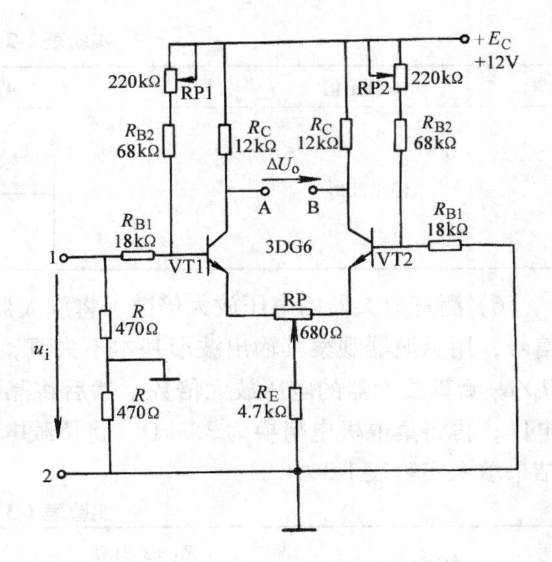

实验图 2-1 差动放大电路

实验表 2-1 测试数据（一）

晶体管	基极电位 V_B/V	集电极电位 V_C/V	输出 ΔU_o/V
VT1			
VT2			

实验表 2-2 测试数据（二）

ΔU_i/V	0.2	0.4	0.6	0.8	1.0
ΔU_o/V					
$A_u=\Delta U_o/\Delta U_i$					

五、实验报告

1）记录实验用仪器、仪表的名称、型号。

2）根据实验结果，说明差动放大电路是怎样抑制零点漂移的？

3）说明实验过程中遇到的问题及解决的方法。

六、讨论题

1）电位器 RP 的作用是什么？RP 的值过大或过小会有什么后果？

2）电阻 R_E 对共模信号和差模信号的作用有什么不同？

实验三 串联型稳压电路

一、实验目的

1）会装接典型的串联型稳压电路。

2）会测试串联型稳压电路的稳压性能。

3）掌握串联型稳压电路的调整步骤。

二、实验电路

典型串联型稳压电路如试验图 3-1 所示。

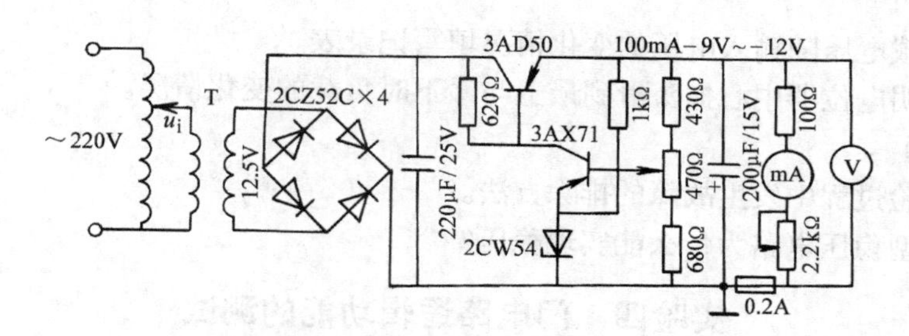

实验图 3-1　典型的串联型稳压电路

三、实验材料、仪器及工具

（1）晶体管　3AX71 型一个，3AD50 型一个；2CZ52C 型四个，2CW54 型一个。

（2）电阻器　100Ω、430Ω、620Ω、680Ω、1kΩ 各一个。

（3）电位器　470Ω、2. 2kΩ 各一个。

（4）电容器　200μF/25V、200μF/15V 电解电容各一个。

（5）其他材料　0. 2A 熔断器一个，220V/12. 5V、1A 电源变压器一个，以及连接导线和底板等。

（6）仪器及工具　直流电压表（大于或等于 15V）一个，直流电流表（大于 120mA）一个，1kV · A 单相调压器一台，万用表一个，示波器一台。

四、实验内容和步骤

1）用万用表判别晶体管和二极管的好坏以及各电极的极性。

2）按照实验图 3-1 所示电路进行安装，完毕后自行检查有无接错、虚焊、假焊等。确认无误后，便可通电实验。

3）调节调压器，使电源变压器的输入电压为 220V，并使用 470Ω 电位器的中心抽头处在中间位置，然后调节 2. 2kΩ 电位器改变负载电流，观察负载两端电压的变化情况，并填入实验表 3-1 中。

实验表 3-1　测试数据（一）

I_L/mA	10	20	40	60	80	100
U_o						

4）保持负载电流为 80mA，调节调压器改变输入电压，观察负载两端电压变化情况，并填入实验表 3-2 中。

实验表 3-2　测试数据（二）

U_i/V	190	200	210	220	230	240
U_o						

5）保持输入电压为 220V，并将 2. 2kΩ 电位器的中心抽头放在中间位置，调节 470Ω 的电位器，观察两种极端情况下（即中心抽头滑到最上和最下）负载电压的变化情况。

6）用示波器观察变压器二次电压、整流、滤波（看整流波形时需先将滤波电容焊开）及稳压后的波形。

五、实验报告

1）依据测试结果，判断稳压电源工作情况是否正常。

2）根据负载电压随负载电流的变化情况填写记录表。

3）根据负载电压随输入电压的变化情况填写记录表。

4）简要说明电位器中心抽头滑到最上与最下时负载的变化情况。

六、讨论题

1）简述试验过程中发生故障的排除方法。

2）该串联型稳压电路为什么能实现稳压?

实验四　门电路逻辑功能的测试

一、实验目的

熟悉四2输入端与非门（74LS00）逻辑门电路的逻辑功能。

二、实验器材

（1）仪器设备　本实验所需仪器设备有直流稳压电源（一台）和万用表（一个）。

（2）元器件　74LS00一个；连接导线数根；集成电路实验板一块；集成电路起拔器一个。

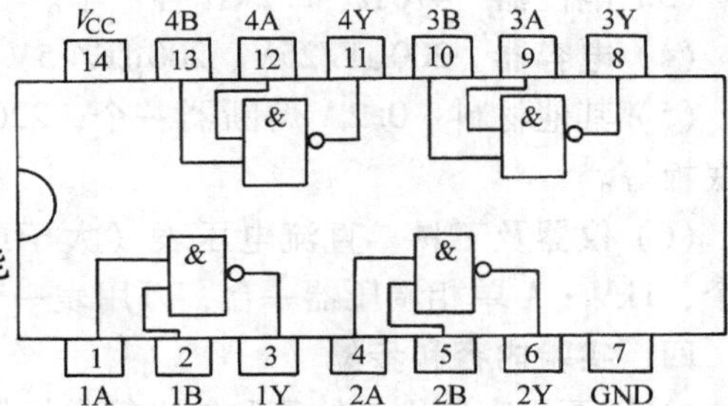

实验图4-1　74LS00集成门电路的引脚排列

三、实验内容和步骤

1. 测试74LS00四2输入端与非门逻辑功能

1）熟悉74LS00集成门电路的引脚排列，如实验图4-1所示。

2）采用直流稳压电源时，可将调节输出电压为+5V，供集成电路V_{CC}端使用。

3）将74LS00插入实验板，接通电源。

4）按实验表4-1要求输入信号，测出相应的输出逻辑电平，填入表中并写出逻辑表达式。

5）实验完毕，用起拔器拔出集成电路。

实验表4-1　测试数据

1A	1B	1Y	2A	2B	2Y	3A	3B	3Y	4A	4B	4Y
0	0		0	0		0	0		0	0	
0	1		0	1		0	1		0	1	
1	0		1	0		1	0		1	0	
1	1		1	1		1	1		1	1	

逻辑表达式Y=____________________。

2. 组成新功能逻辑门电路的实验

用74LS00四2输入端与非门逻辑门电路中的______个2输入与非门实现一个与门和一个非门?

1）写出逻辑关系表达式。

2）画出逻辑电路。

四、实验报告

1）整理实验结果，填入相应的表格中。

2）小结实验心得体会。

实验五　集成运算放大器的主要应用

一、实验目的

1）学会集成运算放大器的正确使用方法。

2）验证集成运算放大器在模拟运算等方面的应用。

二、实验电路与原理

1. 反相比例运算放大器

如实验图5-1所示，该电路在理想条件下闭环电压放大倍数为

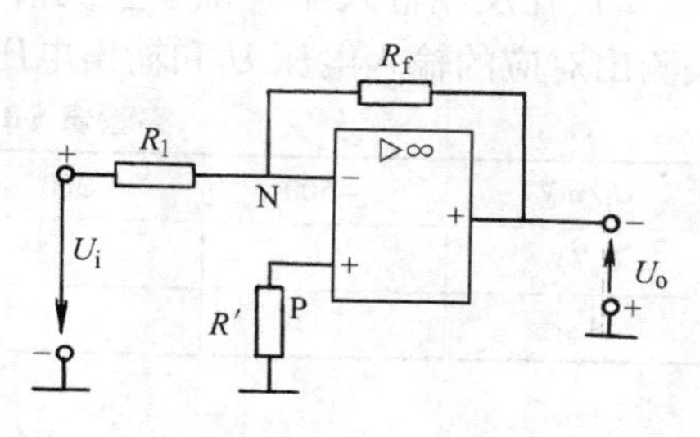

实验图5-1　反相比例运算放大器

$$A_{uf}=\frac{U_o}{U_i}=-\frac{R_f}{R_1}$$

$$(R_1=10\text{k}\Omega,\ R_f=100\text{k}\Omega,\ R'=R_1/R_f)$$

由于比值 R_f/R_1 的选择不同，A_{uf}可大于1，也可以小于1。若 $R_f=R_1$，则 $U_o=-U_i$，该电路成为反相电压跟随器。

2. 加法运算放大器

如实验图5-2所示，它的输出电压 U_o为

$$U_o=-\left(\frac{R_f}{R_1}U_{i1}+\frac{R_f}{R_2}U_{i2}+\frac{R_f}{R_3}U_{i3}\right)$$

当 $R_1=R_2=R_3=R$ 时，$U_o=-\frac{R_f}{R}(U_{i1}+U_{i2}+U_{i3})$。

3. 同相比例运算放大器电路

如实验图5-3所示，在理想条件下，它的闭环电压放大倍数为

$$A_{uf}=\frac{U_o}{U_i}=1+\frac{R_f}{R_1}$$

当 $R_1\to\infty$（开路）、$R_f\to 1$（短路）时，$A_{uf}=1$，$U_o=U_i$，该电路成为电压跟随器。

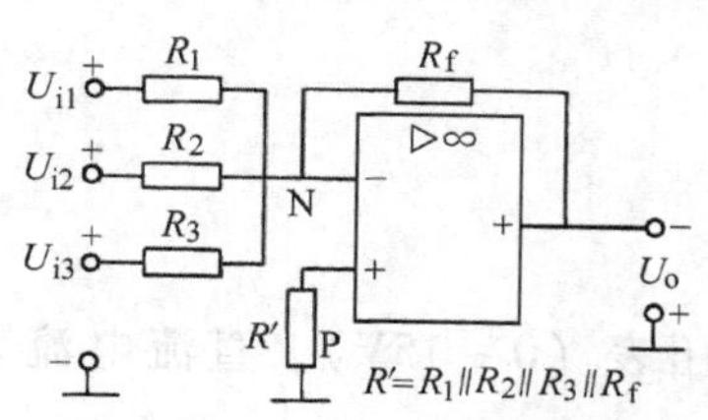

实验图5-2　加法运算放大器

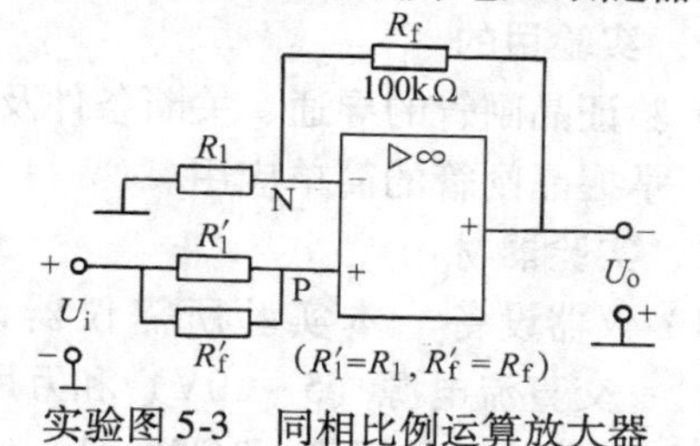

实验图5-3　同相比例运算放大器

三、实验器材

实验电路板一块；低频信号发生器一台；示波器一台；电压表一个；直流稳压电源一个；万用表一个；直流信号源一个。

四、实验内容和步骤

参照本实验各电路，首先连接好实验电路板供电电路，在输出端接好电压表和示波器；

然后通电并进行调零，如示波器显出自激波形，则应调节相位补偿电容 C。

1. 反相比例运算放大器的检测

1）将实验图5-1所示电路接通正、负电源。

2）在反相输入端N加上直流信号电压 U_i，依次将 U_i 从 $-500mV$ 调到 $+500mV$，用电压表测出对应的输入电压 U_i 和输出电压 U_o，记入实验表5-1中，并计算出电压放大倍数 A_{uf}。

实验表5-1 反相比例运算放大器检测数据

U_i/mV	-500	-300	-100	100	300	500
U_o/V						
A_{uf}						

2. 同相比例运算放大器的检测

根据实验图5-3所示电路进行实验。实验步骤同上，实验数据记录表格在实验表5-1的基础上将“反相”改为“同相”，读者可以自行制作。

3. 加法运算放大器的检测

在实验图5-2所示实验电路板上取 $R_f=100k\Omega$，使其 R_1、R_2 满足

$$U_o=-10(U_{i1}+U_{i2})$$

若 R_3 不接入，然后在两个输入端加上不同的信号电压，测量出 U_o，记入实验表5-2中。

实验表5-2 加法运算放大器检测数据

U_{i1}/mV	-500	-300	-100	100	300	500
U_{i2}/mV	-100	-300	-500	500	300	100
U_o/mV						
差值/mV						

五、实验报告

1）认真填写实验表5-1和实验表5-2。

2）减法器参数如何测试？说明电路连接。

实验六 晶闸管特性测试

一、实验目的

1）验证晶闸管的导通、关断条件及其特性。

2）掌握晶闸管的简单应用。

二、实验器材

（1）仪器设备 本实验所需仪器设备有直流电压表（0～15V）、直流电流表（0～100mA）、交直流电源（5～10V）和万用表。

（2）元器件 晶闸管：3CT1～14（小功率）一个，3CTS一个；发光二极管LED 3个；电阻、电容（见实验图6-1）；电位器：10kΩ、1MΩ各一个；晶体管：10BT33各一个、2CTS各一个；开关：1×1开关2个、1×2开关一个；1.5V干电池一节；灯泡一个。

注：3CTS为1A/400V双向晶闸管。

三、实验内容和步骤

晶闸管触发导通电路，如实验图6-1所示。

1）按实验图 6-1 所示电路连接各元器件，断开 S1、S2，RP 旋至最小值。

2）接通 S1，观察发光二极管是否发光。

3）接通 S2，加上触发电压，观察发光二极管是否发光。

4）断开 S2，晶闸管导通后，撤去触发电压，观察发光二极管是否发光。

5）把 S1 断开，切断阳极电压再接通，观察发光二极管是否发光。

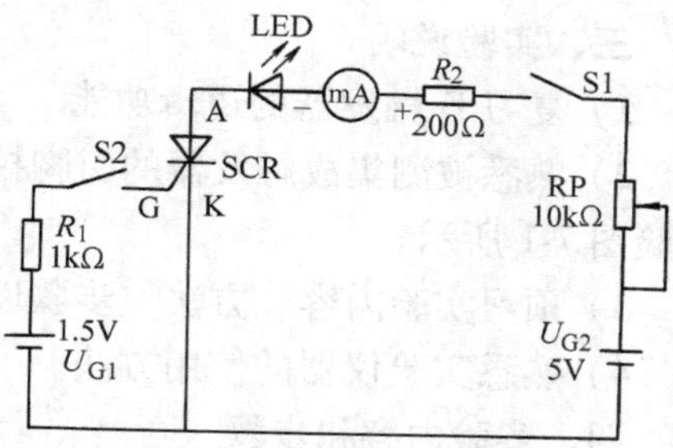

实验图 6-1　晶闸管触发导通电路

6）晶闸管触发导通后，维持电流进行测量。

接通 S1、S2 使晶闸管导通，慢慢调节 RP 使电流逐渐减小。当 RP 电阻值下降到某一数值时，电流表指针突然降到零，此电流即为维持电流（做好记录）；再反向旋转 RP，使电阻值逐步减小，观察发光二极管是否发光。

四、实验报告

1）整理实验结果，并将其填入实验表 6-1 中。

2）简答下面的问题：

①　该晶闸管的维持电流是多少？

②　将电位器 RP 阻值增大后，发光二极管是变暗还是变亮？

实验表 6-1　测试结果

条　件	发光二极管亮灭情况	电路情况分析
S1 通、S2 不通		
S1、S2 通		
导通后 S2 断		
S1 断后 S2 通		
触发电源 1.5V，反接，S1、S2 通		

实验七　集成触发器逻辑功能的测试

一、实验目的

1）学会集成触发器逻辑功能的测试方法。

2）熟悉 D 触发器的逻辑功能。

二、实验器材

名　称	数　量	用　途
直流稳压电源	1 个	提供直流电压
万用表	1 个	测量直流电压用
逻辑开关	1 个	提供高低电平
0—1 显示器	1 台	显示输出逻辑电平
0—1 按钮	1 个	提供 CP 脉冲
双 D 触发器 CT74LS74	1 个	被测触发器
SYB-130 型面包板	1 块	实验用插件板
ϕ0.5mm 塑包铜导线	若干	电路连接导线

三、实验说明

1）复习D触发器的逻辑功能。

2）熟悉被测集成触发器的引脚排列和引出端功能。CT74LS74集成触发器的引脚排列如实验图7-1所示。

3）预习实验内容、方法、步骤以及实验电路。

4）熟悉实验仪器的使用方法。

四、实验内容和步骤

1. $\overline{R}_D$、$\overline{S}_D$ 的功能测试

1）清理面包板，将CT74LS74插入面包板，并按实验图7-2连接测试电路。

2）将测试结果填入实验表7-1中。

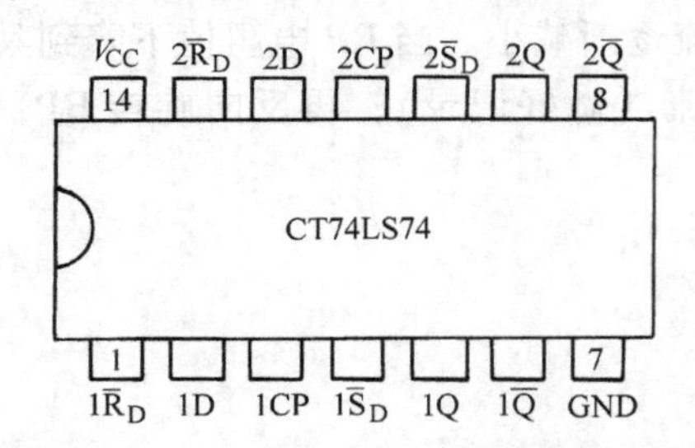

实验图7-1　CT74LS74集成触发器的引脚排列

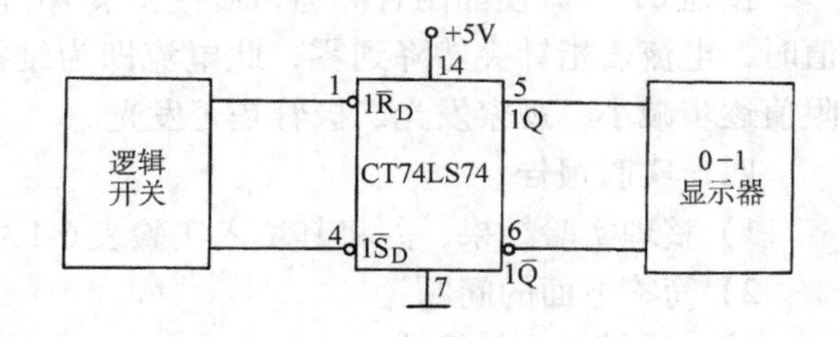

实验图7-2　CT74LS74测试电路

实验表7-1　测试数据

D	CP	$Q^n=0$	Q^{n+1}
0	0→1 1→0		
1	0→1 1→0		

2. 逻辑功能测试

1）在测试电路中，使$\overline{R}_D=\overline{S}_D=1$。

2）按实验表7-1所给的条件，测试触发器的逻辑功能（每次测试前，触发器应先置零）。

3）将结果填入实验表7-1中。

五、实验报告

1）整理记录的结果，填入实验表7-1中。

2）小结实验心得体会。

实验八　异步二进制计数器

一、实验目的

1）学会用集成J-K触发器连接成异步计数器。

2）测试异步二进制计数器的逻辑功能。

二、实验器材

名　称	数 量	用　途
直流稳压电源	1个	提供直流电压
万用表	1个	测量直流电压
脉冲信号发生器	1台	提供计数脉冲
双踪示波器	1台	观察输入、输出波形，测量频率
0—1 按钮	1个	提供计数脉冲
0—1 显示器	1台	显示输出状态
双 J-K 触发器 CT74LS112	2个	组成计数器
SYB-130 型面包板	1块	实验用插件板
ϕ0.5mm 塑包铜导线	若干	电路连接导线

三、实验说明

1）复习异步二进制加法与减法计数器的电路组成、工作原理，进一步熟悉它们的状态表和工作波形。

2）复习集成 J-K 触发器 CT74LS112 的引脚排列。

3）预习实验内容、方法、步骤以及实验电路。

4）熟悉实验仪器的使用方法。

四、实验内容和步骤

1. 异步三位二进制加法计数器的安装与测试

1）调节直流稳压电源，使输出电压为 +5V。

2）将两片 CT74LS112 分别插入面包板，应注意相互的间距与位置，使导线连接方便。

3）按实验图 8-1 连接电路，应使每个 J-K 触发器的 J、K 端悬空，呈计数状态。

4）计数脉冲输入端接 0—1 按钮，输出端 Q0 ~ Q2 接 0 ~ 1 显示器。

5）将置零开关 S 接地，使计数器置零，然后打开开关 S。

6）用 0—1 按钮逐个输入计数脉冲 CP，观察 0—1 显示器显示的 Q0 ~ Q2 的状态，并将结果填入实验表 8-1 中。

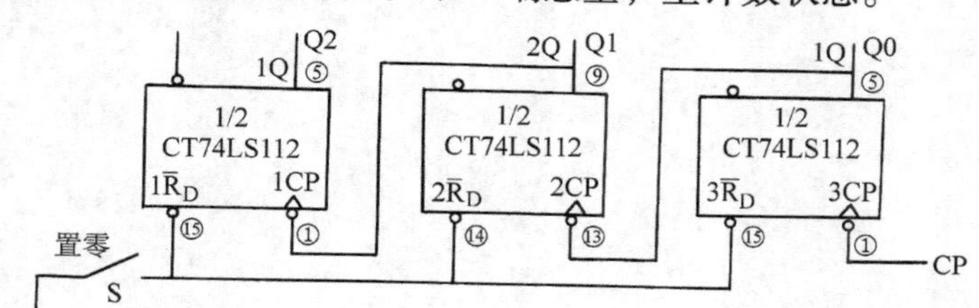

实验图 8-1　CT74LS112 测试电路

实验表 8-1　测试数据

CP 次数	Q2	Q1	Q0
1			
2			
3			
4			
5			
6			
7			
8			
9			

7）把计数脉冲输入端改接到脉冲信号发生器的信号输出端，并调节脉冲信号发生器，

使之产生频率为1kHz幅度为3.6V的方波信号。

8）用双踪示波器观察CP、Q0、Q1、Q2各端的波形，并对照CP端的波形，把观察到的Q0、Q1、Q2各端的波形绘入实验表8-2中。

实验表8-2　测试波形

观察点	显示波形
CP Q0 Q1 Q2	

2. 异步三位二进制减法计数器的安装与测试

电路的连接与实验图3-1不同的是低位触发器$\overline{Q}$端与相邻高位触发器的CP端相连，测试方法同上。

五、实验报告

1）整理实验结果，填入或绘入相应表中。

2）测试计数器的逻辑功能过程中使用了哪两种方法？

3）小结实验心得体会。

附　录

附录 A　半导体分立器件型号命名方法

第一部分		第二部分		第三部分		第四部分	第五部分
用阿拉伯数字表示器件的电极数目		用汉语拼音字母表示器件的材料和极性		用汉语拼音字母表示器件的类型		用阿拉伯数字表示序号	用汉语拼音字母表示规格号
符号	意义	符号	意　义	符号	意　义	意　义	意义
2	二极管	A	N 型，锗材料	P	小信号管	如第一、二、三部分相同，仅第四部分不同，则是在某些性能参数上有差别	参数等级
		B	P 型，锗材料	V	混频检波管		
		C	N 型，硅材料	W	电压调整管和电压基准管		
		D	P 型，硅材料	C	变容管		
				Z	整流管		
				L	整流堆		
3	三极管	A	PNP 型，锗材料	S	隧道管		
		B	NPN 型，锗材料	K	开关管		
		C	PNP 型，硅材料	X	低频小功率晶体管（截止频率 $f_a<3\text{MHz}$，耗散功率 $P_c<1\text{W}$）		
		D	NPN 型，硅材料	G	高频小功率晶体管（截止频率 $f_a\geqslant 3\text{MHz}$，耗散功率 $P_c<1\text{W}$）		
		E	化合物材料	D	低频大功率晶体管（截止频率 $f_a<3\text{MHz}$，耗散功率 $P_c\geqslant 1\text{W}$）		
				A	高频大功率管（截止频率 $f_a\geqslant 3\text{MHz}$，耗散功率 $P_c\geqslant 1\text{W}$）		
				T	闸流器		
				Y	体效应管		
				B	雪崩管		
				J	阶跃恢复管		

附录 B　常用二极管参数

1. 2AP 型检波二极管

型　号	电性能参数			用　途	外　形　图
	最大整流电流/mA	最高反向工作电压峰值/V	最高工作频率/MHz		
2AP1	16	20	150	用于频率为 150MHz 以下的检波或整流电路	ϕ0.4～ϕ0.5　ϕ3　10　60
2AP2	16	30	150		
2AP3	25	30	150		
2AP4	16	50	150		
2AP5	16	75	150		
2AP6	12	100	150		
2AP7	12	100	150		
2AP9	5	15	100	检波	
2AP10	5	30	100		

2. 2CZ 型整流二极管（一）

型号	电性能参数					用　途	外形图
	最大整流电流/mA	最高反向工作电压（峰值）/V	最高反向工作电压下的反向电流/μA	最大整流电流下的正向压降/V	最高工作频率/kHz		
2CZ54C	400	100	250	≤1.2	3	用于频率为3kHz以下的整流电路	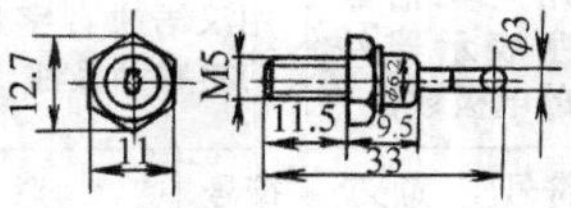
2CZ54D	400	200	250	≤1.2	3		
2CZ54E	400	300	250	≤1.2	3		
2CZ54F	400	400	250	≤1.2	3		
2CZ52A	100	25	≤5	≤1.5	50	用于频率为50kHz以下的整流电路及脉冲电路	同2AP型
2CZ52B	100	50	≤5	≤1.5	50		
2CZ52C	100	100	≤5	≤1.5	50		
2CZ52D	100	150	≤5	≤1.5	50		
2CZ52D	100	200	≤5	≤1.5	50		
2CZ52E	100	250	≤5	≤1.5	50		
2CZ52E	100	350	≤5	≤1.5	50		
2CZ52F	100	350	≤5	≤1.5	50		
2CZ52F	100	400	≤5	≤1.5	50		
2CZ52G	100	500	≤5	≤1.5	50		
2CZ52H	100	600	≤5	≤1.5	50		

3. 2CZ 型整流二极管(二)

型号	电性能参数				用途及使用说明	外形图
	最大整流电流/A	最大整流电流时的正向压降/V	最高反向工作电压（峰值）/V	最高反向工作电压下的反向电流/mA		
2CZ55C	1	≤1	100	≤0.6	用于3kHz以下电子设备的整流电路中,使用时应加60mm×60mm×1.5mm的铝散热板	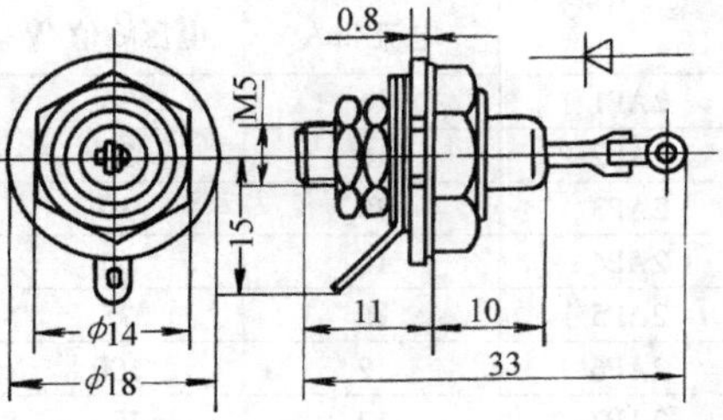
2CZ55D	1	≤1	200	≤0.6		
2CZ55E	1	≤1	300	≤0.6		
2CZ55F	1	≤1	400	≤0.6		
2CZ55G	1	≤1	500	≤0.6		
2CZ55H	1	≤1	600	≤0.6		
2CZ55J	1	≤1	700	≤0.6		
2CZ55K	1	≤1	800	≤0.6		

（续）

型号	电性能参数				用途及使用说明	外形图
	最大整流电流/A	最大整流电流时的正向压降/V	最高反向工作电压（峰值）/V	最高反向工作电压下的反向电流/mA		
2CZ56C	3	≤0.8	50	≤1	用途同上，使用时应加80mm×80mm×1.5mm的铝散热板	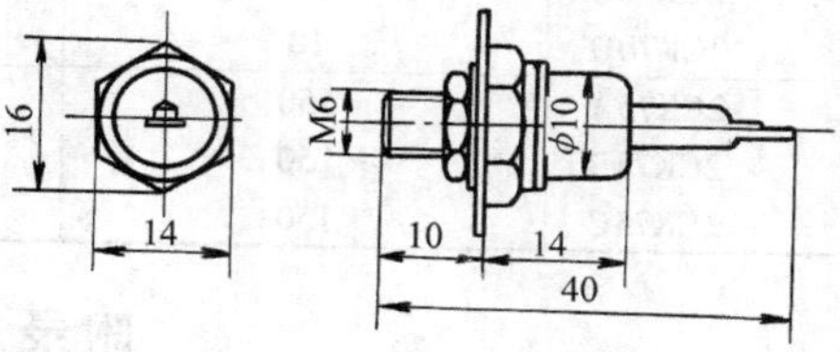
2CZ56D	3	≤0.8	100	≤1		
2CZ56E	3	≤0.8	200	≤1		
2CZ56F	3	≤0.8	300	≤1		
2CZ56G	3	≤0.8	400	≤1		
2CZ56H	3	≤0.8	500	≤1		
2CZ56J	3	≤0.8	600	≤1		
2CZ57C	5	≤0.8	50	≤2		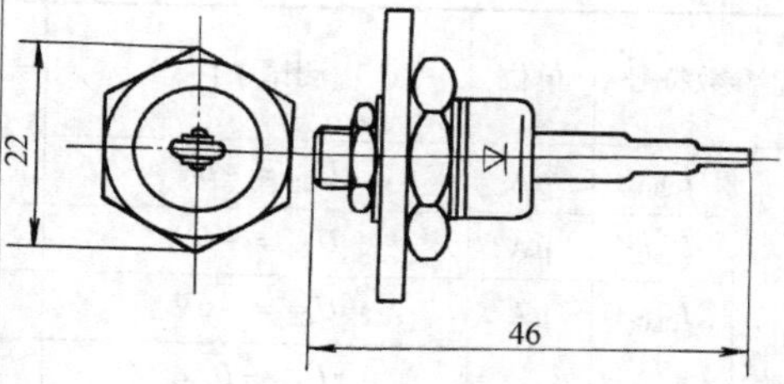
2CZ57D	5	≤0.8	100	≤2		
2CZ57E	5	≤0.8	200	≤2		
2CZ57F	5	≤0.8	300	≤2		
2CZ57G	5	≤0.8	400	≤2		
2CZ57H	5	≤0.8	500	≤2		
2CZ57J	5	≤0.8	600	≤2		
2CZ58C	10	≤0.8	50		用途同上，使用时应加160mm×160mm×1.5mm的铝散热板	
2CZ58D	10	≤0.8	100			
2CZ58E	10	≤0.8	200			
2CZ58E	10	≤0.8	300			
2CZ58F	10	≤0.8	400			
2CZ58G	10	≤0.8	500			
2CZ58H	10	≤0.8	600			

4. 2CK型硅开关二极管

型　号	最大正向电流/mA	最高反向工作电压/V	外形图
2CK84A	50	30	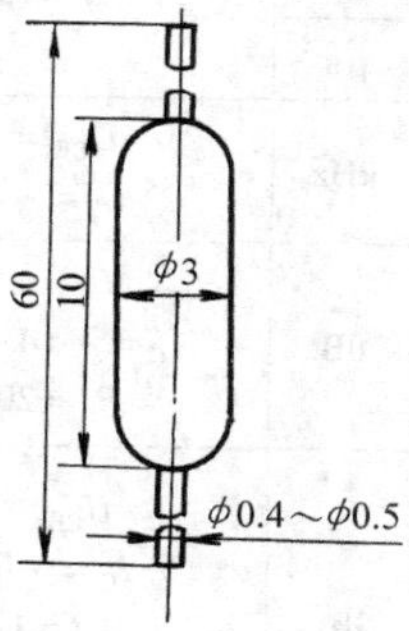
2CK84B	50	60	
2CK84C	50	90	
2CK84D	50	120	
2CK84E	50	150	
2CK84F	50	180	
2CK82A	30	10	
2CK82B	30	20	
2CK82C	30	30	
2CK82D	30	40	
2CK82E	30	50	
2CK83A	30	10	
2CK83B	30	20	
2CK83C	30	30	
2CK83D	30	40	
2CK83E	30	50	

（续）

型　　号	最大正向电流/mA	最高反向工作电压/V	外　形　图
2CK73A	50	20	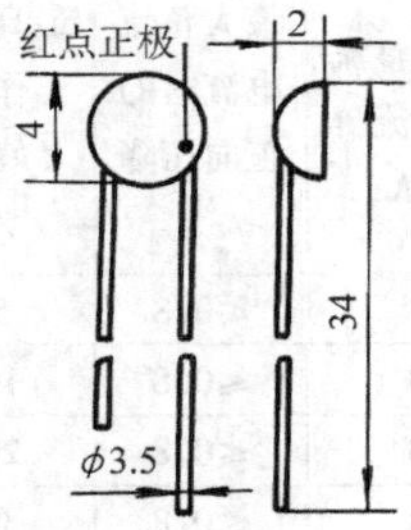 红点正极 2 4 34 $\phi3.5$
2CK73B	50	30	
2CK73C	50	40	
2CK73D	50	50	
2CK70A	10	20	
2CK70B	10	30	
2CK70C	10	40	
2CK70D	10	50	
2CK75A	150	20	
2CK75B	150	30	
2CK75C	150	40	

附录C　常用晶体管参数

1. 3AX31 低频小功率晶体管

（1）主要用途　用于低频放大和功率放大电路中。

（2）电参数

	参数符号	单位	测试条件	型号				
				3AX31A	3AX31B	3AX31C	3AX31D	3AX31E
直流参数	I_{CBO}	μA	$U_{CB}=-6V$	≤20	≤10	≤6	≤12	≤12
	I_{EBO}	μA	$U_{EB}=-6V$	≤20	≤10	≤6	≤12	≤12
	I_{CEO}	μA	$U_{CE}=-6V$	≤1000	≤750	≤500	≤750	≤500
	$U_{CE(sat)}$	V	$U_{BE}=U_{CE}$ $I_C=-125mA$		≤0.65	≤0.65		
	$U_{BE(sat)}$	mV	$U_{CE}=-1V$ $I_E=100mA$		≤500	≤500		
	h_{fe}		$U_{CE}=-1V$ $I_C=-100mA$	30~200	50~150	50~150	50~150	50~150
交流参数	h_{fe}	kΩ	$U_{CE}=-6V$ $I_C=-1mA$ $f=1kHz$				0.5~4	0.5~4
	h_{fe}						30~150	20~85
	h_{re}	$\times10^{-4}$					≤13	≤10
	h_{ce}	μs					≤100	≤100
	f_β	kHz	$U_{CE}=-6V$ $I_C=-10mA$		≥8	≥8	≥8[1]	≥15[1]
	K_P	dB	$U_{CE}=-1V$ $I_C=-(4\sim68)mA$ $P_0=200mW$		21~30	21~30	38~48[2]	38~42[2]
	N_F	dB	$U_{CE}=-1V$ $I_C=-0.2mA$ $f=1kHz$ $\Delta f=100Hz$ $R_G=500\Omega$				≤15	≤8

（续）

参数符号		单位	测试条件	型号				
				3AX31A	3AX31B	3AX31C	3AX31D	3AX31E
极限参数	BU_{CBO}	V	$I_C = -1mA$	≥20	≥30	≥40	≥30	≥30
	BU_{CEO}	V	$I_C = -2mA$	≥12	≥18	≥25	≥12	≥12
	BU_{EBO}	V	$I_C = 1mA$	≥10	≥10	≥20	≥10	≥10
	BU_{CES}	V	$I_C = -1mA$	≥15	≥25	≥30	≥20	≥20
	I_{CM}	mA	$U_{CE} = -1V$	125	125	125	30③	30③
	P_{CM}	mW		125	125	125	100	100
	T_{jm}	°C		75	75	75	75	75
	R_T	°C/mW		0.4	0.4	0.4	0.5	0.5

① 测试条件：$I_C = -1mA$。

② 测试条件：$U_{CE} = -1V$，$I_C = -1mA$，$f=1kHz$。

③ 测试条件：$U_{CE} = -2V$。

（3）外形图

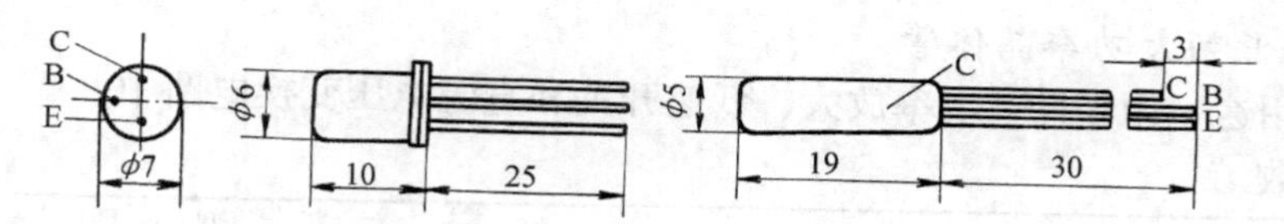

2. 3AX81 低频小功率晶体管

（1）主要用途　用于电子设备的功率放大电路中。

（2）电参数

参数符号		单位	测试条件	型号		
				3AX81A	3AX81B	3AX81C
直流参数	I_{CBO}	μA	$U_{CB} = -6V$	≤30	≤15	≤30
	I_{EBO}	μA	$U_{EB} = -6V$	≤30	≤15	≤30
	I_{CEO}	μA	$U_{CE} = -6V$	≤1000	≤700	≤1000
	h_{fe}		$U_{CE} = -1V$ $I_C = -175mA$	30~250	40~200	30~250
交流参数	f_β	kHz	$U_{CE} = -6V$ $I_C = -10mA$		≥6	≥10
	K_P	dB	$U_S = 9V$ $I_C = -(4\sim135)$ mA $Z_{BB} = 2k\Omega$ $Z_{CC} = 120\Omega$ $P_0 = 400mA$ $f = 1kHz$	19~28	19~28	19~28

（续）

参数符号		单　位	测试条件	型　号		
				3AX81A	3AX81B	3AX81C
极限参数	BU_{CBO}	V	$I_C = -4mA$	20	30	20
	BU_{CEO}	V	$I_C = -4mA$	10	15	10
	BU_{EBO}	V	$I_E = 4mA$	7	10	7
	I_{CM}	mA		200	200	200
	P_{CM}	mW		200	200	200
	T_{jm}	°C		75	75	75
	R_T	°C/mW		0.25	0.25	0.25

（3）外形图

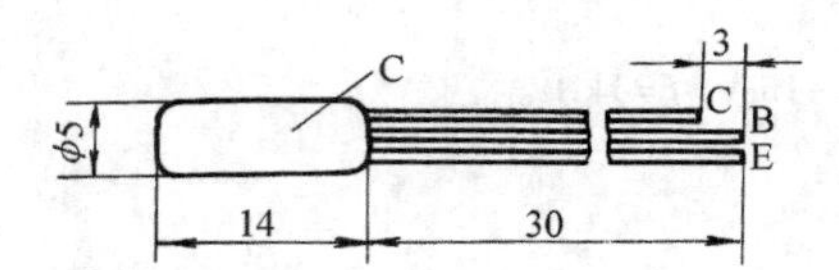

3. 3AD50低频大功率晶体管

（1）主要用途　用于低频功率放大、低速开关和直流电压变换电路中。

（2）电参数

参数符号		单　位	测试条件	型　号		
				3AD50A	3AD50B	3AD50C
直流参数	I_{CBO}	μA	$U_{CB} = -20V$	≤400	≤300	≤300
	I_{EBO}	μA	$U_{EB} = -10V$	≤500	≤500	≤500
	I_{CEO}	μA	$U_{CE} = -10V$	≤2500	≤2500	≤2500
	$U_{CE(sat)}$	V	$I_B = -200mA$ $I_C = -2A$	≤0.8	≤0.8	≤0.8
	$U_{BE(sat)}$	V	$I_C = -2A$ $I_B = -200mA$	≤1.2	≤1.2	≤1.2
	h_{fe}		$U_{CE} = -2V$ $I_C = -2A$	≥12	≥12	≥12
交流参数	f_β	kHz	$U_{CE} = -6V$ $I_C = -200mA$ $R_C = 5\Omega$	≥2	≥4	≥4
极限参数	BU_{CBO}	V	$I_C = -5mA$	50	60	70
	BU_{CEO}	V	$I_C = -10mA$	18	24	30
	BU_{EBO}	V	$I_E = 5mA$	20	20	20
	I_{CM}	A		2	2	2
	P_{CM}	W	加120mm×120mm ×4mm散热板	10	10	10
	T_{jm}	°C		90	90	90
	R_T	°C/W		2	2	2

分　挡　标　记

h_{fe}范围	12~20	20~30	30~40	40~50	50~65	65~85	85~100
管顶颜色	棕	红	橙	黄	绿	蓝	紫

（3）外形图

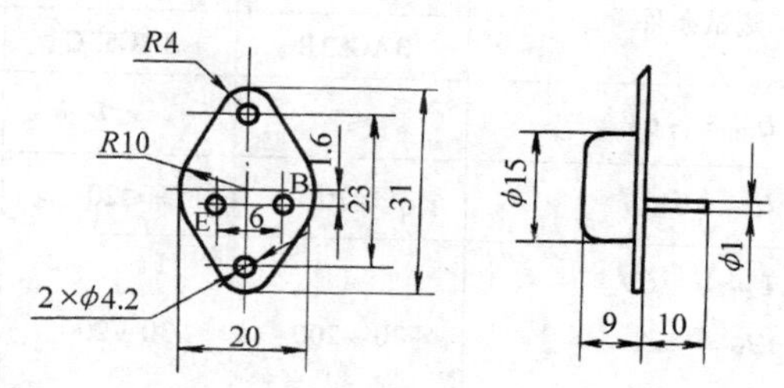

4. 3DD101 低频高压大功率晶体管

（1）主要用途　黑白电视机的行输出、帧扫描电路稳压电源、功率放大和高压变换等。

（2）电参数

参数符号		单位	测试条件	型号				
				3DD101A	3DD101B	3DD101C	3DD101D	3DD101E
直流参数	I_{CBO}	mA	$U_{CB}=50V$	≤1	≤1	≤1	≤1	≤1
	I_{CEO}	mA	$U_{CE}=50V$	≤2	≤2	≤2	≤2	≤2
	$U_{CE(sat)}$	V	$I_B=0.25A$ $I_C=2.5A$	≤0.8	≤0.8	≤1.5	≤1.5	≤1.5
	h_{fe}		$U_{CE}=5V$ $I_C=2A$	≥20	≥20	≥20	≥20	≥20
	I_C	A		5	5	5	5	5
交流参数	f_T	MHz	$U_{CE}=12V$ $I_E=0.5A$ $f=0.5MHz$	≥1	≥1	≥1	≥1	≥1
极限参数	BU_{CBO}	V	$I_C=5mA$	≥150	≥200	≥250	≥300	≥350
	BU_{CEO}	V	$I_C=5mA$	≥100	≥150	≥200	≥250	≥300
	BU_{EBO}	V	$I_E=-5mA$	≥4	≥4	≥4	≥4	≥4
	P_{CM}	W	$T_C=$ $(75+5)°C$	50	50	50	50	50
	T_{jm}	°C	175	175	175	175	175	175

（3）外形图

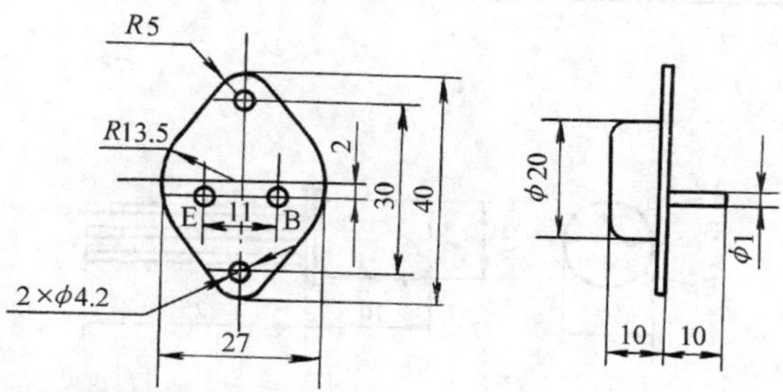

5. 3AG53 型高频小功率晶体管

（1）主要用途　用于中频电压放大、高频电压放大、振荡及混频电路中。

（2）电参数

参数符号		单位	测试条件	型号			
				3AG53B	3AG53C	3AG53D	3AG53E
直流参数	I_{CBO}	mA	$U_{CB}=-6V$	≤7	≤7	≤7	≤7
	I_{EBO}	μA	$U_{EB}=0.5V$	≤20	≤20	≤20	≤20
交流参数	h_{fe}		$U_{CE}=-6V$ $I_E=1mA$ $f=1kHz$	20~200	30~200	30~200	30~200
	f_T	MHz	$U_{CE}=-6V$ $I_E=1mA$ $f=10MHz$	≥25	≥40	≥50	≥65
	C_{CB}	pF	$U_{CB}=-6V$ $I_E=0$ $f=5MHz$	≤5	≤5	≤5	≤5
	r'_{BB}	Ω	$U_{CB}=-6V$ $I_E=1mA$ $f=5MHz$	≤100	≤70	≤70	≤50
极限参数	BU_{CBO}	V	$I_C=-0.5mA$	20	20	20	20
	BU_{CEO}	V	$I_C=-1mA$	10	10	10	10
	BU_{EBO}	V	$I_E=0.5mA$	0.8	0.8	0.8	0.8
	I_{CM}	mA		10	10	10	10
	P_{CM}	mW		50	50	50	50
	T_{jm}	°C		75	75	75	75
	R_T	°C/mW		1	1	1	1

分挡标记

h_{fe}范围	20~30	30~40	40~50	50~65	65~85	85~110	110~150	150~200
管顶颜色	红	橙	黄	绿	蓝	紫	灰	白

（3）外形图

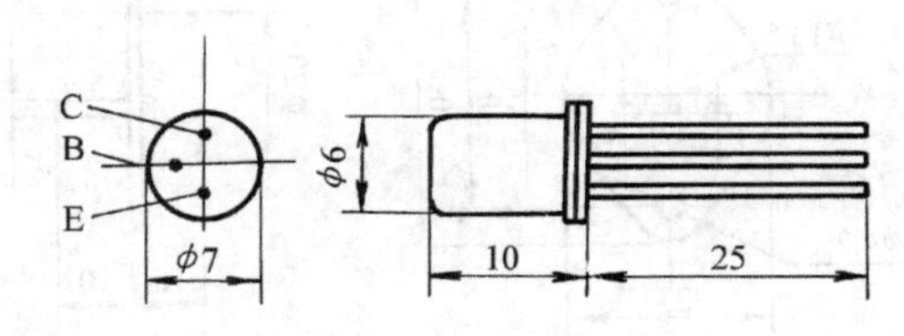

6. 3DG100 高频小功率晶体管

（1）主要用途　用于高频电压放大、中频电压放大及振荡电路中。

（2）电参数

参数符号		单位	测试条件	型号			
				3DG100A	3DG100B	3DG100C	3DG100D
直流参数	I_{CBO}	μA	$U_{CB}=10V$	≤0.1	≤0.01	≤0.01	≤0.01
	I_{EBO}	μA	$U_{EB}=1.5V$	≤0.1	≤0.01	≤0.01	≤0.01
	I_{CEO}	μA	$U_{CE}=10V$	≤0.1	≤0.01	≤0.01	≤0.01
	$U_{BE(sat)}$	V	$I_B=1mA$ $I_C=10mA$	≤1.1	≤1.1	≤1.1	≤1.1
	h_{fe}		$U_{CB}=10V$ $I_C=3mA$	10～200	20～200	20～200	20～200
交流参数	f_T	MHz	$U_{CB}=10V$ $I_C=3mA$ $f=30MHz$	≥100	≥150	≥250	≥150
	K_P	dB	$U_{CB}=10V$ $I_C=3mA$ $f=100MHz$	≥7	≥7	≥7	≥7
	C_{CB}	pF	$U_{CB}=10V$ $I_C=3mA$ $f=5MHz$	≤4	≤3	≤3	≤3
极限参数	BU_{CBO}	V	$I_C=100\mu A$	30	45	45	45
	BU_{CEO}	V	$I_C=200\mu A$	15	20	20	30
	BU_{EBO}	V	$I_E=-100\mu A$	4	4	4	4
	I_{CM}	mA		20	20	20	20
	P_{CM}	mW		100	100	100	100
	T_{jm}	°C		150	150	150	150

分 挡 标 记

h_{fe}范围	10～30	30～60	60～100	100～150	150～200	＞200
管顶颜色	红	黄	绿	蓝	白	不标颜色

（3）外形图

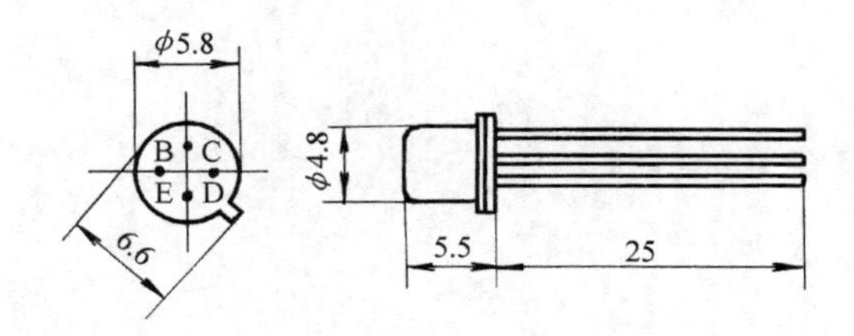

7. 3DK7型硅开关管

新型号	集电极最大耗散功率 P_{CM}/mW	集电极最大允许电流 I_{CM}/mA	反向击穿电压			集-基反向饱和电流 I_{CBO}/μA	共发射极电流放大系数 $h_{fe(\beta)}$	特征频率 f_T/MHz	管脚
			集-基 BU_{CBO}/V	集-射 BU_{CEO}/V	射-基 BU_{EBO}/V				
3DK7A	300	50	25	15	5	≤0.1	20~50	200	
	300	50	25	15	5	≤0.1	50~100	200	
	300	50	25	15	5	≤0.1	100~180	200	
3DK7B	300	50	25	15	5	≤0.1	20~50	200	
	300	50	25	15	5	≤0.1	50~100	200	
	300	50	25	15	5	≤0.1	100~180	200	
3DK7C	300	50	25	15	5	≤0.3	20~180	200	
	300	50	25	15	4	≤0.5	20~180	200	

参考文献

[1]　于平．电子技术基础［M］．北京：机械工业出版社，2004.
[2]　覃斌．电工与电子技术基础［M］．2 版．北京：机械工业出版社，2013.
[3]　郭赟．电子技术基础［M］．4 版．北京：中国劳动社会保障出版社，2007.

教师服务信息表

尊敬的老师：

您好！感谢您多年来对机械工业出版社的支持与厚爱！为了进一步提高我社教材的出版质量，更好地为职业教育的发展服务，欢迎您对我社的教材多提宝贵意见和建议。另外，如果您在教学中选用了《电子技术基础第2版》一书，我们将为您免费提供与本书配套的电子课件。

一、基本信息

姓名：＿＿＿＿＿　性别：＿＿＿＿＿　职称：＿＿＿＿＿　职务：＿＿＿＿＿

学校：＿＿＿＿＿＿＿＿＿＿＿＿＿＿＿＿＿＿＿＿　系部：＿＿＿＿＿

地址：＿＿＿＿＿＿＿＿＿＿＿＿＿＿＿＿＿＿＿＿　邮编：＿＿＿＿＿

任教课程：＿＿＿＿＿＿＿　电话：＿＿＿＿（O）　手机：＿＿＿＿＿

电子邮件：＿＿＿＿＿＿＿　qq：＿＿＿＿＿＿＿　msn：＿＿＿＿＿

二、您对本书的意见及建议

（欢迎您指出本书的疏误之处）

三、您近期的著书计划

请与我们联系：

100037　北京市西城区百万庄大街22号　机械工业出版社·技能教育分社　陈玉芝

Tel：010—88379079

Fax：010—68329397

E-mail：414171716@qq.com 或 cyztian@126.com